软土地区城市综合管廊
建造技术与应用

孙建海 著

中国建筑工业出版社

图书在版编目（CIP）数据

软土地区城市综合管廊建造技术与应用 / 孙建海著
. —北京：中国建筑工业出版社，2023.7
ISBN 978-7-112-28767-3

Ⅰ.①软… Ⅱ.①孙… Ⅲ.①软土地区—市政工程—
地下管道—管道工程—研究 Ⅳ.①TU990.3

中国国家版本馆CIP数据核字（2023）第099171号

综合管廊工程属于系统性工程，其本身具有土建施工工法较多、附属工程专业较多、入廊管线权属单位较多、周边地块开发影响较多等特征。本书对松江南站大型居住社区综合管廊一期工程的规划、设计、施工等进行了经验总结，并从工程总承包的视角对综合管廊主体工程设计、海绵城市综合管廊实施要点、综合管廊主要施工方法、综合管廊附属设施工程、管线入廊与施工质量验收等方面提出了实施意见，对软土地区的城市综合管廊建造有重要的参考意义。

本书可为城市综合管廊建设工作提供有益的借鉴，也可供从事相关专业的教学、培训及工程开发企业的领导、技术人员参考使用。

责任编辑：毕凤鸣
责任校对：王　烨

软土地区城市综合管廊建造技术与应用
孙建海　著
*
中国建筑工业出版社出版、发行（北京海淀三里河路9号）
各地新华书店、建筑书店经销
北京雅盈中佳图文设计公司制版
北京市密东印刷有限公司印刷
*
开本：787毫米×1092毫米　1/16　印张：15¼　字数：289千字
2023年8月第一版　2023年8月第一次印刷
定价：55.00元
ISBN 978-7-112-28767-3
（40832）

本书编委会

著作者（主编）：孙建海

副主编：于世涛　方国丞

成　员：

白　洁　王明建　冯家俊　黄华辉　王　昊　王潇宇

杨　峰　庞　凯　陆韵辰　陈　刚　孙　可　张晏晏

方勇杰　彭　鹏　陈　俊　黄　剑　仇含笑　张　刚

朱　建　张淳劼　吴昊天　杨　寒　樊　云　林秋桂

张全才

前　言

　　给水、排水、电力、通信、广播电视、燃气、热力等市政公用管线，是城市赖以正常运行的生命线，是维持城市正常运转的关键。随着我国经济建设的高速发展，全国各地掀起了新一轮的城市建设热潮，城市规模不断扩大。为解决这一系列城市高速发展中出现的问题，市政基础设施建设实现了高质量建设和地下空间综合开发利用的新突破。

　　传统的各种市政管线，一般采用直埋或架空的方式进行铺设，但这种方法已难以满足现代城市发展的需要。目前，世界上先进的做法是采用地下综合管廊敷设模式。各类市政管线统一布置在综合管廊内，实现了管线的"立体式布置"，替代了传统的"平面错开式布置"，管线布置紧凑合理，减少了地下管线对道路下方以及两侧的占用面积，节约了城市用地。同时，也避免了各权属单位重复开挖建设，保持城市道路整洁，避免资源的巨大浪费。

　　近年来，国家先后出台了多个文件，指导推进综合管廊建设，截至2020年年底，全国已建和在建的综合管廊工程总里程已达到约5000km。但是，受制于综合管廊政策法规的缺失，我国的管廊建设整体发展还较为缓慢。在项目具体推进过程中，主要体现在：①价格壁垒。综合管廊一次性建设成本高昂，入廊管线收费困难。②组织壁垒。在老旧城区建设综合管廊，往往面临着房屋动迁、既有管线搬迁、道路翻交等大量的外围配套工作。

　　松江南站大型居住社区综合管廊的建设对提高管线综合布置，完善区域内管线网架结构，为整个规划大型居住社区的建设提供基础保障，具有较大的实际意义和社会效益。该项目一期工程实施范围全长约7.425km，包括三条综合管廊：旗亭路双舱管廊、白粮路单舱管廊、玉阳大道综合管廊（三舱标准段和双层六舱示范段）。该工程由上海市政工程设计研究总院（集团）有限公司采用设计、勘察、施工一体化（EPC）

总承包模式承建，为全国第一个非联合体综合管廊 EPC 总承包项目。

现阶段，在综合管廊建设中，积极推行工程总承包（EPC）模式，具有强烈的现实意义：一是有效实现设计咨询和施工生产无缝衔接，减少由于设计施工两张皮引起的沟通障碍、进度滞后、造价浪费；二是进一步强化设计人员的牵头作用，提高综合管廊建设方案合理性、可靠性和节能性；三是进一步激发规划设计阶段的源头把控作用，实现对综合管廊工程建设提前进行宏观部署。综合管廊要尊重规律、因地制宜，从管线的系统规划入手，尽可能让更多的管线在综合管廊内部敷设。

该工程因地制宜地在玉阳大道将给水、雨水、污水、电力、通信、广播电视、燃气等道路下的管线全部纳入综合管廊，有效释放了道路下部空间，实现了"全部管线纳入综合管廊"，达到了管线集中建设集约管理的目标。"结合海绵城市理念"，该工程设置初期雨水舱，有效截流初期雨水、市政冲洗废水、混接污水等，并统一输送至污水处理厂进行集中处理，有效提升片区水环境。当初期雨水舱遇强降雨时，可兼做雨水调蓄池，缓解河道压力，错峰排放，防止区域内涝。为节约土地资源，充分考虑城市高品质开发需求，将综合管廊与城市地下空间开发利用相结合，并与城市景观相融合，实现了功能和经济的最佳平衡。在规划、设计、施工阶段应用 BIM 技术，通过 3D 建模、管线碰撞检查、功能化分析等模块的应用，以数字化、信息化和可视化的方式提升项目管理水平，提高综合管廊建设质量。该项目作为典型的软土地区城市综合管廊建设工程，其建造关键技术的研究对软土地区的城市综合管廊建造有重要的参考意义。

综合管廊工程属于系统性工程，其本身具有土建施工工法较多、附属工程专业较多、入廊管线权属单位较多、周边地块开发影响较多等特征。本书对松江南站大型居住社区综合管廊一期工程的规划、设计、施工等进行了经验总结，并从工程总承包的视角对综合管廊主体工程设计、海绵城市综合管廊实施要点、综合管廊主要施工方法、综合管廊附属设施工程、管线入廊与施工质量验收等方面提出了实施意见。

本书在编写过程中得到了上海市政工程设计研究总院（集团）有限公司王恒栋、王建等各级领导、同事们的大力支持，在此表示衷心感谢！由于经验不足，难免会有错误和不足，诚望广大读者谅解并提出宝贵意见。

孙建海

2022 年 7 月 25 日

目　录

第1章
综合管廊建设现状

随着我国经济建设的高速发展，全国各地掀起了新一轮的城市建设热潮，城市规模不断扩大。土地成为城市的稀缺资源，建设用地紧张、道路交通拥挤、城市基础设施不足、环境污染加剧等问题日渐突出。为解决这一系列城市高速发展中出现的问题，市政基础设施建设逐渐走向高质量建设和地下空间综合开发利用。

城市中的给水、排水、电力、通信、广播电视、燃气、热力等市政管线工程，俗称生命线工程，是维持城市功能正常运转的关键。随着城市化水平的不断提高，现代城市对市政管线的需求量越来越大。如北京市在近20年，地下市政管线增加了近10倍，已达近36000km。传统的各种市政管线，一般采用直埋或架空的方式进行敷设，但这种方法已难以满足现代城市发展的需要。且传统的管线敷设方式在提高城市韧性和美化城市环境方面都存在一系列问题，如：

2015年10月4日，台风"彩虹"正面袭击了广东湛江，对当地电网造成了严重影响，累计跳闸线路247条，74座变电站失压，影响用电用户逾180万户。如果将城市各种生命线设施设置在综合管廊内，就可以避免由于电力系统遭遇灾害破坏而对城市造成的二次灾害。

"马路拉链"是指管线部门由于敷设和维修地下管线导致重复开挖道路的现象，不同的管线部门"各自为政"，市政基础设施建设缺乏统一的规划、管理而导致马路不断被挖填。"马路拉链"现象几乎在我国的每个城市都存在，甚至个别城市一条大街每年被挖六七次都很常见，严重影响了市民的正常生活和城市面貌，同时也造成了资源的巨大浪费。

为解决以上问题，目前世界上比较先进的做法是采用地下综合管线廊道的模式。

综合管廊是指建于城市地下用于容纳两类及以上城市工程管线的构筑物及附属设

施，敷设城市范围内为满足生活、生产需要的给水、雨水、污水、再生水、燃气、热力、电力、通信、广播电视等多种市政公用管线。各类市政管线统一布置在综合管廊内，实现了管线的"立体式布置"，替代了传统的"平面错开式布置"，管线布置紧凑合理，减少了地下管线对道路下方以及两侧的占用面积，节约了城市用地。同时，综合管廊能够有效改善城市发展过程中因各类管线的维修、扩容造成的"马路拉链"和"城市蜘蛛网"的问题，对提升管线安全水平和城市总体形象、创造城市和谐生态环境起到了积极作用。

与传统管线直埋方式相比，综合管廊具有以下优点：①为市政管线远期扩容提前预留空间，避免日后由于管线扩容、维修等而反复开挖道路，消除"马路拉链"；②有利于合理规划城市地下空间，集约城市建设用地，避免"城市蜘蛛网"；③各类市政管线统一集中敷设，保障城市安全，完善城市功能，提高管线运行安全；④各类管线避免直接与土壤和地下水接触，保护城市生态环境，延长管线使用寿命。

1.1 综合管廊相关政策

自 2015 年来，中央和国家层面出台了多个文件，鼓励支持综合管廊建设。2018年 1 月 7 日，中共中央办公厅、国务院办公厅印发《关于推进城市安全发展的意见》（中办发〔2018〕1 号）指出：城市基础设施建设要坚持把安全放在第一位，严格把关，有序推进城市地下管网依据规划采取综合管廊模式进行建设。2016 年 2 月 6 日，中共中央、国务院印发《关于进一步加强城市规划建设管理工作的若干意见》（中发〔2016〕6 号）明确要求：各城市要综合考虑城市发展远景，按照先规划、后建设的原则，编制地下综合管廊建设专项规划，在年度建设计划中优先安排，并预留和控制地下空间。

2015 年 8 月，《国务院办公厅关于推进城市地下综合管廊建设的指导意见》（国办发〔2015〕61 号，以下简称《指导意见》）提出："把地下综合管廊建设作为履行政府职能、完善城市基础设施的重要内容，在继续做好试点工程的基础上，总结国内外先进经验和有效做法，逐步提高城市道路配建地下综合管廊的比例，全面推动地下综合管廊建设。""建成一批具有国际先进水平的地下综合管廊并投入运营，反复开挖地面的'马路拉链'问题明显改善，管线安全水平和防灾抗灾能力明显提升，逐步消除主要街道蜘蛛网式架空线，城市地面景观明显好转。"

《指导意见》要求："建立建设项目储备制度，明确五年项目滚动规划和年度建设计划，积极、稳妥、有序推进地下综合管廊建设。""地下综合管廊断面应满足所在区域所有管线入廊的需要，符合入廊管线敷设、增容、运行和维护检修的空间要求，并配建行车和行人检修通道，合理设置出入口，便于维修和更换管道。""从 2015 年起，城市新区、各类园区、成片开发区域的新建道路要根据功能需求，同步建设地下综合管廊；老城区要结合旧城更新、道路改造、河道治理、地下空间开发等，因地制宜、统筹安排地下综合管廊建设。""已建设地下综合管廊的区域，该区域内的所有管线必须入廊。""各行业主管部门和有关企业要积极配合城市人民政府做好各自管线入廊工作。""入廊管线单位应向地下综合管廊建设运营单位交纳入廊费和日常维护费。"

2016 年 8 月 16 日，《住房城乡建设部关于提高城市排水防涝能力推进地下综合管廊建设的通知》（建城〔2016〕174 号）提出："将城市排水防涝与城市地下综合管廊、海绵城市建设协同推进，坚持自然与人工相结合、地上与地下相结合。""各地要结合本地实际情况，有序推进城市地下综合管廊和排水防涝设施建设，科学合理利用地下空间，充分发挥管廊对降雨的收排、适度调蓄功能，做到尊重科学、保障安全。依据城市地下综合管廊工程规划确定的管廊建设区域，结合地形坡度、管线路由等实际情况，因地制宜确定雨水管道入廊的敷设方式。"

2016 年 5 月 26 日，《住房城乡建设部 能源局关于推进电力管线纳入城市地下综合管廊的意见》（建城〔2016〕98 号，以下简称"《意见》"）提出："各地住房城乡建设、能源主管部门和各电网企业，要充分认识电力等管线纳入管廊是城市管线建设发展方式的重大转变，有利于提高电力等管线运行的可靠性、安全性和使用寿命；对节约利用城市地面土地和地下空间，提高城市综合承载能力起到关键性作用，对促进管廊建设可持续发展具有重要意义。"

《意见》要求："各级能源主管部门和电网企业编制电网规划，要充分考虑与相关城市管廊专项规划衔接，将管廊专项规划确定入廊的电力管线建设规模、时序等同步纳入电网规划。""电网企业要主动与管廊建设运营单位协作，积极配合城市人民政府推进电力管线入廊。城市内已建设管廊的区域，同一规划路由的电力管线均应在管廊内敷设。新建电力管线和电力架空线入地工程，应根据本区域管廊专项规划和年度建设，同步入廊敷设；既有电力管线应结合线路改造升级等逐步有序迁移至管廊。""鼓励电网企业与管廊建设运营单位协商确定有偿使用费标准或共同委托第三方评估机构提供参考收费标准；协商不能取得一致意见或暂不具备协商条件的，有偿使用费标准可按照《国家发展改革委 住房和城乡建设部关于城市地下综合管廊实行有偿使用制度的指导意见》（发改价格〔2015〕2754 号）要求，实行政府定价或政府指导价。各城市可考虑电力架空线入地置换出的土地出让增值收益因素，给予电力管线入廊合理补偿。"

2015 年 12 月 19 日，上海市人民政府办公厅印发《关于推进本市地下综合管廊建设若干意见的通知》（沪府办〔2015〕122 号，以下简称"《通知》"）。

《通知》提出："到 2040 年，力争累计完成综合管廊建设 300km，地下综合管廊发挥规模效应，城市景观明显好转，地下管线的应急防灾水平明显提升，地下综合管廊建设管理水平处于国际先进水平。""结合新城、各类园区及成片区域等新建地区的开发，同步建设地下综合管廊；结合建成区的旧区改造、道路改造、河道治理、轨交建设、地下空间开发、黄浦江两岸等重点区域开发以及城市电网架空线入地，因地制宜，统筹安排地下综合管廊建设。在城市集中建设区等交通流量较大、地下管线密集的城市道路、轨道交通、地下综合体等地段，城市高强度开发区、重要公共空间、主要道路交叉口、道路与铁路或河流的交叉处，以及道路宽度难以单独敷设多种管线的路段，优先规划地下综合管廊，重点形成全市干线型、支线型或重要节点型综合管廊布局。"

《通知》要求："干线型（跨区域）综合管廊作为市属项目，由市组建实施主体负责投资、建设及运营管理；支线型（区域内）综合管廊作为区属或园区项目，由区或园区组建实施主体负责投资、建设及运营；缆线型综合管廊依照现有建设管理模式，结合架空线入地组织实施。""将地下综合管廊建设要求纳入地下综合管廊建设区域及相关地块的土地出让合同。充分利用国家开发银行、中国农业发展银行的融资贷款优惠政策以及城市综合管廊专项债等政策，建设综合管廊。此外，市相关部门和各区县政府要进一步加大地下综合管廊建设资金的投入，根据综合管廊规划及建设目标计划，在年度预算和建设计划中优先安排地下综合管廊项目。""已建设地下综合管廊的区域，该区域内符合规定的管线必须入廊。在地下综合管廊以外的位置新建管线的，规划部门不予建设工程规划许可审批，建设部门不予施工许可、掘路计划审批，市政道路管理部门不予掘路许可审批。既有管线要根据管廊建设实际进度和规划要求，有序迁移至地下综合管廊或废除。"

"根据地下综合管廊专项规划，制定年度建设计划。2016—2017 年，推进综合管廊建设约 20~30km。其中，临港新城、桃浦科技智慧城、松江南部新城等区域重点推进干线型、支线型综合管廊建设；黄浦等区结合架空线入地，重点推进缆线型综合管廊建设。到 2020 年，力争建设综合管廊约 80~100km。到 2040 年，力争建设综合管廊约 300km。"

2016 年 9 月 1 日，上海市发展和改革委员会、上海市住房和城乡建设管理委员会印发《关于上海市地下综合管廊实行有偿使用的通知》（沪发改价管〔2016〕6 号，以下简称"《通知》"）。

《通知》提出："按照既有利于吸引社会资本参与管廊建设和运营管理,又有利于调动管线单位入廊积极性的原则,地下综合管廊各入廊管线单位应向管廊建设运营单位支付管廊有偿使用费用。"

《通知》要求："地下综合管廊建设运营单位与入廊管线单位应按照市场化原则平等协商,以协议方式确定管廊有偿使用费标准及付费方式、计费周期等有关事项。供需双方签订协议、确定城市地下综合管廊有偿使用费标准时,可同时建立费用标准定期调整机制,确定调整周期,根据实际情况变化定期协商调整管廊有偿使用费标准。""地下综合管廊本体及附属设施建设、运营管理,由管廊建设运营单位负责;入廊管线的维护及日常管理由各管线所属单位负责。地下综合管廊建设运营单位与入廊管线单位应在签订的协议中明确双方对管廊本体及附属设施、入廊管线建设、维护及日常管理的具体责任、权利等,并约定滞纳金计缴等相关事项,确保管廊及入廊管线正常运行。""地下综合管廊有偿使用费包括入廊费和日常维护费。入廊费主要用于弥补管廊建设成本,由入廊管线单位向管廊建设运营单位分期支付或一次性支付。日常维护费主要用于弥补管廊日常维护、管理支出,由入廊管线单位按协商确定的计费周期向管廊运营单位逐期支付。"

2017年3月28日,上海市住房和城乡建设管理委员会、上海市规划国土资源局、上海市交通委员会联合印发了《关于本市地下管线纳入地下综合管廊的若干意见》(沪建设施联〔2017〕267号,以下简称"《若干意见》")。

《若干意见》提出："本市管线敷设控制区内,新建综合管廊的,符合条件的各类公共管线全部入廊;本市管线敷设控制区内,已有综合管廊的,符合条件的各类公共管线逐步入廊。"

《若干意见》要求："管线敷设严控区是指综合管廊所在道路及道路沿线绿地范围内的地下空间。管线敷设严控区范围内,电力、给水、燃气、通信、广播电视、排水、热力等各类地下管线必须入廊;管线敷设严控区范围内,已建成综合管廊的,尚未入廊的管线因各种原因需要搬迁、更新或扩容增设的,必须入廊。""管线敷设控制区是指管线敷设严控区两侧各500m范围内的地下空间。管线敷设控制区内,沿综合管廊走向的电力、给水、燃气、通信、广播电视、排水、热力等各类地下管线干线,必须入廊。管线敷设控制区范围内,已建成综合管廊的,尚未入廊的地下管线干线,因各种原因需要搬迁,或需要更新、扩容增设的,必须入廊。"

2017年5月17日,住房和城乡建设部、国家发展改革委组织编制《全国城市市政基础设施建设"十三五"规划》(建城〔2017〕116号)明确:"十三五"期间综合管廊的发展目标是城市新区新建道路综合管廊建设率达到30%;城市道路综合管廊综合配建率力争达到 2% 左右。结合道路建设与改造、新区建设、旧城更新、河道治理、轨道交通、地下空间开发等，建设干线、支线地下综合管廊 8000km 以上。有序开展综合管廊建设，解决"马路拉链"问题。推进地下空间"多规合一"，统筹布局各类地下设施。合理布局综合管廊，集约利用城市地下空间。

当前我国正处于城市转型发展的重要时期，推进综合管廊建设主要基于以下需求：①提升城镇化率、提升城市综合承载能力的内在需求。2021 年，我国城镇化率达到 63.89%，城镇常住人口约 9 亿。为提升管线建设水平，保障市政管线的安全运行，有必要采用新的管线敷设方式。②城市建设方式转变、地下空间综合开发利用的需求。近年来，面对城市用地紧缺、人口城镇化快速发展、环保和交通压力与日俱增的压力，转变城市建设发展方式，由地上到地下，由建设到管理，由发展到服务——综合利用地下空间，是城市集约高效发展的方向和趋势。③确保管线安全、提升城市发展韧性的需求。市政公用管线是城市赖以正常运行的生命线，传统的市政公用管线各自为政地敷设在道路的浅层空间内，管线增容扩容不但造成了"马路拉链"现象，而且导致了管线事故频发，极大地影响了城市的安全运行。

自 2015 年来，国家先后出台了多个政策性文件，指导推进综合管廊建设，到 2017 年年底，全国已建和在建的综合管廊工程总里程已达到约 5000km，综合管廊已成为城市基础设施的重要组成部分，为城市安全运行发挥着重要作用。这些政策的颁布，体现了国家层面对城市基础设施规划建设的顶层设计——加强综合管廊建设，提升管线服务质量，是我国城市基础设施迈向新阶段的内在要求。

1.2 综合管廊发展概况

欧洲是地下空间开发利用的先进地区，特别是在市政设施和公共建筑方面更是如此。在城市中建设地下管线综合管廊的概念，就起源于 19 世纪的欧洲。

在第一次工业革命初期，迅速的城市化导致城市人口大量增加，城市原有基础设施无法适应城市化水平的快速提高，进而产生了一系列的城市问题，主要表现为居住与卫生条件恶劣、交通恶化等，进而在这些城市中爆发了瘟疫。在这样的背景下，1833 年，巴黎开始大规模建设以下水道为主体的城市基础设施建设，并拉开了现代城市地下空间规模化、系统化开发利用的序幕。巴黎在 1832 年建造以排水为主的廊道，创造性地在其中布置了供水管、燃气管和通信电缆等管线，形成了早期的综合管廊。截至 2000 年，巴黎已有综合管廊超过 1000km，形成较为完善的综合管廊网络，同时综合管廊所容纳的管线也越来越多。

自从 1833 年，巴黎诞生了世界上第一条地下综合管廊系统，迄今已经有 190 年的发展历程。长期的使用结果证明，地下综合管廊相比传统的管线直埋方式具有很多优点。经过百年探索、研究、改良和实践，综合管廊得到了极大发展，并已成为国外发达城市市政建设的现代化象征之一。目前，法国、英国、西班牙、俄罗斯、瑞典、芬兰等国家已拥有相当规模的综合管廊。

英国于 1861 年在伦敦市区兴建第一条综合管廊，采用 12m × 7.6m 的半圆形断面，纳入了燃气、给水、排水等管线，还敷设了连接用户的供给管线，迄今，伦敦市区建设综合管廊已超过 22 条。西班牙目前有 92km 的综合管廊，除燃气管外，所有公用设施管线均已进入廊道，并制定了进一步的规划，准备在马德里主要街道下面继续扩建。俄罗斯莫斯科建有 120km 的综合管廊，除燃气管外，各种管线均有。瑞典斯德哥尔摩市区街道下有 30km 的综合管廊，建在岩体中，战时可作为民防工程。芬兰将综合管廊深埋于地下 20m 的岩层中，而不直接建于街道下，其优点是可节省 30% 的管线长度。

日本是目前世界上综合管廊（日语为"共同沟"）建设技术比较先进的国家。日本在 1923 年关东大地震后，开始在东京复兴中试点建设综合管廊，并于 1926 年完成了 1.8km 的千代田综合管廊的建设。20 世纪 60 年代以后，随着城市的恢复和迅速发展，综合管廊建设问题再次被提上日程。1963 年，日本政府颁布了《关于建设共同沟的特别措施法》，明确了投资、建设和维护主体，对综合管廊建设起到了良好的促进作用。管廊内的设施开始仅限于通信、电力、燃气、上水管、工业用水、下水管 6 种，随着社会不断发展，目前管线种类实际上已突破了这 6 种，增加了供热管、废物输送管等设施。到 1992 年，日本全国综合管廊总长达 310km。因在 1995 年的阪神大地震中，综合管廊发挥了明显的作用，日本计划到 21 世纪初，在 80 多个县级中心城市的城市干线道路下建成长约 1100km 的综合管廊，至 2001 年，已建成超过 600km 的综合管廊。

从起源至今，综合管廊已有近两百年历史，从早期的巴黎综合管廊，到近现代的日本综合管廊，发展模式各异，但共同体现了以下特点：①综合管廊的功能是由城市发展的需求所决定的，其基本功能是为了满足管线的集中化敷设，并确保其安全运行；②城镇化率的提升对综合管廊起到促进作用，综合管廊的建设也会对更高质量的城镇化发展起到有利作用；③建设综合管廊，增强城市发展韧性，是城市发展的责任；④在综合管廊建设过程中，科学规划并确立合理的建设标准至关重要；⑤健全的法制，是综合管廊持续健康发展的重要保障。

因建设初期投资较大，运营维护成本较高，在新中国成立初期，地方财政难以承受，综合管廊难以成为最优方案投资建设，在国内的发展受到各种制约。国内最早的综合管廊出现在首都北京，1958 年，北京在天安门广场敷设了一条长 1076m 的综合管廊，随后，上海、广州、深圳、佳木斯、济南、昆明等城市开始陆续建设综合管廊。

上海世博园综合管廊、广州大学城综合管廊是这批工程中的代表性项目。

上海世博园区位于上海城区卢浦大桥段黄浦江两岸，分为浦东和浦西两个部分，规划范围约 6.8km²。为减少市政设施重复建设量及避免主要道路开挖，提高市政设施维护及管理水平，在世博园区主要道路下敷设综合管廊。综合管廊沿世博园区市政道路一侧，位于人行道下，基本呈环状走向，全长约 6750m，分成 35 个区段，几乎覆盖和连接了世博园区浦东部分的全部场馆和设施。综合管廊断面为矩形，有标准段和非标准段两种类型，标准段分为单舱标准段和双舱标准段；非标准段分为引出段、转角段、通风口和投料口。纳入综合管廊的管线有电力管线、通信管线、给水管线和交通信号等，预留了再生水回用、直饮水以及垃圾收集管道的空间，以便时机成熟时实施。燃气管线不进入综合管廊内，直埋于市政道路地下。世博园综合管廊投资主体为上海市政府确定的世博园投资建设单位，资金来源于财政拨款，总投资约 2.1 亿元。该工程于 2008 年 12 月 20 日开工，2009 年 10 月 31 日竣工。

广州大学城综合管廊位于番禺区小谷围岛，总长约 17km，其中沿中环路呈环状结构布局为干线综合管廊，全长约 10km，另有 5 条支线综合管廊，总长度约 7km。管廊主要布置供电、通信、有线电视、供水、供冷等 5 种管线，并预留部分管孔空间以备今后发展所需。该综合管廊是广东省规划建设的第一条综合管廊，于 2003 年开始动工兴建，2004 年建成投入使用，投资共 3.7 亿元，资金来源于政府财政。广州大学城综合管廊标准断面为 7.0m×3.7m，其底板、侧面和顶板的厚度均为 300mm。由于其布置在中环路的中央隔离绿化带下，上覆土层厚度 1.5m，当上部有管道横向交叉时，局部埋深采用 2.5m，有利于交叉口处各种管线的交叉。该管廊将供电、供水、供冷、通信、有线电视等 5 种管线集中敷设和统一布局，并沿线设置检修口，避免了管线架空，美化了城市空间环境，杜绝了因敷设和维修各种管线对城市道路、绿地重复开挖，消除了由此造成的资源浪费和对市容、交通以及居民生活的不良影响，节省了城市地下空间。该综合管廊由广州大学城建设指挥部办公室组建的大学城投资公司和能源公司负责运营管理，其经营范围和价格受政府的严格监管，发展受政府的保护。管理维护费来源有：①政府财政补贴；②入廊管线单位提交。入廊管线单位提交的费用包括入管廊费及使用期间每年收缴的物业管理费。

近几年，在经历冰灾、洪水等严重自然灾害对市政管线的破坏，造成巨大的经济损失之后，综合管廊的优点及综合效益逐渐被人们认可和重视，各大中城市掀起了新一轮的建设热潮。

珠海横琴新区综合管廊沿横琴新区快速路呈"日"字形布设，覆盖全区。综合管廊全长33.4km，设总监控中心1座。另有承担横琴新区输电功能的电力隧道，全长10km。管廊断面高3.2m，宽8.3m，断面面积26.56m²，分为水信舱、中水能源垃圾舱和电力舱3个舱室，敷设给水、通信、中水、集中供冷、垃圾收集、电力共4大类6种管线。项目总投资约20亿元，2012年开始运营。

《苏州市城市总体规划（2007—2020）》提出了"T轴、双城、四契、六片"的苏州城市空间发展形态，确定未来苏州重点向东发展，依托园区规划的中央商贸区（包括CBD与CWD），在金鸡湖两岸建设长三角的次级商务中心。园区中央商贸区的功能定位发生了重大变化，由工业园区的商务中心提升为城市商务中心和长三角次级商务中心。2007年，结合园区实际情况，在月亮湾地块按高起点规划、高起点建设的要求，在市政配套工程中建设了综合管廊。通过对月亮湾地块各市政专项规划的研究分析，确定综合管廊主要敷设于环一路、艺坊路。管廊长度约980m，分主体工程及附属工程两部分：主体工程管廊为单舱断面，净尺寸宽×高为2.4×2.8m，容纳管线为DN400mm给水管一根，DN700mm冷冻水管两根，电力管线16孔以及通信管线15孔。附属工程包括管廊通信检测与控制系统、通风系统、排水系统、电气系统、消防系统等，整个系统由控制中心集中控制，控制中心位于建屋紫金东方建筑地下一层。在控制室和综合管廊之间设置一个地下联络通道，以便人员的进出和综合管廊的内部管理。该综合管廊工程投资约3200万元。主体工程于2009年建成，附属工程已于2010年建成。

2014年以来，国务院、住房和城乡建设部以及财政部相继发文鼓励地下综合管廊建设，同时将苏州、哈尔滨、厦门、沈阳等25个城市作为国家综合管廊建设试点城市，并给予每个城市9亿~15亿元的财政资金支持，推动各个城市探索适合各自发展的新思路和新方法。2015年，全国69个城市启动了地下综合管廊建设，开工建设规模约1000km。2016年3月，李克强总理在政府工作报告中提出了加强城市规划建设管理，开工建设地下综合管廊2000km以上的明确目标。

国内外的实践证明，综合管廊是城市基础设施现代化水平的重要体现，是城镇化率提升到更高阶段后城市发展方式转变的内在需求，建设综合管廊对城市综合承载能力、发展韧性和安全水平提升具有重要意义，应根据城市发展实际，按照"先规划、后建设"的原则，科学规划，有序推进，严格控制百年工程的质量要求，重视本质安全，确保纳入综合管廊的管线安全运行，不断创新施工技术，推动装配式施工工艺应用，并做好管廊及管线运维，实现综合管廊为城市生命线的安全运行提供可靠保障。可以预见，城市地下综合管廊将成为未来一个时期内我国城市基础设施建设的重要内容之一。

第 2 章
项目建设概况

2.1 项目建设背景

  长三角地区是我国综合实力最强的区域，2010 年《长江三角洲地区区域规划（2009—2020）》批准实施，长三角区域一体化将进一步加快。上海是长三角地区的核心城市，应充分发挥服务全国、联系亚太、面向世界的作用，进一步增强高端服务功能。松江处于长三角"一核九带"总体布局中的沪杭甬沿线发展带，是上海服务长三角的重要门户和核心区域，具有极大的发展空间。

  松江南站大型居住社区地处上海市域西南，位于松江新城南部高铁片区，是松江新城的重要组成部分。松江新城是长三角地区重要的节点城市之一，是上海市西南部重要的门户枢纽，是体现上海郊区综合实力与水平、具有上海历史文化底蕴和自然山水特色的现代化宜居新城。松江南站大型居住社区总面积约 13.62km²，北至沪杭铁路 – 北松公路，西至毛竹港，南至 S32 申嘉湖高速公路，东至北柳泾。该大型居住社区距外环线 22km，至人民广场约 41km，距虹桥交通枢纽 35km，距浦东国际机场 60km，沪杭客运专线松江南站和轨道交通 9 号线松江南站交会于该大型居住社区中部，是上海西南部重要的门户枢纽地区。

  松江南站大型居住社区是以廉租房、经济适用房、动迁安置房等保障性住房和面向中低收入阶层的普通商品房为主，重点依托新城和轨道交通建设，有一定建设规模、交通方便、配套良好、多类型住宅混合的居住社区。推进大型居住社区建设是改善居民居住水平、推进经济增长、促进社会发展的重要工作。上海市委九届七次、八次、九次全会明确了推进大型居住社区、保障性住房建设的总体目标。加快推进大型居住社区的规划建设，是上海市委、市政府为优化本市房地产市场结构，保障民生工作，促进经济社会健康发展的重大举措。根据 2010 年 2 月上海市政府批准的《上海市大型居住社区第二批选址规划》，松江区松江南站基地属于 23 块大型居住社区之一。

基于上述城市定位和发展目标，在进行城市基础设施规划建设时，需要充分考虑未来城市规模扩大对市政设施的负荷需求，尤其是各种市政管线，应积极寻求集约化建设、统一管理的建设运营方式，推动高铁新区基础设施的现代化水平提升，实现持续发展。

综合管廊是将一种、两种或两种以上的管线放置在一起的地下基础设施，为供水、电力、电信、光缆、燃气等各种管线及其附属设施提供一个集中安放及维修的场所。地下综合管廊优点如下：①由于各种管线集中放置，改变了以前各种管线随意占用市政道路地下空间的局面，不但节约了土地，也大大提高了地下空间的利用效率；②将各种工程管线集中布置在综合管廊内，能减少对城市道路、绿地的重复开挖，减少管线挖掘事故，也减少了对沿线居民的影响，不仅改善了城市环境，也提高了人们的生活品质；③改变了以往检修管道必须破路的局面，降低了道路维修的费用，同时也解决了地下检修的困难，更方便了各管线单位的统一管理和协调配合；④有效地发挥了地下管廊防灾避险的功能，地下综合管廊结构坚固，本身就能够抵御一定的冲击荷载；⑤地下综合管廊寿命较长，一般可达 50 年以上，虽然前期投资较大，但是真正达到了一次投资，长期使用的目的。

2014 年 6 月 3 日，《国务院办公厅关于加强城市地下管线建设管理的指导意见》（国办发〔2014〕27 号）在推进城市地下综合管廊方面提出了明确要求。

综合管廊是一种新型市政基础设施，使管线"统一规划、统一建设、统一管理"的目标得以实现，它解决了管线直埋带来的诸多难题，是市政管线建设的趋势和方向。2015 年 8 月 3 日，《国务院办公厅关于推进城市地下综合管廊建设的指导意见》（国办发〔2015〕61 号）明确了从 2015 年起，城市新区、各类园区、成片开发区域的新建道路要根据功能需求，同步建设地下综合管廊。

近年来综合管廊已在国内多个城市建成且运营良好，在技术上已成熟，随着经济发展和城市功能定位的不断提高，综合管廊因其明显的优势，已具备大规模推广发展的条件。2015 年 12 月 19 日，上海市人民政府办公厅印发《关于推进本市地下综合管廊建设若干意见的通知》（沪府办〔2015〕122 号），松江南站大型居住社区综合管廊工程作为试点工程之一，应采用高标准建设成为标杆工程，为国内综合管廊建设发挥示范作用。

根据《松江区松江南站大型居住社区高中压配电网络规划》，未来松江南站大型居住社区将规划建设 220kV 变电站两座、110/35kV 变电站七座，其中规划的 110/35kV 电力线路将作为管廊路径考虑的重要因素，电力排管方案主要采用 2×5 孔、2×8 孔、9×10 孔、2×10 孔等。松江南站大型居住社区内有部分市政道路已经在建或已建成，这些市政道路内有一定数量的现状通信管线属于各通信运营商。在综合管廊系统布置上，将结合道路建设及其他因素可考虑将部分燃气管线纳入管廊。

松江南站大型居住社区综合管廊一期工程项目的实施，既是国家管廊发展建设的综合试点，有效地落实了管廊项目的发展建设，又可以结合综合管廊使用功能，提高该大型居住社区内管线的综合布置，完善区域内管线网架结构，为整个规划大型居住社区的建设提供基础保障；有助于该地区基础设施的实施与启动，整体提升区域综合竞争力。故该项目的建设具有重要意义。

2.2 项目建设模式选择

综合管廊实现了城市地下空间综合利用和资源共享。现阶段，在综合管廊建设中积极推行工程总承包（EPC）模式，具有强烈的现实意义：一是有效实现设计咨询和施工生产无缝衔接，减少由于设计施工"两张皮"引起的沟通障碍、进度滞后、造价浪费；二是进一步强化设计人员的牵头作用，提高综合管廊建设方案合理性、可靠性和节能性；三是进一步激发规划设计阶段的源头把控作用，实现对综合管廊工程建设提前进行宏观部署。综合管廊要尊重规律、因地制宜，从管线的系统规划入手，尽可能让更多的管线在综合管廊内部敷设。

2.2.1 综合管廊建设的"三大项目属性"

综合管廊是指建于城市地下用于容纳两类及以上城市工程管线的构筑物及附属设施，敷设城市范围内为满足生活、生产需要的给水、雨水、污水、再生水、燃气、热力、电力、通信等多种市政公用管线。综合管廊实现了城市地下空间综合利用和资源共享。综合管廊与传统管线直埋方式相比：①为市政管线远期扩容提前预留空间，减少日后由于管线扩容、维修等反复开挖道路，消除"马路拉链"；②有利于合理规划城市地下空间，集约城市建设用地，避免"城市蜘蛛网"；③各类市政管线统一集中敷设，保障城市安全与完善城市功能，提高管线运行安全；④各类管线避免直接与土壤和地下水接触，保护城市生态环境，延长管线使用寿命。效果如图 2-1 所示。

综合管廊的使用功能和结构特点，决定了其建设过程管控重点不同于房建、水务、道路等传统工程项目。综合管廊具有三大工程属性：

图2-1 项目七舱管廊效果图

（1）综合管廊具有典型的"线性工程"的项目属性

综合管廊在平面布置上具有"线性工程"的特点，因此在项目管理上需要结合城市道路的工程经验，对施工组织进行协调管理。"线性工程"的项目属性，决定了综合管廊在施工管理中面临以下难点：①以保证合同工期和经济合理为前提，科学地划分工区、施工段，合理地配置人员、材料供应和施工机械，进行流水作业。一般来说，施工段划分越长，作业面越大，所需要的人材机也越多，工期上虽得到保障，但施工成本也快速增加，无形中增加了综合管廊的建造成本；反之，施工段划分较短，虽节约了施工成本，但影响竣工工期，对综合管廊的社会效益造成负面影响。综合考量各种因素，找到合理经济的施工段长度，并以此为基础，合理配置各工种作业人员（混凝土工、钢筋工、架子工、防水工等）、施工机械和原材料供应，因此，综合管廊具有很强的"线性工程"流水作业施工组织特征。②综合管廊穿越的区域较多，在设计阶段，要注重现场踏勘和周边地块构筑物资料收集。设计方案要体现地块开发影响因子（特别是新建城区），对周边既有构筑物要进行适当保护和沉降观测，对周边地块正在施工构筑物要及时进行设计方案对接协调。③综合管廊施工作业面较长，和传统的"城市道路工程"相似，施工阶段现场作业环境复杂。综合管廊正式施工前，需完成现状管线、园林绿化搬迁以及道路翻交等前置工作，涉及相关产权单位（供电、中国移动、中国联通、中国电信、路政、水务等）较多。

（2）综合管廊具有"地下工程"的项目属性

综合管廊从空间布局上来说，和地铁隧道、水工隧洞一样，属于城市地下空间的开发利用。现阶段，综合管廊由于埋设深度较浅，盾构法、顶管法一般仅用于穿越现状城市主干道、通航河流等处，其主要施工工艺以基坑围护或放坡开挖（一般仅用于土质情况良好且现场施工面较大的新建城区）后的明挖现浇法为主，与建筑车库地下工程相近。但由于综合管廊埋设较浅，若项目位于地质条件较差的淤泥地区，在综合管廊施工过程中，地基随道路同步进行软基处理，基坑采用支护明挖方式。根据不同地质条件，施工过程中因地制宜地采用灌注桩、钢板桩和 SMW 工法桩等不同基坑支护方法。"地下工程"的项目属性，决定了综合管廊：①从造价上来说，软土地质条件下的全线基坑围护费用占比较高，一般达到 40% 以上。②从安全上来说，地下工程施工降水容易引起地层沉陷，地层的不均匀性可能造成既有构筑物的沉降、倾斜。施工过程中要强化测量监测，确保基坑及周边安全。③从质量上来说，良好的防水是地下工程本身坚固性和耐久性的基本要求。地下水与混凝土发生化学反应，导致混凝土强度降低，严重时，还会侵蚀结构内部的钢筋，导致综合管廊承载能力的下降。渗漏水同时可能诱发入廊管线的运行安全事故。

（3）综合管廊具有"各类管线集中敷设"的项目属性

综合管廊将给水、雨水、污水、燃气、电力、通信等各类城市工程管线，集中敷设在由结构本体或防火墙分割的封闭空间内，"统一规划、统一建设、统一管理"。因此，"各类管线集中敷设"是综合管廊工程建设的内核，也是其最根本的项目属性。这决定了综合管廊工程建设：①在规划阶段，需统筹管廊专项规划和各管线专业规划。建设团队需要与各城市工程管线权属单位（自来水公司、排水公司、燃气公司、供电公司、中国移动、中国联通、中国电信等）及相关政府职能部门（建管委、水务局等）多次沟通，结合各管线专业（给水、雨水、污水、燃气、电力、通信等）规划，明确管廊规划区域，确定入廊管线的种类及数量。②在设计阶段，需统筹管廊本体设计与各入廊管线专业设计。结合国内实际工作习惯，尊重各专业标准的差异，保证综合管廊有序发展，各入廊管线设计和施工一般是由各自所属的管线权属单位牵头组织实施。管廊本体设计团队需与各入廊管线设计单位充分沟通，反复讨论技术分歧，明确管廊断面形式，预留入廊管线发展空间，同时方便管线权属单位日常检修。③在施工阶段，需统筹管廊本体建设计划与各入廊管线建设计划。为避免对管廊本体造成破坏，各入廊管线安装单位需交叉施工，最大限度地缩短管廊投入运营时间，建设团队宜有序、依次、分阶段地将现场管廊工作面移交给各入廊管线安装单位。

2.2.2 "三大项目属性"导致综合管廊推进受阻

经过一百多年的发展，欧、美、日和我国台湾等多数国家及地区城市地下综合管廊系统已经基本成熟。但是，受制于综合管廊"线性工程""地下工程""各类管线集中敷设"三大项目属性影响，我国的管廊建设发展还较为缓慢。在项目具体推进过程中，主要体现在：

（1）技术壁垒

"地下工程""各类管线集中敷设"的项目属性，导致综合管廊在建设过程中，还有诸多技术问题需要解决。

综合管廊一般在道路的规划红线范围内建设，并宜布置在公共绿地下。综合管廊埋设深度较小，一般在2.5~3.0m。综合管廊在软土地质条件下且地下水位较高时，一般可采用明挖现浇法、沉井顶管法、预制装配法等。现阶段，国内综合管廊的建造技术仍以明挖现浇法为主，和"地下工程"施工工法类似。明挖现浇法中的线性基坑方案优化、预制装配法中承插口处的防水技术措施以及浅埋结构盾构技术要点等，还需要广大的工程技术人员不断地总结经验和方法。

在过往，各种市政管线相对独立，并依据各自的行业标准进行设计、施工和运维。综合管廊将"各类管线集中敷设"，打破了这种独立性，但如何将给水、供电、燃气等不同介质种类、不同行业标准的管线，在一个空间（综合管廊）内"和平相处"，需要建设一套新的管廊设计、施工和运维标准体系。

（2）价格壁垒

"线性工程""地下工程"的项目属性，决定了综合管廊的较高的建设成本和运维成本。

城市地下综合管廊的工程造价主要由管廊施工的地质条件、管廊舱的类型和数量、管廊的施工方式、纳入管廊的管线种类、附属系统等因素决定。与传统的管线敷设方式相比，地下综合管廊建设的前期费用非常高，建安费用比传统埋设方式高出1~2倍。住房和城乡建设部公布的管廊造价显示：四舱每公里的费用为0.56亿~1.31亿元，平均每公里1.2亿元，其中：廊体及附属设施建设费用每公里8000万元，入廊管线建设费用每公里4000万元；每年管廊的维修运营费用约为80万元/km。以正在建设的海口市综合管廊一期试点工程为例，该工程总长度为15.46km，纳入的管线包括电力、通信、给水、中水、新能源等市政管线及军用光缆，管廊断面有单舱和双舱两种，附属系统包括供电系统、通信检测和控制系统等，施工方式为明挖现浇和明挖预制装配两种。基于这些影响工程造价的因素，该工程建安费用预计为103197.7万元，总投资为134357.81万元。从我国现有的城市地下综合管廊来看，其投资主要以政府投资为主。在这样单一的投资方式下，对于巨额的管廊建设费用，政府面临的财政压力非常大。在我国地方政府财力有限的情况下，城市地下综合管廊的建设速度必然会受到阻碍。

城市地下综合管廊将燃气、通信、供水、广播电视、电力等市政管线集中敷设，统一进行管理，虽然对于管线的日常维护极为有利，但也产生了相关费用。综合管廊属于市政基础设施，是准公共物品，其运营可以收取一定的费用。但我国目前已投入运营的综合管廊大多数对入驻管线采取的都是免费入驻，多数城市都没有建立明确的收费机制，这种现象对于管廊的持续运营极为不利。因为随着时间的推移，管廊的使用年限越长，其维护管理费用就会越高，如果没有明确的收费机制，必然会给政府带来巨大的资金压力，从而影响城市地下综合管廊后期的可持续运营。

（3）组织壁垒

"线性工程"的项目属性，决定了综合管廊在建设过程中，往往面临着房屋动迁、既有管线搬迁、道路翻交等大量的外围配套工作。

长期以来，我国市政管线已经形成了独立建设、独立管理的格局，这种模式与传统的直埋方式相适应，但对地下综合管廊建设则存在障碍。

"各类管线集中敷设"决定了城市地下综合管廊的利益涉及面较广，要求管线能够统一规划、统一建设、统一管理，因此需要协调政府、投资方及管线各方利益。政府部门关注的是社会效益，第三方投资者作为出资人关注的是经济效益，管线单位则更多关注的是入廊费用和日常维护管理费等局部利益。由于各方考虑问题的出发点不同，达成一致意见的可能性就不会高。而目前我国目前不仅对于地下综合管廊的建设和管理的法律法规不健全，也没有对管线单位开挖道路设置严格的法律限制，更无强制规定要求管线单位必须将管线纳入公共管廊，这就不可避免地造成管线单位各自为政、自行敷设的局面。值得注意的是，2015年8月3日，《国务院办公厅关于推进城市地下综合管廊建设的指导意见》（国办发〔2015〕61号）要求各行业主管部门和有关企业要积极配合政府做好管线入廊工作，并且还为不入廊者设置了审批屏障，极大地保障了地下综合管廊建成后的使用价值。

2.2.3　工程总承包（EPC）模式助力综合管廊发展

EPC（Engineering Procurement Construction）即设计、采购、施工，是指承包商负责工程项目的设计、采购、施工全过程的工程总承包模式，又称交钥匙工程。现在，EPC模式经多年的工程实践，其针对项目参建方的特点不断被认识：负责工程项目设计、采购、施工的全过程让承包商承担了工程建设中更多的任务和更大、更广的风险，而业主方的风险则相对降到了最低。

（1）EPC模式有助于打破综合管廊技术壁垒

EPC模式中的设计不是一般意义上的具体的设计工作，而是包括整个合同范围内工作内容的总体策划和协调工作，设计过程中高度交叉、快速跟进的管理艺术可以有机地对项目建设过程所涉及的采购、施工、调试的相关信息进行集中消化和处理，这正是提高项目管理综合效益的根本所在。采购也不是一般意义上的建筑材料设备采购，而是按照合同要求，包括项目投产前后所需要的全部材料、设备、设施等的采购、安装配合、调试配合、备品备件准备等各项工作，为项目投入运营提供保障。而与设计采购一体化的施工工作则包括了从设计到投产所需要进行的全部施工工作量以及协调增减的工作量，最终交付具备交钥匙条件的整体工程。

设计优化是从本身概念出发提出全新的经济设计理念，更注重的是设计工作的综合管理，以及设计工作对项目成本控制的前后延伸。注重考虑方案可行性、使用的合理性、新工艺的合理利用、施工的方便程度等，考虑综合的效益。通过优化，使项目的推进更有保障，让建筑更实用、更安全、更经济。

项目初期的设计是根据业主方目标及需求的项目规划大纲进行设计；随着项目实施进程的推进，在实施过程中不可避免出现一定的困难，应在不影响工程安全质量的前提下进行设计优化，方便项目实施，保证工程进度。

项目在合同总价固定的前提下进行综合考量，技术创新。在施工技术、工艺比较成熟的施工环节中，通过合理有效的技术管理手段节约成本，并将节约部分投入新技术的应用中。EPC模式在技术创新上更大胆，通过技术创新探索，总结施工工艺，探索出更经济便捷的施工工艺和施工技术，管廊预制装配、建筑工程通信建模（BIM）、VR等新技术得到更好的实践应用。

EPC模式的优势在于，即使总承包商自己的力量难以满足项目的某些特殊需要，他也可以采取专业分包的方式化解危机，而且由总承包商进行专业分包的综合效益要比业主肢解项目后的直接发包好得多。

（2）EPC模式有助于打破综合管廊价格壁垒

项目的资源投入包括项目人力、设备、材料、机具、技术、资金等，其中既有部分内部资源，也有通过采购或其他方式从社会和市场中获取的资源。在一定的时期内，由于某些客观因素的影响，能够获取的资源数量有限，这就存在一个如何合理对资源进行规划和利用的问题。如果资源安排不合理，就可能在工期内的某些时段中出现资源需求的"高峰"，而在另一时段中出现资源需求的"低谷"。当"高峰"与"低谷"相差很大时，如果某些时段中资源需求量超出最大可供应量，则会造成"供不应求"，导致工期延误。而当出现资源需求"低谷"时，则可能造成资源的过剩，这种资源消耗的失衡，甚至极端时候的资源缺失，必然会影响项目的实施。面对这种情况，EPC模式的资源整合能力和配置能力就体现出其关键作用，可以集中资源，有效配置，对项目进行全盘把控。

业主希望减轻建设程序的管理负荷与压力，并通过提高对总承包人的要求、提高收益回报、总体风险包干的方式来实现合同目的。基于这个考虑，业主的管理机构可以相对精简，而将全部工作内容交给有经验和能力的高水平总承包商来完成，这样既有利于专业的承包商发挥其管理运行效率，也达到了减少业主负担、管理投入，释放业主管理压力的目的。

在 EPC 模式下，业主与总承包人签订 EPC 合同，把建设项目的设计、采购、施工等工作全部委托给工程总承包商来实施，由工程总承包人统一策划、统一组织、统一指挥、统一协调和全过程控制，只要不涉及突破设定范围的业主变更，其风险均由工程总承包人承担，从而使业主风险在合同签订之初就可以得到很好的固定。大量的工程实例表明，采用 EPC 模式，业主的工程总价和工期风险都能得到相对较好的控制。

从造价上来说，软土地质条件下的综合管廊建设，全线基坑围护费用占比较高，一般达到 40% 以上；较高的基坑围护费用也是抑制管廊建设发展的因素。在 EPC 模式下，充分发挥设计优势，在保证基坑安全、周边构筑物安全的前提下，根据管廊的埋深、截面尺寸等对基坑围护进行优化，可以节约围护成本，降低建设成本。

在 EPC 模式下设计可以协助业主方或运维管理方制定合理的取费机制，以减少政府投资、管理压力；设计在各入廊管线占用管廊空间的比例、各管线单位单独敷设成本占比、管线重复单独敷设成本占比、管线占用空间比例、管线对管廊附属设施使用强度等方面协助管廊运维管理方制定管线入廊收费及运维管理收费标准，管廊运维管理方参考收费，由此弥补管廊建设成本；同时设计可以协助业主方或管廊运维管理方制定管廊运维、保护方案，避免在运维期管廊周边第三方二次开发对管廊造成损害，增加运营维护成本。详见表 2-1。

某城市综合管廊项目造价表　　　　　　表 2-1

序号	项目	造价（万元）	备注
1	单舱管廊	72	25m 标准段造价
2	预制单舱管廊	8	每节 2m 造价
3	双舱管廊	126	25m 标准段造价
4	双舱管廊沉井	723	单井
5	双舱管廊顶管	5	每 1m 造价
6	三舱管廊	200	25m 标准段造价

续表

序号	项目	造价（万元）	备注
7	三舱管廊沉井	1300	单井
8	三舱管廊顶管	8	每1m造价
9	六舱管廊	250	25m标准段造价
10	七舱管廊	275	25m标准段造价

（3）EPC模式有助于打破综合管廊组织壁垒

EPC项目管理团队建立条线管理和标段管理相结合的组织架构。项目部项目经理下设五部一室：设计咨询部、安全管理部、施工生产部、技术质量部、后勤保障部、综合办公室；该组织模式创新有效地将管理融入工程建设的全过程，管理不浮于表面，不流于形式。管理人员从工程技术的角度分析施工现场，基于保障安全、质量、进度的前提去进行技术创新。在安全方面，最大限度发挥管理人员的一岗双责的职能；在技术质量方面，管理人员在保证安全的前提下进行施工生产，将质量管理最大化，技术创新最优化。如图2-2、图2-3所示。

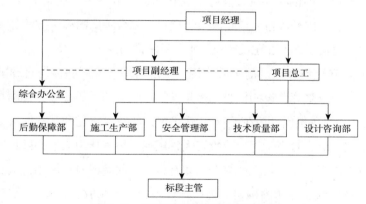

图2-2　某EPC项目经理部组织架构

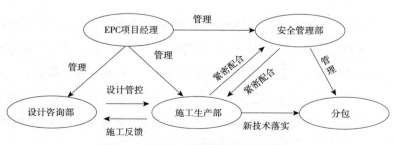

图2-3　某EPC项目部组织关系网络图

城市地下综合管廊项目建设多分布于城市近郊及新建城区道路地下，在项目建设区域，地上、地表、地下已存在各类高压电线、通信光缆及地表建筑物、绿化植被等，这些都是影响工程建设的障碍物。项目建设顺利如期完工面临着很大的困难，各项协调力度非常大。建设单位人力、资源有限，花费在各项协调事宜的时间、精力巨大。业主方通过 EPC 总承包的模式发包，将各项协调工作转移至 EPC 总承包方，EPC 总承包单位通过集约人力和资源解决各项协调事宜。城市综合管廊建设同时须满足管线入廊单位各方的需求，业主单位不具备与管线入廊单位各方在管线入廊技术上协调的能力，EPC 总承包方则可以通过设计单位的技术力量来解决与管线入廊单位各方的技术协调，满足管线入廊单位的需求。

2.2.4　工程总承包（EPC）模式现实意义

现阶段，在综合管廊建设中，积极推行工程总承包（EPC）模式，具有强烈的现实意义，主要体现在：

一是进一步发挥设计单位的技术底蕴，实现设计咨询和施工生产无缝衔接。现今城市市政设施建设不断发展完善，在城市建筑密集地区，进行地下市政设施建设的情况比较常见，由此产生的大量拆迁及建筑安全问题日益突出。在城市老（旧）城区，结合地下空间开发、旧城改造、道路改造等项目，综合管廊的施工方法逐步从明挖现浇向预制装配方向发展，工程建设产业化水平不断提高。

二是进一步强化设计人员的牵头作用，实现对综合管廊和传统直埋敷设的精准建设费用测算。综合管廊建设的核心问题是投资与收益的矛盾。综合管廊具有很强的社会公益特点，"利在当代，功在千秋"；管线单位的技术意见和利益诉求也需要及时得到反馈或响应。综合管廊工程建设投资大，短期投融资压力大，当敷设的管线较少时，管廊建设费用所占比重较大。综合管廊有偿使用收费机制，原则上应由管廊建设运营单位与入廊管线单位协商确定。为确定合理的"入廊收费机制"，需对综合管廊的建设成本、运营成本及各家管线单位传统直埋敷设方式的建设成本和维护成本进行费用测算。

三是进一步激发规划设计阶段的源头把控作用，实现对综合管廊工程建设提前进行宏观部署。现阶段，给水、电力、通信等管线纳入综合管廊，技术上较容易，属于较"常规的入廊管线"；而燃气、雨水、污水等管线纳入综合管廊，管线权属单位反对意见相对较多，在社会认知上还存在一定争议。综合管廊要尊重规律、因地制宜，从管线的系统规划入手，尽可能让更多管线在综合管廊内部敷设，提高综合管廊内部管线的种类和数量。

综上所述，松江南站大型居住社区综合管廊一期工程选择工程总承包（EPC）模式进行建设。

如图 2-4 所示，松江南站大型居住社区综合管廊一期工程分为旗亭路和白粮路段工程和玉阳大道段工程，全长约 7.425km。旗亭路和白粮路段工程全长为 3.418km，包括：①旗亭路双舱管廊长度 2.749km；②白粮路单舱管廊长度为 0.669km。拟容纳的管线包括 10kV 电力电缆、通信、给水等。玉阳大道段工程全长为 4.007km，包括：①玉阳大道双层六舱示范段 2.768km；②玉阳大道三舱标准段长度 1.239km。拟容纳的管线包括 110kV 和 10kV 电力电缆、通信、给水、燃气、雨水、污水等。

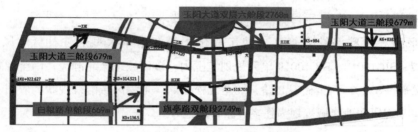

图2-4　项目建设范围图

2.3　项目选址及现状评价

松江南站大型居住区规划建设 9 条综合管廊，总长度 21.7km。一期工程项目位于松江南站大型居住社区（凤翔城）SJC10017、SJC10018、SJC10019 单元规划范围内，该区域东至北沿泾，南至规划申嘉湖高速公路（S32），西至松卫北路，北至北松公路。工程区域沿玉阳大道管廊呈东西走向，西起白苧路，东至披云门路，管廊总长 4.007km。如图 2-5、图 2-6 所示。

图2-5　松江南站大型居住社区综合管廊规划布置图

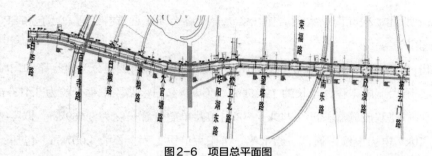

图 2-6　项目总平面图

　　玉阳大道主体结构及工井位于道路两侧规划绿地内，过路口段位于道路红线内。途经官绍一号河、洞泾港与陈家浜，官绍一号河及陈家浜处采用倒虹方式过河，洞泾港处采用顶管方式过河，于河底处埋深满足通航要求。

　　旗亭路和白粮路综合管廊新建工程位于松江南站大型居住社区（凤翔城）SJC10017、SJC10018、SJC10019 单元规划范围内，该区域东至北沺泾，南至规划申嘉湖高速公路（S32），西至松卫北路，北至北松公路。工程区域沿线现状为农田、沟浜及民宅，工程所在地区域规划为住宅、教育用地等。

　　旗亭路：主体结构位于道路红线内，部分工井设置于红线之外，建筑退界之内，同时存在部分过路管。途经官绍一号河与洞泾港，官绍一号河处采用倒虹方式过河，洞泾港处采用顶管方式过河，于河底处埋深满足通航要求。

　　白粮路：主体结构位于道路红线内，部分工井设置于红线之外，建筑退界之内，同时存在部分过路管。途经三官绍塘横河，采用倒虹方式过河，于河底处埋深满足通航要求。

1. 建设现状

　　规划基地目前正处于建设阶段，基地内以非城市建设用地为主。

　　居住用地现状：居住用地 22.70hm²，主要为农民动迁安置基地，即已建的永丰苑一期和在建的永丰苑二期，位于基地西部、富永路东侧。

　　公共服务设施用地现状：公共服务设施用地主要包括行政办公、商业用地和商务办公用地，占地约 16.32hm²，主要分布在北松公路南侧，其中的商业设施主要是家具、建材市场。

　　公共绿地现状：公共绿地约 9.82hm²，主要分布在北松公路和老松金公路沿线。

　　工业用地现状：工业用地 235.85hm²，主要分布在基地的西部和北部地区，少量工业建筑为新建、质量良好，规划时应考虑通过功能置换提高现状资源的利用程度。

　　道路广场用地现状：道路广场用地 58.35hm²，主要包括现状已建成的松卫公路、玉阳路、金玉路等城市道路用地。

市政设施用地现状：市政设施用地约 15.53hm²，主要包括松江污水处理厂、仓桥消防中队等设施用地。

其他城市建设用地现状：包括仓储用地 9.83hm²，特殊用地 7.82hm² 和对外交通用地 35.14hm²。

非城市建设用地现状：包括农用地 756.52hm²，水域 58.58hm² 和六类住宅组团用地 138.97hm²。

如图 2-7 所示。

图2-7 松江南站大型居住社区土地利用现状

项目建设前，周边环境现状示意图如图 2-8~ 图 2-12 所示。

2. 各市政设施站点及管线建设现状

（1）供电系统

现状电源来自北面的松江 220kV 变电站。

现有南门 35（110）kV 变电站，该站位于金玉路、老松金路东北角，占地面积约 4153m²。

图2-8 场地现状

图2-9　待翻建处现状：玉阳大道（松卫北路—南乐路）

图2-10　待翻建处现状：玉阳大道与松卫北路交叉口

图2-11　规划玉阳大道穿越现状洞泾港　　图2-12　规划玉阳大道穿越现状官绍一号河

在申嘉湖高速公路北面现有110kV电力架空线平行或斜穿地块。

（2）燃气系统

目前，该区域使用罐装液化气，尚未使用管道燃气。在华长路东、北松公路南现有液化气罐装站一座。

沿申嘉湖高速公路敷设了 4.0MPa 高压燃气管，气源来自川气。

（3）供水系统

社区东部现由现状车墩水厂供水，金玉路东段道路下敷设了 DN500 上水管；西部由北面的松江二水厂供水。

（4）雨水系统

现状区域内无完善的雨水系统，雨水通过漫流或管道收集就近排入河道。

该社区属青松大控制片，水系较为丰富，区域采用小包围，河道分为圩外河道和圩内河道，圩内河道与圩外河道连接处大部分设有节制闸，另有 4 座排涝泵站。

（5）污水系统

老松金路东、金玉路南现有松江污水处理厂一座，处理能力为 13.8 万 m^3。沿老松金路现有一根 DN1050 污水总管，另有一根 DN1000 污水总管斜穿区域至污水处理厂。

（6）邮政系统

现状无邮政局房，主要靠北面和西北面的现有中山和永丰邮政支局提供服务。

（7）通信系统

现状无通信机房，主要靠北面的现有方塔和城厢通信机房提供通信服务。

（8）消防

金玉路南、富永路西现有仓桥消防中队，占地面积约 $6800m^2$。

2.4 项目区域规划

2.4.1 项目建设范围

根据《上海市地下综合管廊专项规划（2016—2040）》，按照上海市城镇体系结构、城市重点建设地区分布、地下空间重点建设地区布局等情况，在全市范围内规划若干综合管廊重点建设区，主要用以容纳地区配给管线，综合管廊类型为支线型综合管廊和缆线型综合管廊，远期规模约为 260~380km。

综合管廊应结合成片新、改建地区建设。因上海市中心城大部分主要道路和市政管线均已建成，此外还建有大量地铁、地下道路、地下步道等设施，现状情况较为复杂，综合管廊的实施难度大、建设成本高，因此将综合管廊建设重点放在中心城以及中心城周边地区、新城、镇的成片新、改建地区，根据此类地区的建设计划同步实施综合管廊，有条件的应整体考虑综合管廊布局，提高综合管廊的系统性和规模化应用水平。

综合管廊重点建设区包括松江的新建地区，综合管廊适宜建设范围明确。松江新城地区主要结合地区新、改建开发建设综合管廊，适宜建设范围为诸光路—S32申嘉湖高速—规划路—北松公路—松汇路围合地区，面积约 13.1km²，建设规模约为 16~24km。综合管廊近期建设见表 2-2。

综合管廊近期建设一览表　　　　　　　　　表 2-2

建设地区	近期建设规模（km）	近期建设综合管廊路由
耀龙路－浦业路－金钱公路	15~20	耀龙路－浦业路－金钱公路
南汇新城主城区、综合区	15~20	水芸路、云鹃路、北岛西路、海洋三路、浩通路等
松江南部新城	10~15	旗亭路、白粮路、玉阳大道等
桃浦科技智慧城	5~6	永登路、敦煌路、景泰路等
真如副中心	3~4	真华路、静宁路、南郑路、宁川路
六灶地区	3~4	规划路
崇明地区	7	崇明大道新城段、新河段、堡镇段
黄浦江两岸地区	10~15	龙文路、规划九路等
中心城架空线入地	15~20	各地区电力、通信架空线沿线
合计	80~110	

该工程位于松江南站大型居住社区，该区域属于规划新城，范围为东至北泖泾，北至老沪杭铁路—北松公路，西至毛竹港，南至规划申嘉湖高速公路。该工程主要包括玉阳大道五舱管廊（范围为官绍一号河—陈家浜）、白粮路综合管廊单舱管廊、松卫北路综合管廊三舱管廊、南乐路综合管廊三舱管廊、玉阳大道标准段。

2.4.2　入廊管线选择

由于我国市政建设方面的条块分割，各种管线分属不同的单位，报批和施工各自为政，各权属单位往往不服从规划部门的统一管理，从而造成各类管线相互"打架"，不仅影响城市正常的生活和生产，造成重复建设和资源浪费，而且随时间的推移，地下空间资源的整合成本将越来越大，成为城市可持续发展的瓶颈。因此，为实现地下管线空间开发有序，建设综合管廊作为一个跨行业、跨组织的协调工程，既需要政府部门加强集中管理，也需要各管线权属单位进行配合协调。

国内外一般可考虑纳入综合管廊内的管线有：给水、电力、通信、供热、中水、燃气、供冷、雨水、污水、垃圾收集管等。给水、电力、通信、中水入廊成本较低，运行安全性较高，故将其纳入综合管廊经济合理。雨水、污水管线属于重力流管线，如纳入综合管廊需考虑纵坡的影响，故要处理好标高关系和竖向关系。从城市防灾的角度考虑，把燃气管线纳入综合管廊十分有利，但燃气管线属于易燃易爆管线，运行安全性要求高，因而燃气管线要与高压电力电缆、热力管线设施分开，一般单独设置在一个舱室内。

松江南站大型居住社区作为新建区域，市政管线众多，大多已进行专项规划。根据现行国家标准《城市综合管廊工程技术规范》GB 50838—2015 要求，纳入综合管廊的管线应进行专项管线设计。因此综合管廊在设计时，应在管线专项设计的基础上，对管线入廊的需求及可行性进行分析，以保证入廊管线的安全可靠运行。

松江南站大型居住社区市政管线包括电力管线、通信管线、给水管线、雨水管线、污水管线、燃气管线等。

矩形综合管廊标准断面如图 2-13、图 2-14 所示。

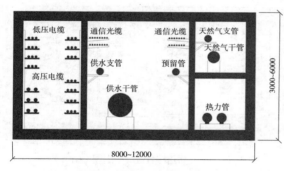

图 2-13 矩形综合管廊标准断面示意图 1
（mm）

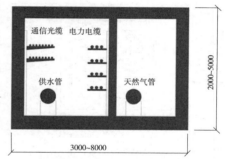

图 2-14 矩形综合管廊标准断面示意图 2
（mm）

2.4.3 相关建设要求

地区综合管廊大多为支线型和缆线型综合管廊，支线型综合管廊用于容纳城市配给工程管线，宜参考矩形综合管廊标准断面示意图 2（图 2-14）进行优化调整。其中给水、再生水、低压电力、通信管线宜布置于同一舱室内，热力管线可单独成舱或与通信、再生水、给水管线同舱室布置，燃气管线和高压电力电缆应单独成舱，排水管线视具体情况论证入廊可行性。

关于平面设置要求，支线综合管廊一般布置在道路中央绿化带或侧分带下方，并尽可能地减少对机动车道的入侵。

该工程管廊断面形式主要分为以下几种，如图 2-15~图 2-19 所示。

同时，该工程管廊基本位于道路两侧绿化带或者人非道路下方。玉阳大道主体结构及工井位于道路两侧规划绿地内，过路口段位于道路红线内。

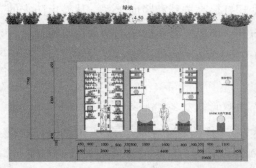

图 2-15 玉阳大道（白荇路 – 官绍一号河及陈家
浜 – 披云门路）综合管廊断面图（mm）

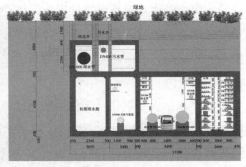

图 2-16 玉阳大道示范段综合管廊断面图（mm）

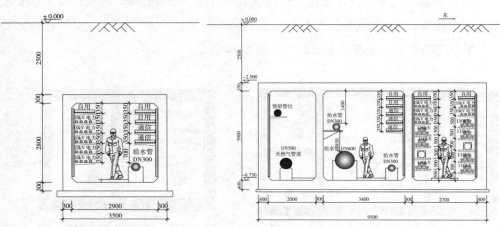

图 2-17 白粮路综合管廊断面图（mm）

图 2-18 松卫北路综合管廊断面图（mm）

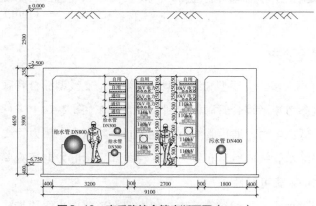

图 2-19 南乐路综合管廊断面图（mm）

2.4.4 相关因素分析

管廊的建设布局和方式与道路、各市政管线等有着重要关系，以下对该工程管廊
涉及的各项因素进行分析。

（1）道路交通

基于与用地性质和经济活动相协调、快慢分离、内部疏解、外部分流的道路交通组织原则，松江南站大型居住社区内部道路交通组织如图2-20所示，内部疏解骨架道路为"四横三纵"。横向为金玉路—金玉东路、玉阳大道、旗亭路和申嘉湖高速（地面为塔闵公路），纵向为谷水大道、白粮路和南乐路。

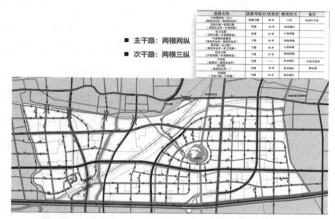

图2-20 松江南站大型居住社区内部道路交通组织图

（2）电力系统

规划区内现状以农田和农村宅基地为主，现状电力设施较少，现有110kV南门变电站，容量2×20MVA，在申嘉湖高速公路北面现有110（35）kV电力架空线平行或斜穿地块，10kV及以下电力网架较薄弱。远期规划区的用地性质发生较大的变化，近远期电力设施变化主要以新增为主。

根据《松江区松江南站大型居住社区高中压配电网络规划》，未来松江南站大型居住社区将规划建设220kV变电站两座、110/35kV变电站七座（图2-21），其中规划

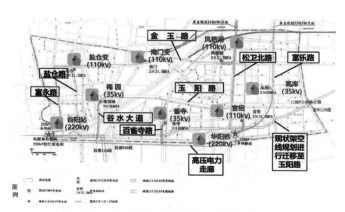

图2-21 松江南站大型居住社区规划变电站址图

的 110/35kV 电力线路将作为管廊路径考虑的重要因素，电力排管方案主要采用 2×5 孔、2×8 孔、9×10 孔、2×10 孔等。松江南站大型居住社区电力路径如图 2-22 所示。

此外，在申嘉湖高速公路北面现有 110（35）kV 电力架空线目前正在进行搬迁，未来将进入综合管廊。

（3）供水系统

目前南站基地范围内由 2 家供水企业供水，分别为松江自来水公司和镇级车墩水厂。

松江自来水公司所属一水厂、二水厂主要通过玉树路 DN800~DN600 输水管、北松公路 DN500~DN600 输水管向南站基地供水。玉树路 DN600 输水管由北向南敷设，并向东沿欣玉路、金玉路、玉阳路等道路敷设 DN300 供水管。

车墩水厂出厂管有两路：一路 DN700 输入管向北敷设至车墩镇区；另外一路 DN700 输水管向西敷设至车亭公路后向北敷设，至泖亭路后向西敷设至香泾路，后以 DN500 至荣福路，实现向南站基地供水。除香闵路 DN300 供水管外，其他配水管多穿越规划地块敷设。松江南站大型居住社区给水规划如图 2-23 所示。

图2-22　松江南站大型居住社区电力路径

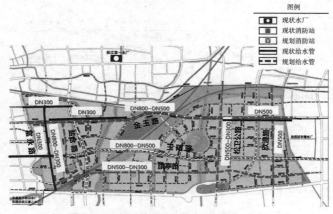

图2-23　松江南站大型居住社区给水规划

（4）通信基础设施系统

松江南站大型居住社区内有部分市政道路已经在建或已建成，并且各通信运营商已于这些市政道路下建设一定数量的通信管线。具体已建通信管线详见表2-3。

松江南站大型居住社区已建通信管线统计表　　　　表2-3

路名	原有资源（孔）			
	电信	移动	联通	管线使用现状
松卫公路	3+1	2		
金玉路		2	1	6大孔剩2大孔
申嘉湖高速		2		4大孔未用
老松金路		2	1	金玉路-塔闵公路27孔剩5孔 塔闵公路-申嘉湖高速公路20孔剩21孔
盐平公路			1	20孔剩12孔
北松公路				6孔剩3孔
欣玉路				20孔未用
富永路				20孔未用
富强路				20孔未用

目前松江南站大型居住社区内3家运营商有大量现状宏基站。移动公司在地块红线内有8处现状宏基站；联通公司在地块红线内有8处现状宏基站；电信公司在地块红线内有5处现状宏基站；通信基础设施是通信服务、通信业务的基本载体。在综合管廊系统布置上，将结合道路建设及其他因素考虑，尽可能将主要通信管线纳入管廊。松江南部新城大型居住社区通信规划如图2-24所示。

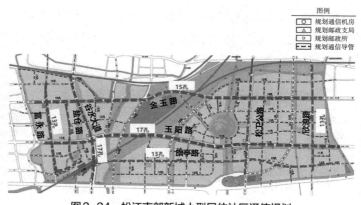

图2-24　松江南部新城大型居住社区通信规划

（5）燃气系统

基地内富永路（金玉路—大江路）已布置 DN300 中压燃气管道，其气源接自松江主城区辰塔路高—中压调压站（0.8MPa/0.4MPa），根据松江燃气有限公司提供的资料，该站实际运行规模为 40000N·m³/h。

根据松江燃气管网规划，在香闵路、车阳路路口规划有一座高—中压调压站（1.6MPa/0.4MPa）即华阳门站，其设计规模为 80000N·m³/h，目前已施工完毕。

由于该规划区域面积大，现状辰塔路高—中压调压站无法满足燃气用户的需求，因此，松江南站大型居住社区的气源接自规划华阳门站。

根据《松江南站大型居住社区燃气管网规划》，燃气规划如图 2-25 所示，规划沿金玉路、玉阳大道、富永路、松卫公路敷设天然气干管，沿盐仓路、欣玉东路、白苧路、银圩路、百雀寺路、荣福路、欣浪路、车阳路等道路敷设天然气支管。

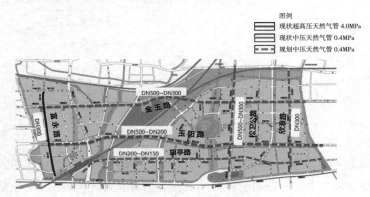

图 2-25　松江南站大型居住社区燃气规划

（6）市政管线汇总

根据各类专业系统规划情况，金玉路、玉阳路、旗亭路为东西向区域主干路、道路红线较宽，规划将敷设各类主干管线，为区域东西向主要管线通道。在南北向主干道路中，富永路、谷水大道、松卫北路、南乐路道路红线较宽，规划将敷设各类主干管线，为区域南北向主要管线通道。松江南站大型居住社区相关道路管线规模统计详见表 2-4。

（7）符合性分析（表 2-5）

松江南站大型居住社区相关道路管线规模统计表　　　　表 2-4

序号	道路名称	道路红线宽度 (m)	建设情况	电力管线	信息通信管线	给水管线	燃气管线	污水管线	雨水管线
1	金玉路 泖亭路	40	部分新建 规划改造	22~24 回	15 孔	规划 DN300~ DN800 现状 DN300~ DN50	DN300~ DN500	DN400~ DN1200	DN600~ DN1200

续表

序号	道路名称	道路红线宽度(m)	建设情况	电力管线	信息通信管线	给水管线	燃气管线	污水管线	雨水管线
2	玉阳大道	50	部分新建	25 回	17 孔	DN300~DN800 DN300	DN200~DN500	DN40~DN600	DN600~DN1000
3	联梅路	32	规划新建	16 回	12 孔	DN200	DN150	DN40~DN600	DN800~DN1000
4	车阳路	20	规划改造	20 回	13 孔	DN300	DN200	DN400	DN600~DN1200
5	香亭路	24	规划新建	16 回	12 孔	DN200	DN400		DN600~DN1000
6	旗亭路	32	规划新建	18~22 回	13 孔	DN300	局部 DN200	DN400	DNS00~DN1000
7	富永路	24	规划改造	23 回	13 孔	现状 DN300	DN300	DN400~DN600	DN800~DN1500
8	谷水大道	50	规划改造	23 回	17 孔	DN300~DN800 DN300		DN400	DN800~DN1350
9	松金公路	32	规划改造	20 回	14 孔	DN200~DN300		DN400	DN1000~DN1200
10	百雀寺路	40	规划改造	24 回	110 孔	DN200~DN300	DN200	DN400~DN800	DN600~DN800
11	白粮路	32	规划新建	16 回	13 孔	DN200~DN300		DN400	DN800
12	松卫北路	45	规划改造	22~24 回	11 孔	DN300~DN500	DN300~DN500	DN400	DN1000~DN1200
13	望塔路	20	规划新建	21 回	13 孔	DN200	局部 DN200	DN400~DN600	DN800~DN1200
14	荣福路	20	规划改造	20 回	13 孔	DN300	DN200	DN400	DN800~DN1200
15	南乐路	40	规划新建	21~22 回	12 孔	DN200~DN300		DN400	DN800
16	欣浪路	32	部分新建	20 回	13 孔	DN200~DN500	DN200~DN300	DN400~DN600	DN800~DN1200

符合性分析表　　　　　　　　　　　　表2-5

序号	道路名称	规划、工程情况	电力管线	信息通信管线	给水管线	燃气管线
1	金玉路、泖亭路	规划	22~24 回	15 孔	规划 DN300~DN800 现状 DN300~DN500	DN300~DN500
		设置	电力舱 6 回，综合舱 20 孔	32 孔	DN500、DN1000	DN500
		符合性	符合，且已征询电力公司意见	符合，且已预留扩容可能	符合，且已预留扩容可能	符合

续表

序号	道路名称	规划、工程情况	电力管线	信息通信管线	给水管线	燃气管线
2	松卫北路	规划	22~24 回	11 孔	DN300~DN500	DN300~DN500
		设置	电力舱 6 回，综合舱 20 孔	32 孔	DN500、DN800	DN500
		符合性	符合，且已征询电力公司意见	符合，且已预留扩容可能	符合，且已预留扩容可能	符合
3	南乐路	规划	21~22 回	12 孔	DN200~DN300	DN200（玉阳大道—松卫北路）
	南乐路（香亭路—玉阳大道）段	设置	电力舱 6 回，综合舱 20 孔	32 孔	DN500、DN800	
		符合性	符合，且已征询电力公司意见	符合，且已预留扩容可能	符合，且已预留扩容可能	
	南乐路（玉阳大道—松卫北路）段	设置	电力舱 6 回，综合舱 20 孔	32 孔	DN500、DN800	DN300
		符合性	符合，且已征询电力公司意见	符合，且已预留扩容可能	符合，且已预留扩容可能	符合，且已预留扩容可能

2.5　项目建设条件

2.5.1　气象

松江区地处黄浦江上游，境内河流纵横，塘渠交错。属于北亚热带季风气候，温和湿润，四季分明。

气温：地区全年平均气温 16.8℃，降雨量 648.7mm。极端最高温度 38.6℃，极端最低温度 –4.7℃。因此，该地区是典型的夏热冬冷气候。按建筑气候分属于夏热冬冷地区。

日照：该地区日照充足，年平均日照时数 1870.15h。其中 7 月、8 月光照最强。

风向：春秋季多偏南风，晚秋和冬季多西北风和东北风，平均风速 3.8m/s。每年6—9 月份是台风发生季节，年平均为两次。

降水：年平均降水量为 1103.2mm 左右。常年平均降水日数为 137 天。

湿度：相对湿度，6—8 月最高，平均为 91%；9—12 月最低，平均为 76%；1—5月居中，平均为 85%。

霜期：初霜期在 11 月下旬，终霜期在 4 月上旬，无霜期常年约 228 天。适宜亚热带、暖温带动植物的生长发育。

2.5.2 河道水文

根据《松江区圩区工程情况汇编（二〇〇九年）》及《上海市松江区松江南站大型居住社区（凤翔城）SJC10017、SJC10018、SJC10019单元控制性详细规划》中的水系专业规划，工程所在区域位于车墩镇三长圩。三长圩圩外干河为洞泾港、盐铁塘、北沰泾，圩外干河目前最高控制水位3.77m，远期最高控制水位3.50m。圩内河道均由单闸或套闸及排涝泵控制与圩外干河的连通，在规划除涝标准下控制圩内河道除涝最高水位不超过3.20m，为区域雨水重力流排水提供技术保障。

2.5.3 地形地貌

项目位于松江南站大型居住社区（凤翔城）SJC10018单元，工程区域内地势平坦，河网交错，拟建道路沿线现状主要为农田、沟浜及民宅，原地面一般标高为2.6~3.0m。

2.5.4 工程地质

1. 玉阳大道地质概况

1）工程概况

拟建的"松江南站大型居住社区综合管廊一期工程玉阳大道段项目"位于上海市松江区松江南部新城。

2）地形地貌及周边环境

勘探场地位于上海市松江区，其地貌属于上海地区四大地貌单元中的湖沼平原Ⅰ-2地貌类型，经现场踏勘，拟建场地地形相对平坦。

拟建区域位于郊区，基本为东西走向，区域现为农田、居民区、树林等。

3）地基土的构成与特征

对收集资料进行综合分析，推测拟建场地55.0m深度范围内的地基土主要由填土、粉性土、淤泥质土和一般黏性土组成，按各土层的地质时代、成因类型、物理力学性质等特征，可划分为6个主要工程地质层及分属不同层次的亚层。各地基土层埋藏分布条件及特征自上而下分述如下：

①$_1$层素填土，一般厚度0.90m左右，以杂色黏性土为主，土质松散、不均匀。

①$_2$层浜土，见于明暗浜塘底部，富含有机质，含腐烂植物根茎。

②$_{3-1}$层黏质粉土，一般厚度1.9m左右，含云母、夹薄层黏性土，土质不均，韧性低，干强度低，无光泽，摇振反应中等。

②$_3$–2 层黏砂质粉土，一般厚度 11.6m 左右，含云母、局部夹薄层黏性土、粉砂，土质不均，韧性低，干强度低，无光泽，摇振反应迅速。

④层淤泥质黏土，一般厚度 5.2m 左右，饱和，流塑，高等压缩性，含有机质、云母，夹极薄层粉性土。无摇振反应，有光泽，干强度、韧性高。土质均匀。

⑤$_1$ 层黏土，一般厚度 5.5m 左右，很湿，软塑，高等压缩性，含有机质、腐烂植物根茎、贝壳屑，夹极薄层粉性土。无摇振反应，有光泽，干强度、韧性高。土质均匀。

⑥层粉质黏土，一般厚度 1.9m 左右，湿，可塑，含氧化铁斑点，夹粉性土，韧性中等，干强度高，无光泽，无摇振反应。

⑦$_1$–1 层砂质粉土，一般厚度 3.8m 左右，中密，中等压缩性，含云母，夹薄层黏性土，韧性低，干强度低，无光泽，摇振反应迅速。

⑦$_1$–2 层粉砂，一般厚度 3.4m 左右，含云母、石英，夹薄层黏性土。

⑦$_2$ 层粉砂，一般厚度大于 15.8m，含云母、石英、长石等，夹细砂，次棱角状。埋深 55.0m 以下的土层对该工程影响不大。

4）软土震陷

上海地区除新近沉积的土层或松散的填土外，一般土层的等效剪切波速均大于 90m/s，根据上海市工程建设规范《岩土工程勘察规范》DGJ 08—37—2012 条文说明第 8.1.3 条，可不考虑软土的震陷。

5）地下水

（1）潜水

影响该工程的场地地下水主要是浅部黏性土层和粉性土层中的潜水，浅部土层中的潜水位埋深，一般离地表面 0.3~1.5m，年平均地下水位离地表面 0.5~0.7m。潜水位随季节、气候、雨雪等因素而有所变化，一般丰水期（7月、8月）水位较高，枯水期（12月至翌年1~2月）水位较低，年变化幅度在 1.0m 左右。上海地区地下水的温度、埋深在 4m 范围内受气温变化影响，4m 以下水温较稳定，一般为 16~18℃。

由于该工程浅部粉性土层较厚，潜水对该工程影响较大，管槽开挖施工时应做好降排水工作。

（2）承压水

拟建场地勘察深度内赋存有第⑦$_1$–1、⑦$_1$–2、⑦$_2$ 层承压水。

根据上海市工程建设规范《岩土工程勘察规范》DGJ 08—37—2012 第 12.1.4 条，承压水水位呈周期性变化，水位埋深为 3~12m。

该工程承压水位取高水位 3.0m，土的重度取 17.5kN/m³，⑦$_1$–1 层层面揭遇埋深取 26.8m，则当管廊开挖深度按 a 考虑，根据上海市工程建设规范《岩土工程勘察规范》DGJ 08—37—2012 第 12.3.3 条，坑底土体抗承压水稳定性应满足以下条件：

$$[17.5（26.8-a）]/[10（26.8-3.0）] \geq 1.05$$

故 a 需 < 12.6m。

即当管廊开挖深度 ≥ 12.6m 时，⑦$_{1}$–1 层承压水突涌；当管廊开挖深度 < 12.6m 时，⑦$_{1}$–1 层承压水不会突涌。

该工程管廊开挖深度不一，且⑦$_{1}$–1 层承压水存在突涌可能。建议施工期间对承压含水层水位进行监测，以合理调整降水方案。

（3）地表水、地下水水质

经实地踏勘，该场地内及其周边未发现污染源，根据场地周边已有勘察的水质分析资料：在场地内及其附近无相关地表水、地下水污染，根据上海地区工程经验，场区环境类型可按Ⅲ类考虑，根据上海市工程建设规范《岩土工程勘察规范》DGJ 08—37—2012 第 12.1.6 条进行评价：地下水和地基土对混凝土有微腐蚀性；当长期浸水时，地下水对混凝土中的钢筋有微腐蚀性；当干湿交替时，地下水对混凝土中的钢筋有弱腐蚀性，对钢结构有弱腐蚀性。

根据上海市工程建设规范《岩土工程勘察规范》DGJ 08—37—2012 第 12.1.6 条，承压水对混凝土有微腐蚀性，对混凝土中的钢筋有微腐蚀性。

拟建场地地下水位较浅，地基土腐蚀性与地下水腐蚀性基本一致。

勘察时，需进一步对场区内的地表水、地下水进行水质分析，判定其对建筑材料的腐蚀性。施工期间应注意地表水、地下水、地基土是否受到意外情况下的污染，以避免对工程造成影响。

6）不良地质条件

勘察时，应查明场地内明（暗）浜、塘等不良地质条件分布，并提供对不良地质条件处理的建议。

（1）明暗浜塘

根据地形图和现场踏勘，场地内分布有多处明浜塘。另据调查，场地内也可能分布有暗浜。浜土土质极差，对拟建管槽开挖管槽边坡不利，应进行处理，一般可采用换填、搅拌桩等方法。

（2）浅层粉性土

根据收集的地层资料，场地浅部粉性土厚度较大，在地下水动力作用下易发生渗流液化，对管槽边坡稳定性不利。建议管槽开挖施工时做好降排水工作。

7）场地的稳定性和适宜性评价

根据本次勘察结果及上海地区工程经验，拟建场地地形平坦，无崩塌、滑坡等不良地质条件存在，因此该场地属稳定场地，上海地区可不考虑软土震陷的影响。场地地基土分布较为稳定，适宜建造该工程。

8）地下管廊工程

该工程在拟建地下管廊：西起白苧路，东至披云门路，全长约4007m，管廊标准断面外包尺寸约：10.5m（B）×4.65m（H），综合管廊拟布置于道路北侧绿化带及游步道下，穿越岸堤及河流。管廊标准断面覆土深度2.5m（按道路设计标高计算）。

该工程管廊最大开挖深度为13.5m，其基底一般位于③层地基土中，其影响深度范围内的土层还涉及①、②$_1$、②$_2$层黏土。

基坑开挖深度范围内涉及的①层填土土质松散，开挖时易发生坍塌，同时局部分布的①$_2$层浜土，对基坑安全影响较大，施工时应采取换填法处理，以保证基坑安全；第②、③层为典型的软弱黏性土，基坑开挖易发生剪切破坏，从而导致基坑坍塌；故基坑施工时应根据情况采取必要的围护措施。结合上海地区工程经验，当该工程基坑开挖深度较小时（如5m之内），可采用板桩支护；当开挖深度较大时，由于拟建场地较开阔，可采用多级放坡加板桩支护；必要时可采取搅拌桩等稳妥的基坑围护方案进行围护，同时采取有效的降排水措施，将地下水降至开挖面下一定深度。

2. 旗亭路地质概况

1）工程概况

拟建的"旗亭路（松金公路—松卫北路）综合管廊工程"位于上海市松江区松江南部新城。

2）地形地貌及周边环境

勘探场地位于上海市松江区，其地貌属于上海地区四大地貌单元中的湖沼平原Ⅰ-2地貌类型，经现场踏勘，拟建场地地形相对平坦。

拟建区域位于郊区，基本为东西走向，区域现为农田、居民区、树林等。

3）地基土的构成与特征

本次勘察表明，在深度20.00m范围内的地基土均属第四系正常沉积地区，地基土层的划分，主要根据土的结构特征以及土的物理力学性质指标等综合分析，共划分7个工程地质层。各地基土层埋藏分布条件及特征自上而下分述如下：

①层杂填土，该层在拟建场地均有分布，上部以杂填土为主，含砖石碎块等建筑垃圾，其下为黏性土，含碎石子和白色螺壳等杂物，土质松散不均。

②$_1$层灰黄色黏土，该层在暗浜地段变薄或缺失外其余场地均有分布，属于Q43地质时代，成因类型为滨海—河口，湿，可塑，含铁锰质结核及浸染斑点，夹薄层粉土，土质向下渐变软，无摇振反应，稍有光滑，干强度高，韧性高，土质不匀，属高

压缩性土。

②₂层兰灰色黏土，属于 Q43 地质时代，成因类型为滨海—河口，饱和，可塑，含有机质条纹，夹薄层粉土，无摇振反应，有光滑，干强度高，韧性高，土质不匀，属高压缩性土。

③层灰色黏土，该层在拟建场地均有分布，属于 Q42 地质时代，成因类型为滨海—浅海，饱和，可塑，夹薄层黏性土，含贝壳，无摇振反应，稍有光滑，干强度高，韧性高，属高压缩性土。

④层灰色黏土，该层在拟建场地均有分布，属于 Q42 地质时代，成因类型为滨海—浅海，饱和，软塑，夹薄层粉性土，无摇振反应，稍有光滑，干强度高，韧性高，属高压缩性土。

⑤层灰色黏土，该层在拟建场地均有分布，属于 Q41 地质时代，成因类型为滨海、沼泽，饱和，软塑，含有机质，夹泥质结核，无摇振反应，光滑，干强度高，韧性高，土质较匀，属高压缩性土。

⑥层暗绿—灰绿色黏土，该层在拟建场地均有分布，属于 Q32 地质时代，成因类型为河口—湖沼，湿，硬塑，无摇振反应，光滑，干强度高，韧性高，土质不均匀，属中压缩性土。

⑦层草黄—灰黄色砂质粉土，该层在拟建场地均有分布，属于 Q32 地质时代，成因类型为河口—滨海，饱和，中密状，有摇振反应，干强度低，韧性低，土质不均匀，属中压缩性土。

4）软土震陷

上海地区除新近沉积的土层或松散的填土外，一般土层的等效剪切波速均大于 90m/s，根据上海市工程建设规范《岩土工程勘察规范》DGJ 08—37—2012 条文说明第 8.1.3 条，可不考虑软土的震陷。

5）地下水

拟建场地浅部土层中的地下水属潜水类型，其补给来源主要为大气降水和地表径流，雨季期间地下水位普遍升高。经本次勘探期间实测，钻孔稳定地下水位埋深在 0.40~1.10m 之间，相应标高在 2.06~2.74m 之间。根据上海市工程建设规范《地基基础设计规范》DGJ 08—11—2018 有关规定，潜水水位埋深一般为 0.3~1.5m，年平均水位埋深一般为 0.5~0.7m，设计计算可根据安全需要选择相应的水位值。

本次勘察期间经调查，拟建场地和周围不存在影响地下水的污染源，根据上海市工程建设规范《地基基础设计规范》DGJ 08—11—2018 第 4.2.6 条有关规定，拟建场地地下水（潜水）在Ⅲ环境类型中对混凝土有微腐蚀性，在长期浸水条件下对钢筋混凝土中的钢筋有微腐蚀性，在干湿交替条件下对钢筋混凝土中的钢筋有弱腐蚀性；按照上海市工程建设规范《岩土工程勘察规范》DGJ 08—37—2012，拟建场地地下水对钢结构有弱腐蚀性。

由于该场地地下水埋藏浅，场地土与地下水间的可溶性离子基本处于平衡状态，因此，该场地土对混凝土的腐蚀性与地下水一致。

6）不良地质条件

拟建场地内在 K0+365—K0+380 分布有明浜，宽度约 10m，水面标高 2.45m，水深约 0.9m，淤泥厚度约为 1.0m，详见勘探点平面布置图。

由于拟建区域范围内存在民宅，设计应注意上述建筑拆迁后留下的废弃基础等障碍物对路基、管道施工的影响。

7）场地的稳定性和适宜性评价

根据本次勘察结果及上海地区工程经验，拟建场地地形平坦，无崩塌、滑坡等不良地质条件存在，因此该场地属稳定场地，上海地区可不考虑软土震陷的影响。场地地基土分布较为稳定，适宜建造该工程。

8）地下管廊工程

该工程在拟建地下管廊最大开挖深度为 6.2m 时，其基底一般位于③层地基土中，其影响深度范围内的土层还涉及①、②$_1$、②$_2$ 层黏土。

基坑开挖深度范围内涉及的①层填土土质松散，开挖时易发生坍塌，同时局部分布的①$_2$ 层浜土，对基坑安全影响较大，施工时应采取换填法处理，以保证基坑安全；第②$_2$、③层为典型的软弱黏性土，当基坑开挖易发生剪切破坏，从而导致基坑坍塌；故基坑施工时应根据情况采取必要的围护措施。结合上海地区工程经验，当该工程基坑开挖深度较小时（如 5m 之内），可采用板桩支护；当开挖深度较大时，由于拟建场地较开阔，可采用多级放坡加板桩支护；必要时可采取搅拌桩等稳妥的基坑围护方案进行围护，同时采取有效的降排水措施，将地下水降至开挖面下一定深度。该工程 K0+365—K0+380 分布有明浜，宽度约为 10m，设计可选择顶管施工或设置围堰明挖施工。

3. 白粮路地质概况

1）工程概况

拟建的"白粮路（申嘉湖高速公路—玉阳大道）综合管廊工程"位于上海市松江区松江南部新城。

2）场地工程地质条件

（1）地形、地貌

拟建区域建筑场地为农田，局部有水塘和灌溉排水沟分布，地面高程 2.88~4.04m

左右。据上海市工程建设规范《岩土工程勘察规范》DGJ 08—37—2012 划分标准，本区地貌单元属湖沼平原Ⅰ-2 区地貌类型。

（2）地基土的构成与特征

建筑场地自地面以下 50.45m 范围内地基土主要由填土、淤泥质土、黏性土和粉土组成，根据土的成因、结构及物理力学性质划分为六层；其中①层、③层、⑦层各分为两个亚层。各地基土层埋藏分布条件及特征自上而下分述如下：

①$_1$ 素填土，遍布，层厚 0.80~2.30m，均厚 1.14m，灰色，填黏性土，含有机质及植物根茎。土质不均匀。

①$_2$ 浜底淤泥，主要分布于水塘底部及灌溉排水沟底部。层厚 0.20~0.80m，深灰色，填黏性土，含有机质及腐木碎屑。土质不均匀。

②青灰色黏土，除在①$_2$ 浜底淤泥分布区局部缺失外，其余普遍存在。层厚 0.70~3.00m，上部为青灰色，含云母，下部为青灰色，含有机质。高等压缩性，土质较均匀。

③$_1$ 灰色黏土，建筑场地普遍存在。层厚 6.80~10.00m，含云母、有机质，高压缩性。

③$_3$ 灰色黏土，建筑场地普遍存在。层厚 4.00~6.70m，含云母、有机质。高压缩性。

⑤灰色粉质黏土，建筑场地普遍存在。层厚 6.40~7.80m，含云母、有机质、泥钙质结核。高等压缩性。

⑥暗绿色黏土，建筑场地普遍存在。层厚 1.60~2.70m，含云母、铁锰氧化物。中等压缩性。

⑦$_1$ 灰绿色砂质粉土，建筑场地普遍存在。层厚 12.30~13.70m，含云母。中等压缩性。

⑦$_2$ 灰绿色粉砂，建筑场地普遍存在。孔深 50.45m 未钻穿，土质较为均匀。中等压缩性。

（3）地下水

该场地浅层地下水属潜水类型，主要补给来源为大气降水，临近明河、明塘处，地下水与明河、明塘水力联系密切。

上海市潜水位埋深，一般离地表约 0.3~1.5m，年平均水位埋深一般为 0.5~0.7m。地基基础设计中地下水位高水位埋深可按 0.5m，低水位埋深可按 1.5m，地下水位埋深按不利组合取值。

据调查，建筑场地地下水未受环境污染。据现行国家标准《岩土工程勘察规范》

GB 50021—2001 和上海市工程建设规范《岩土工程勘察规范》DGJ 08—37—2012 规定，未受环境污染时，潜水在Ⅲ类环境中对混凝土有微腐蚀性；当长期浸水时，潜水对混凝土中的钢筋有微腐蚀性；当干湿交替时，对混凝土中的钢筋有弱腐蚀性；潜水对钢结构有弱腐蚀性。

该场地地下水水位较高，地基土在地下水以下基本呈饱和状态，场地及周围无地下水污染源，根据上海地区工程经验，地基土对混凝土的腐蚀性与地下水基本一致。

（4）不良地质条件

据本次勘察查明：

①₂浜底淤泥，主要分布于 K0+060—K0+460、K0+203—K0+213 水塘底部及灌溉排水沟底部。层厚 0.20~0.80m，深灰色，填黏性土，含有机质及腐木碎屑。土质不均匀。

拟建场地为农田，场地中有多条小型排水沟分布，沟宽为 1~1.5m，排水沟深度为 0.5~1.0m。

2.5.5 场地地震效应

（1）玉阳大道场地地震效应

根据本次勘察地层资料，按上海市工程建设规范《建筑抗震设计规程》DGJ 08—9—2013 和现行国家标准《建筑抗震设计规范》（2016 年版）GB 50011—2010 的有关条文判别：该场地的抗震设防烈度为 7 度，设计基本地震加速度为 0.10g，所属的设计地震分组为第二组，地基土属软弱土，场地类别为Ⅳ类。

（2）旗亭路场地地震效应

根据本次勘察地层资料，按上海市工程建设规范《建筑抗震设计规范》DGJ 08—9—2013 和现行国家标准《建筑抗震设计规范》（2016 年版）GB 50011—2010 的有关条文判定：该场地抗震设防烈度为 7 度。设计基本地震加速度为 0.10g，所属的设计地震分组为第一组，地基土属软弱土，场地类别为 IV 类，对建筑抗震属一般场地。

（3）白粮路场地地震效应

根据本次勘察地层资料，按上海市工程建设规范《建筑抗震设计规程》DGJ 08—9—2013 和现行国家标准《建筑抗震设计规范》（2016 年版）GB 50011—2010 的有关条文判定：该场地抗震设防烈度为 7 度，设计基本地震加速度值为 0.10g，所属的设计地震分组为第一组，地基土属软弱土，场地类别为Ⅳ类。

第3章
综合管廊主体工程设计

综合管廊工程规划建设主要涵盖了规划、设计、施工及运维内容，而设计是规划落地的重要环节。现行国家标准《城市综合管廊工程技术规范》GB 50838—2015 的主要内容共 10 章，明确了给水、雨水、污水、再生水、燃气、热力、电力、通信等城市工程管线可纳入综合管廊，并要求综合管廊工程建设应与地下空间、环境景观等相关城市基础设施规划相协调。现行国家标准《城市综合管廊工程技术规范》GB 50838—2015 的实施使综合管廊的设计依据更加充分。

综合管廊的设计宗旨是"安全、合理、经济、简单并为远期发展留有余地"。综合管廊设计内容包含总体设计、地基基础与围护工程设计、结构工程设计、建筑设计等，以及保证管廊安全运营所配套的监控与报警系统、消防系统、排水系统、通风系统、电气系统等管廊附属设施工程设计、入廊管线设计等。管廊附属设施、入廊管线应进行专项设计，并与综合管廊主体工程设计同步进行，且应与综合管廊主体工程设计衔接、协调。

综合管廊总体设计是工程设计的核心，是指基于综合管廊基本功能，为确保工程顺利实施而对综合管廊平面、纵断面、横断面及相关功能性节点进行的空间设计。综合管廊的断面形式及尺寸应根据施工方法及容纳的管线种类、数量、分支等综合确定。

该综合管廊工程设计范围为松江南站大型居住社区综合管廊一期旗亭路和白粮路段工程和玉阳大道段工程，全长约 7.425km。旗亭路和白粮路段工程全长为 3.418km，包括：①旗亭路双舱管廊长度 2.749km；②白粮路单舱管廊长度为 0.669km。拟容纳的管线包括 10kV 电力电缆、通信、给水等。玉阳大道段工程全长为 4.007km，包括：①玉阳大道双层六舱示范段 2.768km；②玉阳大道三舱标准段长度 1.239km。拟容纳的管线包括 110kV 和 10kV 电力电缆、通信、给水、燃气、雨水、污水等。该工程设计范围见表 3-1。

该工程设计范围一览表　　　　　　　　　　　　表 3-1

工程名称	范围	断面形式	断面净尺寸（$B \times H$）	断面外包尺寸（$B \times H$）	管廊长度
旗亭路	松金公路 - 松卫北路	双舱	（2.6+2.7）m×3.0m	6.3m×3.7m	2.749km
白粮路	申嘉湖高速公路 - 玉阳大道	单舱	2.9m×2.8m	3.5m×3.4m	0.699km
玉阳大道标准段	白苧路 - 官绍一号河、陈家浜 - 披云门路	三舱	（2+4.4+2.6）m×3.8m	10.6m×4.65m	1.239km
玉阳大道示范段	官绍一号河 - 陈家浜	双层六舱	（2+4.4+2.6）m×3.8m；（2.95+1.45）m×2.1m	10.6m×7.15m	2.768km

3.1　总体设计

总体设计是综合管廊整个设计过程中最核心的内容，合理分析所在地发展情况、建设条件和未来需求，因地制宜地确定管廊总体规模；正确分析管线入廊的种类、规模、方式及在管廊内的布置，确定经济的管廊断面尺寸；深入分析所在道路的基本情况和周边建设环境，确定管廊埋深和在道路下的位置，同时确定各功能节点的布置。如此从面到点的全面分析，才能保证管廊设计的合理和管廊建设的落地。

综合管廊的总体设计需以城市道路下部空间综合利用为核心，围绕城市市政公用管线布局，对综合管廊进行合理布局和优化配置，构筑服务核心区的综合管廊系统，推动当地开发建设进程，并逐步形成和城市规划相协调，地下空间利用合理有效，具有超前性、综合性、合理性、实用性的综合管廊系统。

设计原则包括：总体设计以管廊专项规划及实施计划为依据，具体方案根据实际情况优化。充分考虑管线入廊的需求和要求，做到"应进皆进"。管廊布置充分考虑道路条件，避免出入口影响交通。管廊断面布置充分考虑运行维护及今后扩展的需要。管廊内设施设置充分考虑运行安全可靠。

3.1.1　平面布置设计

综合管廊的平面设计主要涉及总体布局、功能节点定位，同时需反映管廊的建设条件（如现状或规划建（构）筑物、道路及相关设施等的相互关系）。

综合管廊的平面布置应以高效实现其服务功能为第一准则。应基于区域发展现状、近远期规划、市政管线布置、地块开发性质及开发强度等多方因素，因地制宜、合理高效地进行综合管廊总体方案的布置。在确定布置需求后再根据该工程的道路、管线及所有附属设施的情况确定管廊在道路下方的平面位置，同时，按照该工程综合管廊的实际情况确定管廊各舱室在道路下方的布置位置。

（1）道路、管线及附属设施情况

对于规划新建道路，需充分了解规划道路横断面、规划道路管线布置、规划道路附属工程（如桥梁、地道等）、轨道交通、河道水系、沿线建（构）筑物等情况，综合管廊的平面布置应采取有效的措施避让沿途障碍物，对无法避让的建（构）筑物，应采取拆除、保护，或调整施工顺序等措施予以解决。

对于现状道路，应提前做好道路既有管线等情况的资料收集，明确综合管廊建设过程中既有管线的解决方案。如可以废除既有管线，则综合管廊平面布置可不考虑管线影响；如不能废除既有管线，则需要在采取管线迁改或保护方案的前提下，进行综合管廊平面的布置。

（2）综合管廊自身情况

为便于综合管廊内管线的运维检修，综合管廊最适宜布置在道路绿化带下方，管廊的各种功能性节点可以利用绿化带直通管廊底部，确保管廊内管线可以直上直下，降低了管线安装、检修和运维的难度。

（3）综合管廊的平面布置还应遵循规范规定的其他要求

综合管廊平面中心线宜与道路、铁路、轨道交通、公路中心线平行；综合管廊穿越城市快速路、主干路、铁路、轨道交通、公路时，宜垂直穿越，受条件限制时可斜向穿越，最小交叉角不宜小于60°；燃气舱及电力舱应每隔200m采用耐火极限不低于3.0h的防火分隔；每个舱室应设置人员出入口、逃生口、吊装口、进风口、排风口、管线分支口等；人员出入口宜与逃生口、吊装口、进风口结合设置，且不宜少于两处。

逃生口设置的间距应符合以下规定：①敷设电力电缆的舱室，逃生口间距不宜大于200m；②敷设燃气管道的舱室，逃生口间距不宜大于200m；③敷设热力管道的舱室，逃生口间距不应大于400m，当热力管道采用蒸汽介质时，逃生口间距不应大于100m；④敷设其他管道的舱室，逃生口间距不宜大于400m，综合管廊吊装口的最大间距不宜超过400m。

松江南站大型居住社区综合管廊一期工程共包含三条综合管廊：旗亭路综合管廊、白粮路综合管廊、玉阳大道综合管廊。这三条综合管廊作为整个片区管廊系统的一期项目，围绕华阳湖，以两横一纵的格局为片区东部提供了市政管线的主要通道。

综合管廊一般布置在绿化带、人行道下，在老城区改造道路工程也有布置在非机动车道或机动车道下的情况。

将综合管廊布置在绿化带下，可以减少对道路施工的影响，有利于处理各种露出地面的口部，对道路交通及景观影响较小，因此在有条件的路段，应首选将综合管廊放在绿化带下。

将综合管廊布置在人行道下对道路的施工影响面也比较小，同时对管廊的地基土的承载力和回填土的密实度要求相对较低，对节约投资非常有利。另外布置在人行道下的管廊对管廊顶层回填土的要求也比较低，不需要考虑重型压路机碾压路基对管廊带来的不利影响，但是要考虑综合管廊许多节点要露出地面，可能会挤占一部分行人空间，而且会影响道路景观的情况。

将综合管廊布置在非机动车道和机动车道下对道路的施工影响面比较大，对道路的施工工期影响也比较大，同时对管廊的地基土的承载力和回填土的密实度要求相对较高，会增加一定的投资。另外布置在非机动车道和机动车道下的管廊对管廊顶层回填土的要求也很高，需要考虑重型压路机碾压路基对管廊带来的不利影响。尤其重要的是，综合管廊许多节点要露出地面，这就需要在设计管廊节点的时候人为地改变管廊一般路线，把节点设置到绿化带或人行道下，同时要减少节点设置的数量，以减少管廊平面曲线过多的调整，对管廊节点设置提出了更高的要求，甚至部分路段会影响综合管廊的服务性。

旗亭路道路不设中央绿化带，南侧侧分带宽度为2m。将旗亭路综合管廊布置于侧分带及非机动车道下，综合管廊节点出地面部分放置于侧分带中，对道路功能基本无影响。如图3-1所示。

白粮路道路不设中央绿化带，道路西侧的侧分带宽度为2m，将综合管廊布置在西侧侧分带下，同时也将综合管廊节点出地面部分放置于侧分带中。如图3-2所示。

玉阳大道道路红线外有较大范围的空地，故将管廊布置在道路北侧的红线外绿地下。如图3-3、图3-4所示。

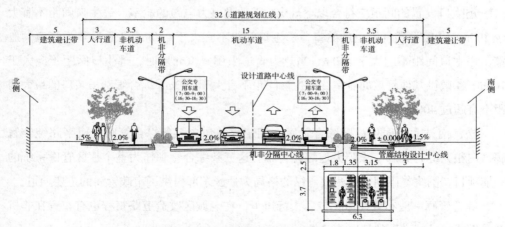

图3-1 旗亭路综合管廊在道路下方位置图（m）

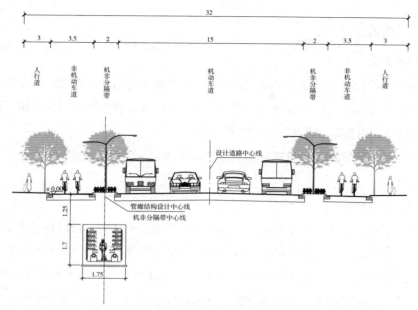

图 3-2 白粮路综合管廊在道路下方位置图（m）

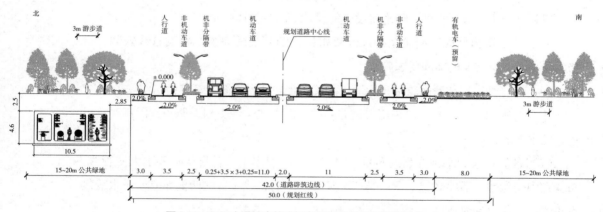

图3-3 玉阳大道综合管廊标准段在道路下方位置图（m）

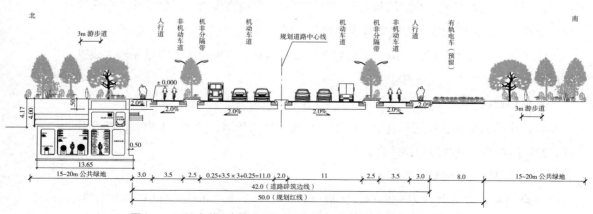

图3-4 玉阳大道综合管廊示范段在道路下方位置图（绿化带内）（m）

3.1.2 标准断面设计

1. 标准断面布置

综合管廊标准断面的布置形式是综合管廊总体设计的重要内容。合理的标准断面布置对综合管廊建设实施和管线后期的安装、使用、运维都有着至关重要的作用，可以在合理的投资范围内使综合管廊实现功能最大化。

一般情况下，综合管廊的标准断面布置主要需解决以下问题：舱室数量；舱室大小；舱室布置形式。

2. 标准断面布置原则

（1）综合管廊标准断面的舱室数量主要由纳入管线的种类确定，需严格遵守现行国家标准《城市综合管廊工程技术规范》GB 50838—2015 的要求，对不能相容的管线的特殊要求应严格执行。同时，各类市政管线在行业内或地方上有特殊敷设规定的，综合管廊标准断面布置时应充分尊重其要求，并做好方案比选。另外，综合管廊断面布置时应尽量将同类性质的管线布置在同一舱室内，便于各类管线的维护、运营和管理，还有利于优化综合管廊工程附属设施的设计，减少整体投资。

（2）综合管廊标准断面舱室的尺寸要根据容纳管线的规模及各类管线安装、检修、维护作业所需要的空间要求确定。

（3）综合管廊标准断面舱室布置形式需要结合多种因素综合确定：

①综合管廊各个舱室一般采用平铺并列的布置形式，当受到道路条件限制时，可将各舱室上下叠放；

②当各舱室采用平铺并列的布置形式时，宜将引出少、转弯半径要求大的管线、布置在中间舱室，需要频繁引出、转弯半径要求小的管线布置在两侧舱室，排水管线宜布置在两侧舱室内；

③当各舱室采用上下叠放的布置形式时，宜将高压电力缆线、通信缆线、燃气等管线布置在上层，将给水、排水等管线布置在下层；

④各舱室位置的布置，还应该考虑综合管廊在道路下方的位置，将管径较大或投料难度大的舱室布置在人行道或绿化带一侧以下。

3. 工程现状

松江南站大型居住社区综合管廊一期工程共包含三条综合管廊：玉阳大道综合管廊、旗亭路综合管廊和白粮路综合管廊。

（1）旗亭路综合管廊

旗亭路综合管廊采用双舱断面，入廊管线为 110kV 电力电缆、10kV 电力电缆、通信管线及 DN300 给水管线。

按照各管线的入廊要求，上述管线分别纳入电力舱、综合舱。

电力舱断面净尺寸为2.60m（B）×3.00m（H），人行检修通道宽度为1.00m。舱内为110kV电力电缆留设9排支架，竖向间距500mm，预留自用桥架2排。

综合舱纳入10kV电力电缆、通信电缆与给水管线，舱室断面净尺寸为2.70m（B）×3.00m（H），人行检修通道宽度为1.00m。舱内为通信电缆留设3排支架，支架竖向间距350mm，为10kV电力电缆留设5排支架，支架竖向间距350mm，预留自用桥架2排。断面尺寸如图3-5所示。

（2）白粮路综合管廊

白粮路综合管廊收容管线为20孔10kV电力电缆、通信管线及DN300给水管线，所有管线均布置于综合舱内。

综合舱断面净尺寸为2.90m（B）×2.80m（H），人行检修通道宽度为1.20m。舱内为10kV电力电缆留设5排支架，竖向间距350mm，为通信电缆留设三排支架，支架竖向间距350mm，预留自用桥架2排。断面尺寸如图3-6所示。

（3）玉阳大道综合管廊

玉阳大道综合管廊分为两种：三舱标准段断面与六舱示范段断面。三舱标准段（白苧路—官绍一号河及陈家浜—披云门路）纳入管线包括：20回110kV电力电缆、20孔10kV电力电缆、通信管线、2×DN1000及2×DN300给水管线及DN500燃气管线。

按照各管线的入廊要求，上述管线分别纳入电力舱、综合舱、燃气舱三个舱室。

其中，电力舱断面净尺寸为2.60m（B）×3.80m（H），人行检修通道宽度为1.00m。舱内为110kV电力电缆留设9排支架，竖向间距500mm，为10kV电力电缆留设5排支架，竖向间距350mm，预留自用桥架2排。

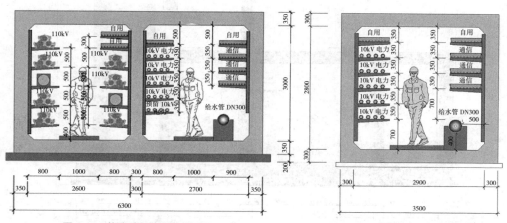

图3-5 旗亭路综合管廊断面图
（松金公路—百雀寺路）（mm）

图3-6 白粮路综合管廊断面图
（申嘉湖高速公路—玉阳大道）（mm）

综合舱断面净尺寸为 4.40m（B）× 3.80m（H），人行检修通道宽度为 1.60m。舱内为通信电缆留设 3 排支架，支架竖向间距 350mm，为 DN300 给水管线留设 2 排支架，支架竖向间距 800mm，预留自用桥架 2 排。

燃气舱断面净尺寸为 2.00m（B）× 3.80m（H），人行检修通道宽度为 0.90m。舱内布设 1 根 DN500 燃气管线，预留支架 1 排。断面尺寸如图 3-7 所示。

玉阳大道六舱示范段在三舱标准段的基础上，增设了雨水舱、污水舱及初期雨水舱。考虑玉阳大道南北各 500m 范围内的初期雨水入廊，以及与其他舱室标高一致，初期雨水舱尺寸定为 1.8m（B）× 3.8m（H）。考虑管线的布设以及人员的进出，确定雨水舱与污水舱净高为 2.1m，宽度为了满足结构要求，与下层两舱同宽，净宽分别为 3.15m 和 1.3m。断面尺寸如图 3-8 所示。

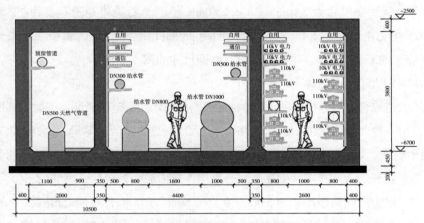

图 3-7　玉阳大道综合管廊标准段断面图（mm）

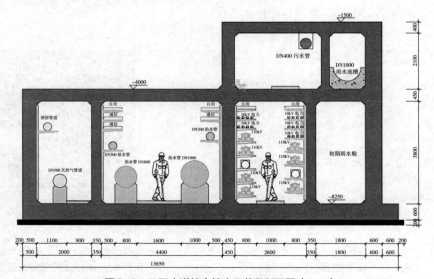

图 3-8　玉阳大道综合管廊示范段断面图（mm）

3.1.3 纵断面设计

综合管廊纵向设计主要为了确定综合管廊纵向高程的定位、管廊覆土厚度，对于地下复杂现状情况给予明确的位置关系，避免与地下规划或现状构筑物、河道、桥梁等产生施工冲突，以及明确综合管廊每个防火分区的集水坑布置位置。

纵断面的要点设计主要遵循以下原则：

1. 管廊埋深

（1）结构抗浮

结构抗浮主要是靠结构自重，一般不考虑管廊内的管线重量，但应考虑管廊上侧覆土重量，在需要的时候可以把管廊的底板外挑以增加覆土重量或者采用加抗浮锚杆的做法。管廊的断面越大，需要的覆土高度也越大。针对该工程的管廊断面（不考虑锚杆做法及底板外挑），管廊满足抗浮需要的覆土高度经计算为 2.2m 左右。

（2）绿化种植

管廊如果布置在绿化带下，还需考虑覆土深度满足绿化种植的要求。一般的灌木种植需要的覆土深度为 0.5~1.0m。为了景观需要，往往也需要种植一些较为高大的树木，这时的覆土深度往往需要 2m 以上。国内曾有运行几十年的给水混凝土管道，在管道修复时发现大树的根系已经长入管道，对管道造成了很大的破坏，所以在管廊覆土深度的选择上，要充分考虑绿化种植因素。

（3）管廊节点设计

综合管廊的标准断面的埋深还影响管廊节点的布置，因为综合管廊有投料、通风、逃生、管线接出口等各种节点，在其中往往会布置一定的设备，故需要一定的安装空间。例如管线接出口需要接入接出一定数量的管线，这些管线都有一定的埋深要求。如果标准断面的埋深定得过小，会导致设置节点时管廊需要局部加深，对整个管廊纵向设计造成不小的麻烦，同时会增加工程投资。故在标准断面的埋深上要综合考虑不同埋深的经济性。一般设备层安装需要的空间不超过 2m，同时设备层顶板距路面也有一定的埋深要求。

（4）其他管线支管埋深

综合管廊的管线接出口需要接入接出很多管线，以便与相交道路的管线相联系或服务于周边地块，这些支管都有一定的埋深要求，一般支管的埋深应大于 1m。同时还要考虑一些没有纳入管廊的管线与管廊交叉的情况。综合考虑，综合管廊的埋深应大于 2m。

根据以上原则，综合管廊在一般情况下的覆土厚度为 2.5~3m。

2. 纵向坡度

综合管廊的纵向坡度一般与道路坡度一致，应满足管廊纵向排水最小坡度要求，且纵向坡度还应满足各管线的最小弯曲半径要求，同时应满足人员通行要求，当坡度超过 10% 时应在人员通道部位设置防滑地坪或台阶。

3. 综合管廊与相交构筑物或管线关系

综合管廊在竖向上与重要的地下构筑物或重力流管线发生冲突时，应采取倒虹避让的措施。

4. 综合管廊与河道的竖向关系

综合管廊穿越河道时应选择在河床稳定的河段，最小覆土深度应满足河道整治和综合管廊安全运行需求，并应符合下列规定：在 I ～ V 级航道下面敷设时，顶部高程应在远期规划航道底高程 2.0m 以下；在 Ⅵ、Ⅶ 级航道下面敷设时，顶部高程应在远期规划航道底高程 1.0m 以下；在其他河道下面敷设时，顶部高程应在河道底设计高程 1.0m 以下，同时需满足管廊抗浮设计要求。

3.1.4 功能性节点设计

综合管廊的每个舱室应设置人员出入口、逃生口、吊装口、进风口、排风口、管线分支口等，高出地面的口部应与道路景观协调。

（1）吊装口

综合管廊吊装口主要功能为实现管线及设备投放，同时兼有人员逃生的功能。

吊装口以设置在道路下方为原则，宜兼顾人员出入功能，吊装口间距不宜超过 400m，吊装口净尺寸应满足管线、设备、人员进出的最小允许限界的要求。

综合管廊吊装口的投料尺寸主要根据投料的管线规格确定，一般给水管线的投料长度取 ≥ 6m，电力及通信管线的投料长度取 2~4m，燃气管线的投料长度取 ≥ 6m。综合管廊内设备投料的需求尺寸一般为 ≥ 4.0m（B）× 1.5m（H）。

人员逃生口结合吊装口节点布置，根据现行国家标准《城市综合管廊工程技术规范》GB 50838—2015，人员逃生口尺寸不应小于 1m × 1m，当为圆形时，内径不应小于 1m，逃生口设置爬梯，上覆专用防盗井盖，其功能应满足人员在内部使用时可人力开启，且在外部使用时非专业人员难以开启。干线综合管廊人员出入口以阶梯设置为原则，若空间不足，应用时亦可考虑用爬梯方式设置，出入口与通风口、吊装口结合设置。采用明挖施工的综合管廊出入口间距不宜大于 200m；采用非开挖施工的综合管廊出入口间距应根据综合管廊的地形条件、埋深、通风、消防等条件综合确定。出入口盖板应设有安全装置，以防非专业人员开启。玉阳大道综合管廊吊装口平面布置图及剖面布置图如图 3-9、图 3-10 所示。

吊装口节点设置需结合绿化隔离带，应充分考虑对道路景观的影响，并做好密闭防水措施。

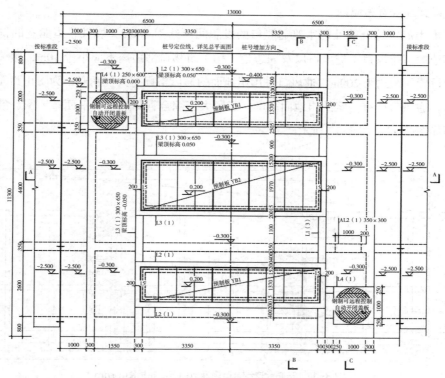

图3-9　玉阳大道综合管廊吊装口平面布置图（mm）

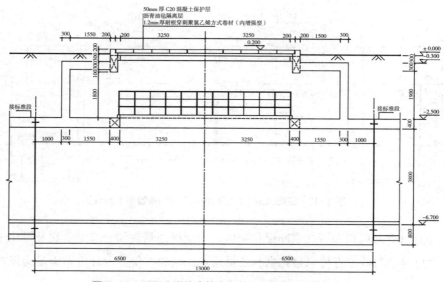

图3-10　玉阳大道综合管廊吊装口剖面布置图（mm）

（2）通风口

综合管廊通风口主要功能为保障综合管廊通风风机及其附属设施的安装及运行。通风口净尺寸应满足通风设备进出的最小允许限界的要求，自然通风口与强制通风口，以交互设置为原则。

电力舱、综合舱及污水舱通风口的设置间距约为400m，燃气管道舱室的排风口与其他舱室排风口、进风口以及周边建（构）筑物口部距离不应小于10m，燃气通风口的设置间距约为200m。通风口采用出地面的通风格栅与大气连通，为防止路面雨水倒灌，通风口应有一定的出地面高度。玉阳大道综合管廊通风口平面布置图、剖面布置图如图3-11、图3-12所示。

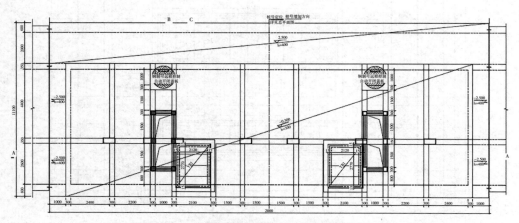

图3-11 玉阳大道综合管廊通风口平面布置图（mm）

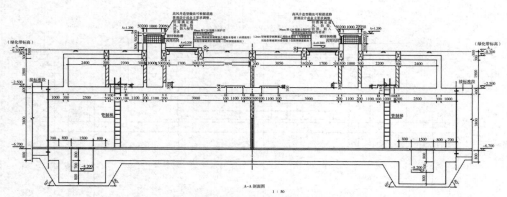

图3-12 玉阳大道综合管廊通风口剖面布置图（mm）

综合管廊通风口布置在道路绿化带内，出地面的景观结合道路景观及绿化进行设计，并可局部与城市宣传海报相结合。材质选用涂料、整体设计应在满足通风功能的前提下不影响周边景观效果。通风口效果如图3-13、图3-14所示。

图3-13 通风口效果图（一）

图3-14 通风口效果图（二）

（3）管线分支口

综合管廊根据管线引出的需求应设置管线分支口，管廊内部的管线通过管线分支口节点引向道路两侧管线工作井内，地块所需管线由道路边的工作井引出。

各种入廊管线的管线分支口数量及位置应根据管线专项设计的要求确定。管线分支口的空间设计应满足相关管线行业规范的要求，并满足管线转弯半径及其他附属设施安装的要求，其中电力电缆弯转半径应不小于 20d。

管线分支口同时考虑预留通信线缆等管线的附属设施安装空间。玉阳大道综合管廊管线分支口平面布置图及剖面布置图如图3-15、图3-16 所示。

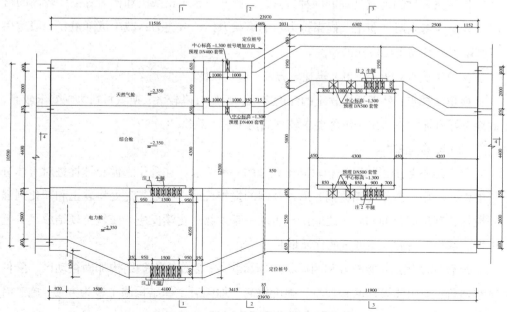

图3-15 玉阳大道综合管廊管线分支口平面布置图（mm）

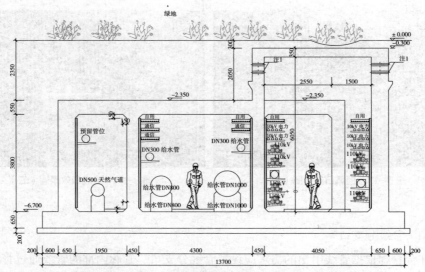

图 3-16　玉阳大道综合管廊管线分支口剖面布置图（mm）

3.2　地基基础与围护工程设计

3.2.1　地基处理工程

根据该工程地质情况，地质处理一般采用以下三种方式：

（1）换填法

换填法是软弱地基处理的一种方法，以砂石、素土、灰土和矿渣等强度较高的材料，置换地基表层软弱土，提高持力层的承载力，扩散应力，减少沉降量，一般适用于基础下方软弱土层较浅的情况。

换填法优点：施工简单、迅速、方便；造价较低。

换填法缺点：处理置换软土的深度有限，后期沉降较大；换填材料级配要求较高，效果有好有坏，不适用于沉降要求较高的构（建）筑物。

（2）复合地基

复合地基是用于加固饱和软黏土地基的一种方法，如采用水泥土搅拌桩对土体进行加固，利用水泥作为固化剂，通过特制的搅拌机械，在地基深处将软土和固化剂强制搅拌，利用固化剂和软土之间所产生的一系列物理化学反应，使软土硬结成具有整体性、水稳定性和一定强度的优质地基。

复合地基优点：能充分利用原状土的承载力；能作为围护结构加固被动区，降低工程造价；加固体渗透系数较小，强度较高，加固后主体结构施工较为方便；施工时无震动，对周围原有建筑物及地下管沟影响很小。

复合地基缺点：当用于处理泥炭土或地下水具有侵蚀性以及有机质含量高时，应通过试验确定其适用性；如需取得较大的复合地基承载力，置换率一般需 60%~80%，且建议水泥掺量 ≥ 21%，综合造价一般不低。

（3）沉降控制复合桩基

沉降控制复合桩基是基础下地基土与预制桩共同分担外荷载，按控制地基沉降的要求确定用桩数量的大桩距低承台摩擦桩基，是介于天然地基上浅基础与常规低承台摩擦桩基之间的一种地基基础形式。该地基处理形式在软土地基已经得到广泛的应用，取得了良好的经济效益。

沉降控制复合桩基优点：结构沉降较小，且不均匀沉降差较小；桩基采用预制桩，质量较易控制；施工周期较短。

沉降控制复合桩基缺点：桩基础桩端需进入相对较好的土层，综合造价较高；如桩基位置与基坑加固位置冲突，需在地基加固强度未达到之前，桩基及时跟进施工，施工较为复杂；倒虹段处深度较深，送桩困难；桩基需锚入底板，外防水较难施工。

软土地基常用的地基处理方法及其对比见表 3-2。

软土地基处理方法及其对比表　　　　表 3-2

分类	处理方法	原理及作用	适用范围	适用性
换填法	砂石垫层、素土垫层、灰土垫层、矿渣垫层	以砂石、素土、灰土和矿渣等强度较高的材料，置换地基表层软弱土，提高持力层的承载力，扩散应力，减少沉降量	适用于软弱土不超过3m深的地基	淤泥层深厚，不适用
复合地基	采用小型预制桩、搅拌桩、旋喷桩等进行深层加固，掺入水泥浆并搅拌均匀	通过打入预制桩或掺入水泥浆搅拌提高土体强度，最大限度地利用了原状土。提高持力层的承载力，减少沉降量	适用于软弱黏性土和粉性土的地基	加固深度较深，对环境影响小，工艺成熟，推荐采用
沉降控制复合桩基	基底设置桩基础，桩基进入持力层	以桩为传力结构构件，将上部荷载传递到更深层的好土中	适用于较深厚软弱地基	适用性一般

该工程地质条件较差，软弱层土厚度达 20m 左右。管廊持力层主要为淤泥质粘土，地基土承载力特征值 55kPa，该层土地基承载力较低，为可塑状态且具有高压缩性，天然地基不可作为基础持力层。综合以上比选，水泥搅拌桩复合地基施工方便，工艺成熟，最大限度地利用了原状土，施工时无震动，对周围原有建筑物及地下管沟影响很小，因此采用水泥搅拌桩复合地基作为该工程的地基处理方案。

水泥搅拌桩常用的有两轴和三轴两种，两轴水泥搅拌桩加固深度满足要求，加固效果可靠，该工程采用两轴水泥搅拌桩进行地基加固。地基处理采用深层搅拌法，双轴水泥土搅拌桩桩径为 0.7m，搭接长度为 0.2m，桩距采用 1.5m 及 2.0m，处理深度为 8m。双轴水泥土搅拌桩参数及要求详见上海市工程建设规范《地基处理技术规范》DG/TJ 08—40—2010。地基处理如图 3-17~ 图 3-24 所示。

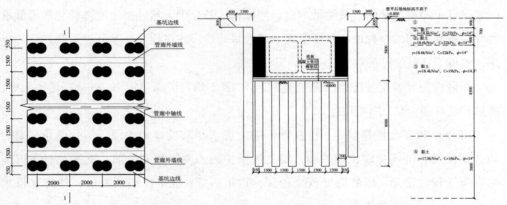

图3-17 旗亭路地基处理平面示意图（mm） 图3-18 旗亭路地基处理剖面示意图（mm）

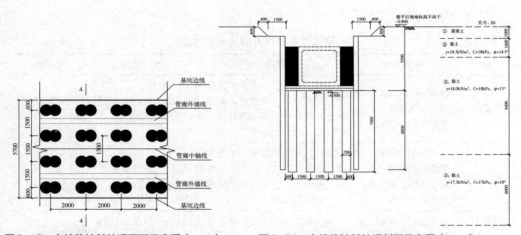

图3-19 白粮路地基处理平面示意图（mm） 图3-20 白粮路地基处理剖面示意图（mm）

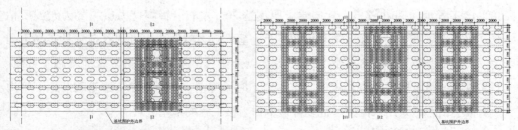

图3-21 玉阳大道标准段地基处理平面示意图（mm）图3-22 玉阳大道示范段地基处理平面示意图（mm）

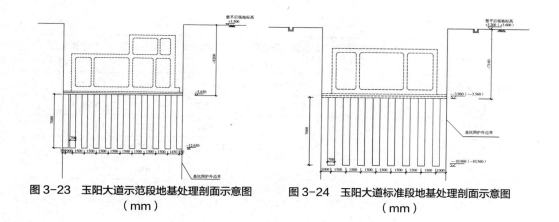

图 3-23 玉阳大道示范段地基处理剖面示意图
（mm）

图 3-24 玉阳大道标准段地基处理剖面示意图
（mm）

3.2.2 基坑围护工程

1. 基坑围护工程概况

旗亭路实测孔口标高为 +2.910m~+3.730m，白粮路实测孔口标高为 +0.130m~+4.810m。管廊采用相对标高设计，±0.000 相当于道路设计标高最低点，围护设计按最不利工况考虑，取整平后场地标高为 –0.800m；局部倒虹采用吴淞标高设计，取 +3.500m。

据此估算，旗亭路和白粮路综合管廊各单体基坑开挖深度见表 3-3。

旗亭路和白粮路综合管廊各单体基坑开挖深度一览表　　　　表 3-3

区域		底板顶标高（m）	底板/承台高度（m）	垫层厚度（m）	坑底标高（m）	计算挖深（m）
旗亭路	标准段	−5.850	0.35	0.2+0.2	−6.600	5.80
	端部井	−5.850	0.65	0.2+0.2	−6.900	6.10
	电力引出通道	−10.000	0.65+0.85	0.2+0.2	−11.900	11.1
	通风口	−5.850	0.45	0.2+0.2	−6.700	5.90
	吊装口	−5.850	0.50	0.2+0.2	−6.750	5.95
	分变电所	−6.950	0.45	0.2+0.2	−7.800	7.00
	管线分支口	−5.850	0.50	0.2+0.2	−6.750	5.95
	倒虹一	吴淞标高（−2.600~3.850）	0.45	0.2+0.2	吴淞标高（−4.700）	8.2
	倒虹二	吴淞标高（−1.250~5.750）	0.45	0.2+0.2	吴淞标高（−6.600）	10.1
	沉井处倒虹	吴淞标高（−0.350~2.100）	0.35	0.2+0.2	吴淞标高（−1.100~−2.850）	6.35
旗亭路与白粮路交叉口		−9.250	0.60+0.60	0.2+0.2	−10.850	10.050

续表

区域		底板顶标高（m）	底板/承台高度（m）	垫层厚度（m）	坑底标高（m）	计算挖深（m）
旗亭路与松卫北路交叉口		−10.250	0.60+0.60	0.2+0.2	−11.850	11.050
白粮路	标准段	−5.600	0.3	0.2+0.2	−6.300	5.50
	通风口	−5.600	0.4	0.2+0.2	−6.400	5.60
	管线分支口	−5.600	0.6	0.2+0.2	−6.600	5.80
	吊装口	−5.600	0.4	0.2+0.2	−6.400	5.60
	端部井	−5.600	0.5	0.2+0.2	−6.500	5.70
	倒虹	吴淞标高（−2.950~−3.550）	0.35	0.2+0.2	吴淞标高（−3.700~−4.300）	7.80

注：局部落深区，集水井深度为1.5m（按板顶）。

综上所述，根据上海市工程建设规范《基坑工程技术规范》DG/TJ 08—61—2010：

旗亭路与白粮路/松卫北路交叉口基坑安全等级为二级；其余区域基坑安全等级为三级。

旗亭路双舱管廊位于规划旗亭路南侧侧分带及非机动车道下，白粮路单舱管廊位于规划白粮路西侧侧分带下。旗亭路和白粮路基坑周边环境情况如图3-25所示。

图3-25　旗亭路和白粮路基坑周边环境情况示意图

图3-25中A旗亭路：管廊基坑位于规划道路侧分带、非机动车道及机动车道中，场地现状大部分为农田及林地，基本无需要保护管线，周边小部分区域地块已出让。
图3-25中B白粮路：管廊基坑位于规划道路道路侧分带、非机动车道及机动车道中，场地现状大部分为农田及林地，基本无需要保护管线，周边小部分区域地块已出让。
图3-25中C规划旗亭路与白粮路交叉口处已出让地块一：为规划政府保障房，施工单位现已进场。图3-25中D规划旗亭路与白粮路交叉口处已出让地块二：为规划政府保障房，施工单位现已进场。

综上所述，根据上海市工程建设规范《基坑工程技术规范》DG/TJ 08—61—2010的规定，旗亭路综合管廊、白粮路综合管廊基坑环境保护等级为三级。

玉阳大道综合管廊基坑周边均为规划道路，实测孔口标高为吴淞高程 +2.480m~+4.420m（大部分为吴淞高程 +2.900m~+3.200m）。管廊采用相对标高设计，±0.000 相当于道路设计标高最低点（道路路面标高为吴淞高程 +3.920m~+5.450m），围护设计取整平后场地标高为 −0.800m。

据此估算，玉阳大道综合管廊各单体基坑开挖深度见表 3-4。

玉阳大道综合管廊各单体基坑开挖深度一览表　　　　表 3-4

区域		底板顶标高（m）	底板/承台高度（m）	垫层厚度（m）	坑底标高（m）	计算挖深（m）
三舱断面	标准段（一）	−6.700	0.45	0.2+0.2	−7.550	6.75
	端部井（一）	−6.700	0.80	0.2+0.2	−7.900	7.10
	燃气舱通风口（一）	−6.700	0.80	0.2+0.2	−7.900	7.10
	综合舱通风口（一）	−6.700	0.80	0.2+0.2	−7.900	7.10
	吊装口（一）	−6.700	0.80	0.2+0.2	−7.900	7.10
	管线分支口（一）	−6.700	0.65	0.2+0.2	−7.750	6.95
管绍一号河倒虹		−8.250~−11.900	0.70	0.2+0.2	−9.150~−13.000	8.35~12.20
六舱断面	标准段（二）	−8.250	0.70	0.2+0.2	−9.350	8.55
	污水舱通风口（二）	−8.250	0.70	0.2+0.2	−9.350	8.55
	燃气舱通风口（二）	−8.250	0.70	0.2+0.2	−9.350	8.55
	综合舱通风口（二）	−8.250	0.70	0.2+0.2	−9.350	8.55
	吊装口（二）	−8.250	0.70	0.2+0.2	−9.350	8.55
	管线分支口（二）	−8.250	0.80	0.2+0.2	−9.450	8.65
	分变电所	−8.250	0.70	0.2+0.2	−9.350	8.55
	地下空间	−8.250	0.75	0.2+0.2	−9.400	8.60
陈家浜倒虹		−6.700~−12.300	0.50	0.2+0.2	−7.600~−13.200	6.80~12.40
玉阳大道与白粮路交叉口		−5.650~−11.550	0.70+0.70	0.2	−6.450~−13.150	5.65~12.15
白粮路标准段		−5.650	0.30	0.2+0.2	−6.350	5.55
白粮路倒虹		−5.600~−10.700	0.40	0.2+0.2	−6.400~−11.500	5.60~10.70
玉阳大道与松卫北路交叉口		−6.900~−11.550	0.70+0.70	0.2	−7.700~−13.150	6.90~12.25

续表

区域	底板顶标高（m）	底板/承台高度（m）	垫层厚度（m）	坑底标高（m）	计算挖深（m）
松卫北路标准段	−6.900	0.35	0.2	−7.450	6.65
玉阳大道与南乐路交叉口	−6.900~−11.550	0.70+0.70	0.2	−7.700~−13.150	6.90~12.25
南乐路标准段	−6.900	0.35	0.2	−7.450	6.65
松卫北路/南乐路倒虹	−6.900~−12.000	0.40	0.2+0.2	−7.550~−12.850	6.75~12.05

注：局部落深区，集水井深度为1.5m（按板顶）。

综上所述，根据上海市工程建设规范《基坑工程技术规范》DG/TJ 08—61—2010 的规定：

玉阳大道综合管廊各交叉口及倒虹基坑安全等级均为一级；玉阳大道综合管廊三舱标准段基坑安全等级为三级；其余区域基坑安全等级均为二级。

玉阳大道综合管廊位于上海市松江南站大型居住社区内，基坑周边环境情况如图3-26所示。

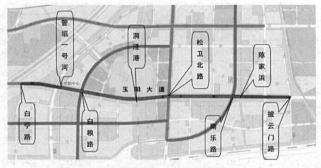

图3-26　玉阳大道基坑周边环境情况示意图

玉阳大道综合管廊拟建场地沿线有少量民房、厂房、农田、河浜、鱼塘、果园、小路等分布。同时，管廊需要下穿管绍一号河、陈家浜及洞泾港三条河道，除洞泾港外，管绍一号河、陈家浜均将在管廊施工完成后进行河道翻修。

综上所述，根据上海市工程建设规范《基坑工程技术规范》DG/TJ 08—61—2010 的规定，玉阳大道综合管廊基坑环境保护等级为三级。

2. 围护方案比选

1）倒虹、交叉口区段基坑开挖深度10~15m，可选择的围护结构形式

结合该工程特点及软土地区类似工程的成功实践经验，使用的围护结构主要有以下

几种：钻孔灌注桩+止水帷幕、咬合灌注桩、SMW工法桩及地下连续墙等板式支护体系。

对于该方案，不同支护形式的对比特点如下：

（1）钻孔灌注桩+止水帷幕

钻孔灌注排桩+止水帷幕是传统的基坑围护结构形式。围护墙刚度较大，可以有效地控制基坑开挖引起的围护结构的变形和周边土体沉降，适用于基坑较深或周围有环境保护要求的工程；钻孔灌注桩受力性能可靠、技术成熟、工艺成熟，桩径可根据挖深灵活调整；施工成本及工期可控性强。但是整体造价较SMW工法桩略高20%，施工过程中产生废弃泥浆，须二次处理以避免对环境造成污染。

因此，钻孔灌注桩+止水帷幕的围护形式适用于该工程。

（2）咬合灌注桩

咬合灌注桩具有围护墙刚度较大、占用施工空间小、同时具有承力和防渗两种功能、止水可靠、对周边建筑物及地下管线影响小等特点。但是，该工艺施工难度较大，对施工单位技术实力要求较高，速度较慢，施工成本较钻孔灌注桩+止水帷幕略高30%。

从安全性和技术可行性上考虑，咬合灌注桩适用于该工程，但施工成本过高，不建议在工程中使用。

（3）SMW工法桩

SMW工法具有受力性能较好、同时具有承力和防渗两种功能、止水可靠、施工速度较快、水泥土搅拌桩占用场地较小、施工简单、对周边建筑物及地下管线影响小、对环境污染小、无废弃泥浆等特点。但是，SMW工法围护结构的刚度较钻孔灌注桩小，施工成本与施工工期有直接关系，初期无法明确施工成本。

从安全性和经济性上考虑，SMW工法是适用于该工程的。但考虑：①该工艺施工设备较重（达130t）较高（达35m左右），对地基土承载力有较高要求；②普遍施工场地有限。

因此，结合现场实际情况，在开挖深度小于12m的基坑中优先采用。

（4）地下连续墙

地下连续墙是一种传统、成熟的围护形式，止水效果良好，可以大大减少地下水渗漏问题；施工工艺成熟，成墙质量可靠，施工风险较小，占用空间也较小；地下连续墙刚度大，对周边环境影响也比较小；施工期间无噪声，最有利于保护周边环境。但是，地下连续墙围护结构造价相对较高，经济性较差。

因此，地下连续墙更适用于超深基坑或周边环境保护要求很高的基坑，不适用于该工程。

2）除倒虹、交叉口外区段基坑开挖深度 6~7m，可选择的围护结构形式

结合该工程特点及软土地区类似工程的成功实践经验，使用的围护结构主要有以下几种：土钉墙、重力式水泥土墙及钢板桩、钻孔灌注桩 + 止水帷幕及 SMW 工法桩等板式支护体系。

对于该方案，不同支护形式的对比特点如下：

（1）土钉墙

土钉墙具有施工简单、经济性好、随挖随施工、工期短等优点。但需要较大的施工空间，增大回填面积，且不利于周边环境保护，同时需要增大征地面积，无法体现该工艺的经济性。

因此，土钉墙不适用于该工程。

（2）重力式水泥土墙

重力式水泥土墙具有施工较简单、有一定经济性、无需设置内支撑或拉锚体系、对主体结构施工无影响等优点。但亦具有搅拌桩强度增长需要有一定养护期，工期较长，且搅拌桩强度与施工队伍管理水平有直接关系、淤泥质土地区围护施工空间较大等缺点。

因此，重力式水泥土墙不适用于该工程。

（3）钢板桩

钢板桩具有施工简单、围护施工工期短、无需养护且围护材料均可回收再次利用、对环境污染小等优点，但亦具有施工成本较高、地下工程施工工期越长造价越高、需要设内支撑或拉锚体系等缺点。

因此，钢板桩适用于该工程。

（4）钻孔灌注桩 + 止水帷幕

同前。

（5）SMW 工法桩

同前。

3）其他

坑内土体加固各种施工工艺对比见表 3-5。

板式支护体系作为柔性的支护结构需要设置内支撑或拉锚结构，可选用的形式有：钢筋混凝土支撑、钢支撑或临时性锚杆。

钢筋混凝土支撑能加强上口刚度，减少顶部位移，有利于保护环境安全；同时，钢筋混凝土支撑布置灵活，便于分块施工，可以预留较大的出土空间，方便土方开挖，减少工期；此外，钢筋混凝土支撑能与挖土栈桥相结合。

因此，混凝土支撑适用于该工程。

坑内土体加固各种施工工艺对比表　　　　　　　　　　表 3-5

施工工艺	优点	缺点	工程适用性
水泥土搅拌桩	刚性搅拌头，成桩直径可控；水泥掺量可控，搅拌均匀	坑底以上部分土体须采用低掺量还原强度，增加成本；设备大、质量重，对场地土承载力有较高要求	适用于该工程。经济性较好，施工质量可控，用于裙边加固
高压旋喷桩	柔性搅拌头，可仅对坑底以下部分土体进行加固；设备较小，对场地土承载力要求不高	柔性搅拌头，成桩直径与土体软硬有直接关系，较难控制；水泥掺入量是搅拌桩的一倍，经济性较差	适用于该工程。考虑地基处理已采用该工艺，为便于施工，用于抽条加固
压密注浆	常规工艺，施工简单	在淤泥质土或吹填土地区施工质量较差	不适用于该工程

钢支撑一般采用正交对撑布置，在常规工程中对于支撑受力和控制基坑变形都比较有利；可施加和复加预应力，能有效地控制围护体变形；钢支撑通常适用于形状规则的基坑，当作为对撑时，其传力线路明确，效果较好，但作为角撑等斜向受力杆件时，效果差；钢支撑最大的优点就是施工方便，安装速度快、拆除也方便，可加快工程施工进度，节约造价，但钢支撑刚度较钢筋混凝土支撑要小，且对施工质量提出了更高的要求，要求施工单位必须保证整个支撑体系的焊缝质量，并确保其整体性和平直度。因此，钢支撑可用于该工程。

软土地区基坑开挖涉及的土层以淤泥、淤泥质土为主，力学性质极差，难以为锚杆提供足够的抗拔力。因此，临时性锚杆不适用于该工程。

3. 围护方案总体选型

围护设计方案选型须遵循以下原则：

安全可靠：主要体现在保持围护结构稳定，限制地基变形，保护周围架空管线和地下管线等重要建（构）筑物的安全等方面。

技术可行：主要体现在工艺成熟、设备可靠、施工经验丰富，以及施工空间宽裕等方面。

经济合理：主要体现在围护结构本身造价较小，节省工期和便于施工等方面。

结合该工程，拟采用的围护形式如下：

（1）挖深小于 7.0m 处，采用钢板桩 + 两道钢管水平支撑；

（2）挖深大于等于 7.0m 且小于 9.0m 处，采用 SMW 工法桩隔一插二 + 两道水平支撑（一混凝土一钢）；

（3）挖深大于等于 9.0m 且小于 12.0m 处，采用 SMW 工法桩密插 + 三道水平支撑（一混凝土二钢）；

（4）挖深大于等于 12.0m 处，采用钻孔灌注桩 + 两 ~ 三道钢筋混凝土水平支撑；

（5）基坑宽度超过 15.15m 处，需在对撑中部设型钢格构立柱及立柱桩。

该工程应采用"整体围护，分段开挖"，一次开挖暴露的围护边长不超过 50m；具体方案由总包单位确定，经设计单位同意并通过专家评审后实施。

4. 工程现状

（1）旗亭路普遍区域

围护结构：基坑计算挖深 5.85m。采用 PU600×210 型钢板桩，钢板桩桩长 12m，小锁口打入，插入坑底以下 6.45m，插入比 1.10。如图 3-27 所示。

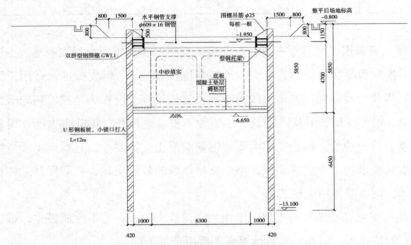

图3-27　旗亭路普遍区域剖面示意图（mm）

支撑体系：采用一道水平钢支撑，普遍采用"对撑" + 端部采用"角撑"的支撑布置形式；采用双拼 HM500×300 型钢围檩 +φ609×16 钢管支撑，钢支撑间距按 6.0m 布置；第一道支撑自地面落地 1.15m，中心标高 -1.950m。

（2）白粮路普遍区域

围护结构：基坑计算挖深 5.55m。采用 PU600×210 型钢板桩，桩长 12.0m，插入坑底以下 6.45m，插入比 1.16。如图 3-28 所示。

支撑体系：采用一道水平钢支撑，采用"对撑"布置形式。采用双拼 HM500×300 型钢围檩 +φ609×16 钢管内撑，钢支撑间距按 6.0m 布置；钢围檩自地面落地 0.5m，中心标高 -1.650m。

（3）玉阳大道三舱普遍区域

围护结构：基坑计算挖深 6.75m。采用 PU600×210 型钢板桩，桩长 15.0m，插入坑底以下 8.25m，插入比 1.22。如图 3-29 所示。

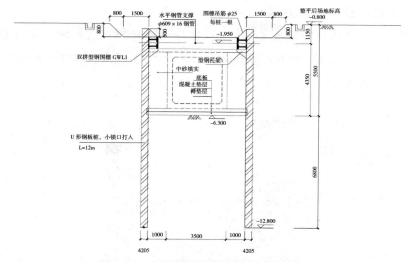

图3-28 白粮路普遍区域剖面示意图（mm）

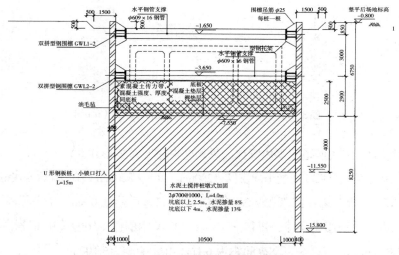

图3-29 三舱断面标准段基坑剖面示意图（mm）

支撑体系：采用两道水平钢支撑，采用"对撑"布置形式。

第一道支撑采用双拼HM500×300型钢围檩+φ609×16钢管内撑，钢支撑间距按6.0m布置；钢围檩自地面落地0.5m，中心标高−1.650m。

第二道支撑亦采用双拼HM500×300型钢围檩+φ609×16钢管内撑，钢支撑间距按3.0m布置；与第一道支撑竖向间距为3.0m，距坑底2.9m，中心标高−4.650m。

被动区加固：坑内采用2φ700@1000两轴水泥土搅拌桩作墩式加固，采用格栅式布置；每40m设置一个，每个墩子长7.2m、宽度同管廊基坑。加固范围为坑底以下4.0m、坑底以上3.0m，水泥掺量分别为13%、8%。

（4）玉阳大道六舱普遍区域

围护结构：基坑计算挖深 8.65m。采用 3φ850@1200 三轴水泥土搅拌桩，桩长 17.5m，内插 HN700×300 型钢，桩长 18m，隔一插二，插入坑底以下 9.65m，插入比 1.12。如图 3-30 所示。

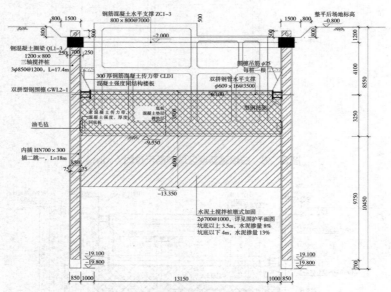

图3-30　玉阳大道六舱普遍区域剖面示意图（mm）

支撑体系：采用两道水平内支撑，采用"对撑"布置形式。

第一道支撑采用 C35 混凝土内支撑，1200mm（B）×800mm（H）圈梁 +800mm（B）×800mm（H）内撑，内撑间距按 7.0m 布置；圈梁自地面落地 0.8m，中心标高 -2.000m。

第二道支撑采用钢支撑，双拼 HN700×300 型钢围檩 +φ609×16 钢管内撑，内撑间距按 3.5m 布置；与第一道支撑间距为 6.1m，中心标高 -6.100m。

管线分支口、人员出入口区域基坑宽度分别为 17.9m、19.5m，在对撑中部下设立柱和立柱桩。

被动区加固：坑内采用 2φ700@1000 两轴水泥土搅拌桩作墩式加固，采用格栅式布置；每 40m 设置一个，每个墩子长 7.2m、宽度同管廊基坑。加固范围为坑底以下 4.0m、坑底以上 3.5m，水泥掺量分别为 13%、8%。

（5）玉阳大道六舱落深处

围护结构：基坑计算挖深 10.15m。采用 3φ850@1200 三轴水泥土搅拌桩，桩长 20.5m，内插 HN700×300 型钢，桩长 21m，隔一插二，插入坑底以下 11.15m，插入比 1.10。如图 3-31 所示。

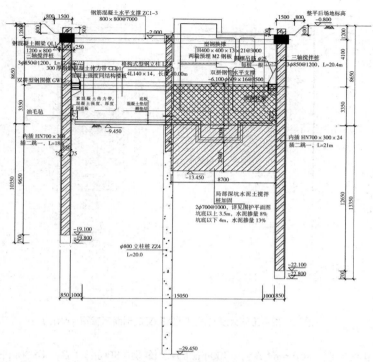

图 3-31　玉阳大道六舱落深区域剖面示意图（mm）

支撑体系：采用两道水平内支撑，采用"对撑"布置形式。

第一道支撑采用 C35 混凝土内支撑，1200mm（B）×800mm（H）圈梁 +800mm（B）×800mm（H）内撑，内撑间距按 7.0m 布置；圈梁自地面落地 0.8m，中心标高 –2.000m。

第二道支撑采用钢支撑，双拼 HN700×30 型钢围檩 +ϕ609×16 钢管内撑，内撑间距按 3.5m 布置；与第一道支撑间距为 6.1m，中心标高 –6.100m。

管线分支口处基坑宽度为 17.9m，在对撑中部下设立柱和立柱桩。

落深区加固：采用 2ϕ700@1000 两轴水泥土搅拌桩作加固、封底，加固范围为坑底以下 4.0m、坑底以上 3.0m，水泥掺量分别为 13%、8%。

（6）交叉口基坑（以玉阳大道与松卫北路 / 南乐路交叉口为例）

围护结构：基坑计算挖深 13.6m。采用 ϕ1000@1200 钻孔灌注桩挡土，桩长 26m，插入坑底以下 13.5m，插入比 0.99。外侧采用 3ϕ850@1200 三轴水泥土搅拌桩止水，桩长 20.0m 插入坑底以下 6.7m。如图 3-32 所示。

支撑体系：采用三道 C35 钢筋混凝土水平支撑，普遍采用"对撑"+"角撑"的支撑布置形式。

第一道支撑采用 1200mm（B）×800mm（H）圈梁 +700mm（B）×700mm（H）内撑，内撑间距按 6.0m 布置；圈梁自地面落地 0.3m，中心标高 –1.500m。

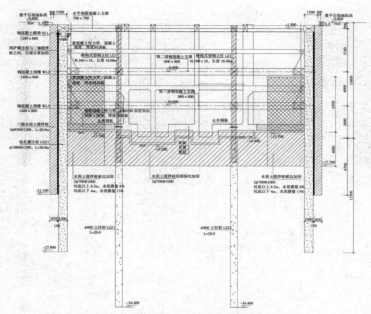

图3-32　玉阳大道与松卫北路交叉口剖面示意图（mm）

第二道支撑用 1400mm（B）×800mm（H）圈梁 +800mm（B）×800mm（H）内撑，内撑间距按 6.0m 布置；与第一道支撑间距为 5.1m，中心标高 −6.600m。

第三道支撑用 1400mm（B）×800mm（H）圈梁 +800mm（B）×800mm（H）内撑，内撑间距按 6.0m 布置；与第二道支撑间距为 4.0m，中心标高 −10.600m。

支撑体系下设型钢格构立柱及立柱桩，格构立柱采用 4L160×16 角钢 + 缀板拼接焊制，桩长 16.0m，插入立柱桩内不小于 2.0m；立柱桩采用 ϕ800 钻孔灌注桩，桩长 20.0m。

被动区加固：坑内采用 2ϕ700@1000 两轴水泥土搅拌桩作裙边加固，采用格栅式布置。加固范围为坑底以下 4.0m、坑底以上 6.5m，水泥掺量分别为 13%、8%。

落深区加固：采用 2ϕ700@1000 两轴水泥土搅拌桩加固、封底，加固范围为坑底以下 4.0m，水泥掺量为 13%。

（7）倒虹基坑（以管绍一号河 / 陈家浜倒虹为例）

围护结构：基坑计算挖深 12.2m。采用 3ϕ850@1200 三轴水泥土搅拌桩，桩长 25.5m，内插 HN700×300 型钢，桩长 26.0m，密插，插入坑底以下 13.8m，插入比 1.34。如图 3-33 所示。

支撑体系：采用四道水平内支撑（一混凝土三钢），采用"对撑"布置形式。

第一道支撑采用 C35 混凝土内支撑，1200mm（B）×700mm（H）圈梁 +700mm（B）×700mm（H）内撑，内撑间距按 6.0m 布置；圈梁自地面落地 0.5m，中心标高 −1.650m。

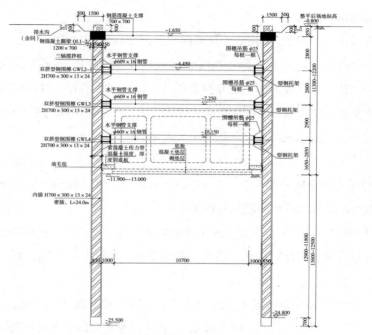

图3-33　管绍一号河/陈家浜倒虹围护剖面示意图（mm）

第二至四道支撑采用钢支撑，双拼 HN700×300 型钢围檩 +φ609×16 钢管内撑，内撑间距按 3.0m 布置；各道支撑之间间距 2.8~2.9m。

落深区加固：采用 2φ700@1000 两轴水泥土搅拌桩作加固、封底，加固范围为坑底以下 5.0m、坑底以上 8.0m，水泥掺量分别为 13%、8%。

（8）不良地质现象处理措施

围护结构施工前，须对围护范围内的明、暗浜，厚填土及老旧建筑基础等进行清淤（障）换填，并在管绍一号河、陈家浜处设素土围堰，宽度不小于 0.7H（H 为该处基坑开挖深度）。

3.2.3　基坑降水工程

1. 疏干降水

该工程管廊开挖涉及的土层以黏性土为主，渗透系数较小，因此该工程浅层以疏干降水为主。采用的疏干降水措施主要包括以下两种：

（1）轻型井点降水

开挖深度小于 7m 的区域可以采用轻型井点降水，将总管落低至圈梁以下，必要时可采用多级井点。按每 45~50m 布设一套，在止水帷幕闭合后将坑内地下水降至坑底以下 0.5m。

（2）真空深井降水

开挖深度大于 7m 处，采用真空深井降水，按 200m²/ 口布设。

真空深井滤管长度 4.0m，分布在坑底以下 1~5m 范围内。多道支撑区域可考虑在支撑之间（除第一道支撑与第二道支撑之间外）设置多级滤管，以提高降水效率。真空深井构造参见国家建筑标准设计图纸《建筑基坑支护设计结构构造》11SG814。

除此之外，尚应在基坑内、外做明排水措施。

2. 减压降水

该工程场地内普遍分布有⑦₁层砂质粉土承压含水层，按最不利工况估算，在各交叉口及倒虹区域基坑开挖期间均有坑底突涌的风险。

需按 30 延米 / 口布设减压井，兼作承压水水头高度观测井，根据现场实测水头确定降压井开启时间及降压目标水头高度。若实测水头埋深大于 4.5m，则不需要开启降压井。

同时，应严格控制该区域土方开挖速度，单次开挖暴露区域不超过 50 延米。并结合每段土方开挖进度，实现"按需降水"，坚决杜绝长时间、无必要的减压降水。

3.2.4　基坑监测

围护结构施工和基坑开挖过程中应对围护结构、周边道路、管线及建（构）筑物进行环境监测，监测数据须及时反馈，进行通信化施工。

监测应由具有专业资质的单位实施，监测方案实施前应通报设计单位并和管线单位协调。

1. 监测内容

（1）围护墙顶水平位移和沉降、裂缝；

（2）围护墙和墙后土体测斜；

（3）坑外地表沉降和裂缝观察（若有）；

（4）临近建（构）筑物、管线（若有）的位移、沉降、裂缝等；

（5）坑内、外水位变化；

（6）支撑轴力。

2. 报警界限

（1）水平位移、沉降（含深层位移）：日变量大于 5mm 或累计量大于 25mm。

（2）围护墙体测斜：日变量大于 5mm 或累计量大于 30mm。

（3）周边建（构）筑物的位移、沉降：日变量大于 2mm 或累计量大于 20mm。

（4）坑外水位：单日下降超过 0.20m 或累计下降大于 0.80m。

（5）设计轴力的 80%。

以上报警值的设定若高于建（构）筑物业主或主管单位的要求，应按其规定执行。

3. 监测频率

（1）土方开挖前：影响明显时 1 次 / 天，不明显时 1~2 次 / 周。

（2）从基坑开始开挖到结构底板浇筑完成后 3 天：1 次 / 天。

（3）从结构底板浇筑完成后 3 天到地下结构施工完成：1 次 / 天。

（4）从各道支撑开始拆除到拆除完成后 3 天：1 次 / 天。

（5）其他时间：2 次 / 周。

其他技术要求按照上海市工程建设规范《基坑工程施工监测技术规程》DG/TJ 08—2001 和现行国家标准《建筑基坑工程监测技术规范》GB 50497—2019 有关规定执行，若有不同取两者中较严格者。

3.3 结构设计

综合管廊结构设计需结合工程实际，充分考虑外部荷载条件，保证管廊百年工程的设计质量。在满足经济合理性的前提下，应尽量采用先进设计方案与施工技术；在保证质量安全的前提下，可采用现浇与预制相结合的方式，以加快工程进度。防水工程设计是管廊设计中非常重要的一部分，在很大程度上决定了管廊能否平稳有效地提供其服务功能。

3.3.1 结构设计要点

1. 综合管廊结构设计要点

（1）结构构件设计应力求简单、施工简便、经济合理、技术成熟可靠，尽量减少对周边环境的影响。

（2）根据现行国家标准《建筑结构可靠性设计统一标准》GB 50038—2018、《城市综合管廊工程技术规范》GB 50838—2015，该工程管廊结构设计基准期为 50 年结构设计，使用年限为 100 年。主体结构安全等级为一级。环境类别为二 b 类。

（3）根据沿线不同地段的工程地质和水文地质条件，并结合周围地面建（构）筑物、管线和道路交通状况，通过对技术、经济、环保及使用功能等方面的综合比较，合理选择施工方法和结构形式。设计时应尽量考虑减少施工中和建成后对环境造成的不利影响。

（4）综合管廊结构设计应对承载能力极限状态和正常使用极限状态进行计算。综合管廊结构承受的主要荷载有：结构及设备自重、管廊内部管线自重、土压力、地下水压力、地下水浮力、汽车荷载以及其他地面活荷载。

（5）采用结构自重及覆土重量抗浮设计方案，在不计入侧壁摩擦阻力的情况下，结构抗浮安全系数 $K_f > 1.10$，地下水最高水位取地面下 0.5m。

（6）综合管廊属于城市生命线工程，根据现行国家标准《建筑工程抗震设防分类标准》GB 50223—2008，抗震设防类别为重点设防类。根据现行国家标准《建筑抗震设计规范》（2016 年版）GB 50011—2010，上海市抗震设防烈度为 7 度，设计基本地震加速度值为 0.10g，抗震构造措施的抗震等级采用二级。

（7）综合管廊结构构件的裂缝控制等级应为三级，结构构件的最大裂缝宽度限值应小于或等于 0.2mm，且不得贯通。

（8）综合管廊的防水等级应为二级，并应满足结构的安全、耐久性和使用要求。综合管廊的变形缝、施工缝和预制构件拼接缝等部位应加强防水和防火措施。

2. 综合管廊工程材料

（1）主要受力结构采用 C35 防水钢筋混凝土，抗渗等级为 P8，当采用预制构件时，预制构件的材料应满足结构设计标准的需求。

（2）钢筋混凝土及混凝土除满足强度需要外，还必须满足抗渗和抗侵蚀的要求。

（3）综合管廊底部垫层采用 C20 素混凝土。

（4）主要受力钢筋一般采用 HRB400 级钢筋，其余采用 HPB300 级钢筋。

（5）钢结构构件一般采用 Q235B 钢。

3. 综合管廊荷载作用

综合管廊结构上的作用，按其性质分为永久作用、可变作用和偶然作用三类，在决定作用的数值时，应考虑施工和使用年限内发生的变化，根据现行国家标准《建筑结构荷载规范》GB 50009—2012 及相关规范规定的可能出现的最不利情况确定不同荷载组合时的组合系数。综合管廊结构荷载分类见表 3-6。

当进行综合管廊结构设计时，对不同的作用应采用不同的代表值：对永久作用，应采用标准值作为代表值；对可变作用，应根据设计要求采用标准值、组合值或准永久值作为代表值。作用的标准值，应为设计采用的基本代表值。

当结构承受两种或两种以上可变作用时，在承载力极限状态设计或正常使用极限状态按短期效应标准值设计中，对可变作用应取标准值和组合值作为代表值。

当正常使用极限状态按长期效应准永久组合设计时，对可变作用应采用准永久值作为代表值。可变作用准永久值，应为可变作用的标准值乘以作用的准永久值系数。

土压力包含竖向土压力和侧向土压力，具体取值应根据综合管廊结构所处工程

综合管廊结构荷载分类表　　　　表 3-6

荷载分类		荷载名称
永久作用		土压力
		结构主体及收容管线自重
		混凝土收缩和徐变影响力
		预应力
		地基沉降影响
可变作用	基本可变作用	道路车辆荷载，人群荷载
		水压力
	其他可变作用	冻胀力
		施工荷载
偶然作用		地震荷载

注：1 设计中要求考虑的其他作用，可根据其性质分别列入上述三类作用中。

2 表中所列作用在本节未加说明者，可按国家有关规范或根据实际情况确定。

3 施工荷载包括设备运输及吊装荷载、施工机具及人群荷载、施工堆载、相邻结构施工的影响等。对于采用明开挖使用的综合管廊结构，还应考虑基坑不均匀回填产生的偏土压力对综合管廊结构的影响。

地质和水文地质条件、埋深、结构形式及其工作条件、施工方法及相邻结构间距等因素，结合已有的试验、测试和研究资料，按有关公式计算或依工程类比确定。

作用在综合管廊结构上的水压力，可根据施工阶段和长期使用过程中地下水位的变化，按静水压力计算或把水作为土的一部分计入土压力中。

结构主体及收容管线自重可按结构构件及管线设计尺寸计算确定。对常用材料及其制作件，其自重可按现行国家标准《建筑结构荷载规范》GB 50009—2012 的规定采用。

现浇混凝土综合管廊结构的截面内力计算模型宜采用闭合框架模型（图 3-34）。作用于结构底板的基底反力分布应根据地基条件具体确定：

（1）对于地层较为坚硬或经加固处理的地基，基底反力可视为直线分布；

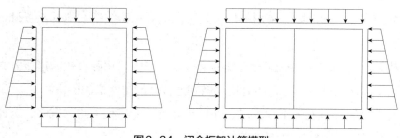

图3-34　闭合框架计算模型

（2）对于未经处理的柔软地基，基底反力应按弹性地基上的平面变形截条计算确定。

3.3.2 防水工程设计

（1）基本原则

综合管廊防水等级为二级，其变形缝、施工缝、预制构件接缝以及各类出地面口部是其渗漏重点部位，应加强防范，而结构本体应采用防水混凝土，因此，综合管廊防水应按照系统防水理念，重点做好刚性自防水和薄弱环节防水设计。

主体防渗的原则是：以防为主，防、排、截、堵相结合，刚柔相济，因地制宜，综合治理。主要通过采用防水混凝土、合理的级配、优质的外加剂、合理的结构分缝、科学的细部设计来解决主体的防渗。综合管廊结构防水以混凝土自防水为主，辅以高分子防水卷材作为结构外防水构造。变形缝、排风口、投料口、管线进出预留孔等部位，是渗漏设防的重点部位，针对各部位采取构造加强和设防措施提高防水性能。

在防水设防等级为二级的情况下，综合管廊主体不允许漏水，结构表面可有少量湿渍，总湿渍面积不应大于总防水面积的 2‰；任意 $100m^2$ 防水面上的湿渍不超过 3 处，单个湿渍的最大面积不应大于 $0.2m^2$。平均渗水量不大于 $0.05L/（m^2 \cdot d）$，任意 $100m^2$ 防水面积上的渗水量不大于 $0.15L/（m^2 \cdot d）$。

按承载能力极限状态及正常使用极限状态进行双控方案设计，裂缝宽度不得大于 0.2mm，并不得贯通，以保证结构在正常使用状态下的防水性能。

（2）变形缝设计

综合管廊应设置变形缝，现浇混凝土综合管廊结构变形缝的最大间距应为 30m，预制装配式综合管廊结构变形缝应为 40m。在地基土有显著变化或承受的荷载差别较大的部位，应设置变形缝，软土地基区域可间隔 15m 设置一道变形缝，地基性质急剧变化处及可能发生液化的地基处可设置饶性连接。变形缝缝宽不宜小于 30mm，变形缝应设置橡胶止水带、填缝材料和嵌缝材料等止水构造。

当综合管廊建在软土地基或土性变化较大的地层时，必须进行地基处理，以减少其不均匀沉降或过大的沉降。常用的地基处理方法有压密注浆、地基土置换、粉喷桩加固软土地基等。

地下构筑物与独立建设的综合管廊的交接处，必须采用弹性铰的连接方式，在构造中也应该按弹性铰进行处理，同时还须做好连接处的防水措施。

当综合管廊下穿既有地下设施时，在接头处有可能产生不均匀沉降，为此也需要在接头部位做成弹性铰接，以使其能自由变形。

变形缝的设计要满足密封防水、适应变形、施工方便、检修容易等要求。

用于沉降的变形缝其最大允许沉降差值不应大于30mm。

变形缝处混凝土结构厚度不应小于300mm。

用于沉降的变形缝的宽度宜为20~30mm。

变形缝的防水采用复合防水构造措施，中埋式橡胶止水带与外贴防水层复合使用。

变形缝的形式非常重要，一般有平接施工缝和咬口施工缝两种。平接施工缝一般适用于承载力较好的地质情况，对外力的适应性较差，施工回填或钢板桩拔出导致的地基沉降差对变形缝的拉裂情况也比较普遍。

咬口变形缝一般适用于地基承载力较差的地质情况，咬口的设计，使得变形缝的抗沉降差异能力大大增加。

（3）施工缝设计

综合管廊为现浇钢筋混凝土地下箱涵结构，在浇筑混凝土时需要分期进行。施工缝均设置为水平缝，水平施工缝一般设置在综合管廊底板上300~500mm处及顶板下部300~500mm处。在施工缝中设计埋设钢板止水条（300mm×3mm）。

（4）预埋穿墙管

在综合管廊中，多处需要预埋电缆或管道的穿墙管。根据预埋穿墙管的不同形式，分为预埋墙管和预埋套管。

因为有各种规格的电缆需要从综合管廊内进出，根据以往地下工程建设的教训，电缆进出孔是渗漏最严重的部位。

该设计采用国际先进的专用电缆光缆标准橡塑预埋件，由于电缆或光缆的穿线往往不是一次完成的，在土建结构施工完成后，要很长的一段时间甚至几年后才会逐步完成电缆和光缆的穿线，故该预埋件需要满足不穿线时的防水要求，在需要穿线时要能方便取下预埋件并能穿越缆线，同时还需要考虑远期缆线方便更换的问题。另外由于穿越的是缆线，所以橡塑预埋件还需考虑防火的问题，根据电缆电流自身的特殊性，一般不能用钢制环形材料。

给水、中水、燃气等管线穿越综合管廊一般采用预埋套管的方式，套管要选择防水性能好，有一定的抗变形能力的预埋套管。

道路上投料口、通风口、出入口等露出地面构筑物的开口处应做好防水措施，以防地表水流入孔内。投料口、通风口、安全孔外观宜与周围景观相协调。综合管廊管线分支口（管线分汇室）一般设在道路交叉口的下方，应满足管线预留数量、安装敷设作业空间的要求。设置应考虑附近管线及其他构筑物的相对位置以避免出现施工上的困难。综合管廊与其他方式敷设的管线连接处，应做好防水和防止差异沉降的措施。

此外，在各类孔口还需设细不锈钢钢丝网，以防小动物爬入综合管廊。

3.4 建筑设计

3.4.1 地下空间设计

（1）设计方案与理念

根据所处地块的周边环境以及综合管廊的实际情况，结合综合管廊的舱室，充分利用地块与空间，综合考虑城市公共设置的需求，以设计出与城市景观相融合，并能够更好地服务于居民的公共地下空间。地下空间共规划为七个部分，长度从 60m 至 125m 不等，功能可划分为地下存储空间（所存储物品燃烧性能为丁、戊类），地下临时展示空间，地下综合管廊辅助空间，地下服务、修理空间以及地下设备管理空间等城市公共功能空间。设计造型应与周围地理环境现状相协调，并结合所在区域的发展方向与趋势，以灵活轻盈的构筑物造型体现绿化环绕式布局特性，强调对空间次序的追求。通过周边道路、地形的软化处理，体现对自然生态的尊重，使其成为一种可持续发展的景观系统，拥有能涵养生物多样性的自然生态系统。

（2）设计风格与造型

地下空间反映在地面空间的部分为人员出入口以及通风采光口。人员出入口以钢结构构筑物辅以半透明材质的装饰板构筑而成，配以新颖独特的不规则造型。地面通风采光口采用可自动开启的天窗，以实现控制上的智能化。天窗造型与人员出入口造型相呼应，显得简约而不简单。且方案设计材料上的选择使得整体空间在夜晚可以将地下空间的灯光折射到地面上，成为地面景观带的一部分。再配以构筑物宝石切割状的造型，使得无论是在白天或夜晚，整个设计都能像宝石镶嵌在绿地中一般（图 3-35~ 图 3-37）。

图3-35 人员出入口效果图

图3-36 人员出入口配以采光口效果图

3.4.2 通风口设计

综合管廊通风口的通常做法包括：做法一，在地面设置风亭，风亭体量较大，容易遮蔽视线和影响交通，且风亭进排风时对着路面和人行道，影响行人感观；做法二，通风口略高于地面，通风口向下进风或向上排风，气流容易影响行人，且下部风机露天设置，需在夹层设置排水措施和定时清扫树叶，检修不便。示例管廊通风口采用突出地面的玻璃钢蘑菇状轴流风机，出风口向下，经过地面的缓冲风速显著减小，对行人无影响且体积最小，造型可与绿化相融合，基本隐蔽在绿地中，检修方便，可专门定制富有工业美的造型。

（1）通风口方案（一）

综合管廊通风口布置在道路侧分带内，出地面的景观结合道路景观及绿化进行设计，并可局部与城市宣传海报相结合。材质选用石材、涂料以及防腐木，整体设计在满足通风功能的前提下不影响周边景观效果（图3-38）。

（2）通风口方案（二）

通风口设置于城市绿化带中，将通风口与城市宣传窗口相结合。露出地面的整个构筑物外部覆以石材贴面，并将通风口位置抬高，留出下部空间以张贴城市宣传海报（图3-39）。

（3）通风口方案（三）

通风口设置于城市绿化带中，通风口保留原有高度与造型，在保证其通风工程的前提下，在其外部设计钢结构装饰框，并加以能够和周围景观相结合的喷绘，使得通风口和城市绿化带很好地结合在一起（图3-40）。

（4）通风口方案（四）

通风口设置于城市绿化带中，通风口保留原有高度与造型不变，露出地面的构筑物外表面通过装饰性涂料与喷

图3-37 鸟瞰效果示意图

图3-38 通风口方案（一）效果图

图3-39 通风口方案（二）效果图

图3-40 通风口方案（三）效果图

图3-41 通风口方案（四）效果图

绘，与路旁景观带有效结合，是一种十分经济实用的处理通风口造型的方法（图3-41）。

3.4.3 吊装口和逃生口设计

管廊吊装口和逃生口通过夹层转换连接管廊空间与地面，综合舱、电力舱的吊装口和逃生口可集成设置，但燃气舱需单独设置吊装口与逃生口。与传统做法相比吊装口和逃生口地面综合体量较小，开口间可根据实际情况种植乔木和灌木，能最大限度维持道路的整体连续感。

综合管廊吊装口的常见做法为吊装口位于地面以下，口部盖混凝土盖板后找平，加防水卷材及保护构造后覆土，此做法吊装时须破开道路、绿化及防水构造，投料后再修复，施工复杂且周期长，对交通影响很大，且吊装后易造成管廊透水。示例管廊吊装口盖板和绿化模块一体化、轻便化，盖板种植佛甲草出地面之上，隐蔽于灌木之中。吊装时吊起模块化的植草钢盖板即可直接操作。平时不渗漏，吊装也不影响防水措施。

管廊逃生口为顶出式逃生口，逃生时采用钢爬梯从管廊空间经夹层转换到达地面，逃生口尺寸为1m×1m。逃生口采用草绿色轻型盖板，易隐蔽于绿化之中。盖板从下部打开时不用钥匙就可以开启，从上方进入时要用IC卡开启，且应有自然采光措施。

3.4.4 检修人员出入口设计

检修人员出入口采用楼梯连接管廊及管廊顶上的夹层，通过转换到达地面，是平时检修人员出入管廊的主要途径（燃气舱检修人员出入口需单独设置）。示例管廊检修人员出入口外部采用钢构架外包冲孔铝板浅绿色氟碳喷涂、仿木色铝方通和火烧面深灰色花岗石进行装饰。检修人员出入口开启方便，出入便捷，体量适中，对道路视野影响较小，且风格灵巧飘逸，造型时尚精巧富于美感，可与道路环境相协调，易于融入绿化之中。外饰不仅防腐防潮易于清洗，而且有很好的耐候性。

3.5 BIM 设计

通信化技术已经成为产业进步和企业发展的最强大推动力以及最重要的技术手段之一，但在建筑行业中的应用尚不成熟。利用 BIM 技术来辅助进行工程的设计工作，甚至利用 BIM 技术进行设计阶段的工具革新将会是未来的一个趋势。相比于传统的 CAD 设计技术，基于 BIM 的协同设计技术在综合管廊等复杂工程设计中更具有优势。工程设计大型化、复杂化导致设计表现能力不足以及全寿命周期中分化极度细化导致的系统工作难题是传统 CAD 设计模式在面对复杂工程时的两大痛点，而基于 BIM 的协同设计技术在设计流程、数据流转方式、设计成果上具有明显的优势，技术的全面应用能够明显提供工程设计的质量和效率。

3.5.1 BIM 设计概述

BIM（Building Information Modeling），即建筑通信模型。它是以三维数字模型为对象对项目进行设计、施工和运营管理的一项新技术。伴随着综合管廊建设发展，综合管廊设计更为系统化、专业化，涉及专业门类众多，需要更为高效的多专业协作方式；管廊内专业管道衔接、专业管线间碰撞检查、集约化的孔口布置形式等均增大设计难度和复杂程度，依靠传统的思维方式、绘图手段难以满足相关要求；管廊出线井构造复杂、专业管线众多，面临大量的线缆弯折倒弧、管件阀门定位，传统的设计成果不利于施工识图、材料筹备和后期管线安装。针对上述设计难点，该项目应用 BIM 设计理念，在管廊平面、横断面、纵断面、管廊节点、附属工程等方面全部实现三维设计，构建良好的协同工作平台，并进行了相关族库的丰富和探索，优势显著。

3.5.2 BIM 设计价值

传统的二维设计技术提供的是一种基于图纸的通信表达方式，该方式使用分散的图纸表达设计通信，所表达的设计通信之间缺少必要和有效的自动关联，各专业、各设计阶段的通信是孤立的、难以共享的，这导致设计人员无法及时参照他人的中间设计成果。因此，通常采用分时、有序的串行工作模式，通过定期、节点性的方式互提资料从而实现通信交换。对于那些在设计阶段应用传统二维设计技术时出现的图纸繁多、错误频繁、变更复杂、沟通困难等问题，BIM 都可以很好地避免，体现出其显著的价值优势。

　　BIM 技术改变了传统的设计工作模式。通过提供统一的数字化模型表达方式，共享和传递专业内、专业间以及阶段间的几何图形数据、相关参数内容和语义通信。充分利用 BIM 模型所含通信进行协同工作，实现各专业、各设计阶段间通信的有效传递，实现真正意义上的支持多专业团队协同共享的并行工作模式。改变设计工作传统的串行设计方式流程（图 3-42），提高工作效率。在设计初期，借助计算机等软硬件搭载协同管理平台，便于集合项目的各个参与方，集成项目各个阶段的通信资源，并提供各种支撑的分析工具，兼具工程通信、决策者、决策工具三个决策要素，使 BIM 模型成为一个可以同时容纳多方通信的系统管理决策平台载体，满足各参与方各自既分工又协同的管理的需要。如图 3-43 所示。

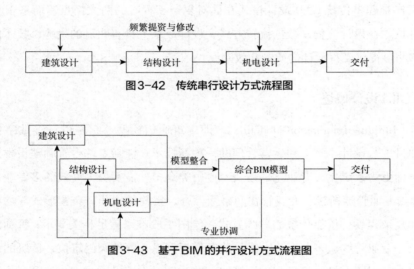

图 3-42　传统串行设计方式流程图

图 3-43　基于 BIM 的并行设计方式流程图

3.5.3　BIM 设计工具

　　BIM 建模是基于数字通信来建立和保存建筑物的通信和属性，其基础是建筑物的基本通信数据，建筑通信模型具有可视化、协同、仿真、优化等特点，可以说 BIM 软件是一个进行数据管理的复杂的系统工程，即形成一个既包含设计阶段工程模型的几何通信和非几何通信，又能容纳施工阶段的项目管理通信以及工程竣工后的运营维护通信，保证项目全生命周期中实现数据通信的集成管理。

　　所以在设计初期，BIM 设计软件的选型非常重要，直接影响后续阶段项目通信的集成和互用。结合市面上各大软件厂商的软件特点，城市综合管廊的 BIM 模型设计平台应用较为广泛的有 Autodesk Revit 系列软件、Bentley 系列软件等。不同软件特点所擅长的方面也不尽相同，具体可见表 3-7。

核心建模软件比较   表 3-7

	Revit 系列软件	Bentley 系列软件	ArchiCAD	CATIA
研发公司	Autodesk	Bentley	Nemetschek	Dassault
适用系统	Windows	Windows	Windows、Mac	Windows
适用领域	建筑	工业、基础设计	建筑	机械、建筑、水电
使用专业	建筑、结构、机电等专业	建筑、结构、机电等专业	仅限建筑专业	建筑、结构、机电等专业
软件特点	建模快速，参数化	强大，包含多种建模方式	携带方案演示和图形渲染功能	参数化程度高，分析能力强
兼容性	与 CAD 其他软件兼容性高	较差，匹配难度大	支持多平台	较差，匹配难度大
难易程度	界面友好、操作便捷	操作界面多，操作难度大	界面友好，易于操作	操作复杂，需较强空间想象力

考虑后期基于模型的协同运用及模型后期的施工管理平台，BIM 设计工具可以选用 Revit+Civil 3D+Dynamo 作为主要建模软件来完成综合管廊的模型设计工作，包括结构、机电及附属工程。选用 Tekla 作为基坑支护工程的主要模型设计软件，并以 IFC 国际通用标准格式来实现模型的结合，确保模型的完整性。

3.5.4 BIM 设计模型分类和编码

为了更好地运用模型，确保设计阶段的模型能传递到施工阶段乃至运维阶段，在设计初期，对模型的分类及编码要进行统一的标准设定。模型的分类一般按专业进行拆分，如土建、机电、基坑支护等。在每一个专业的基础上一般按施工段进行拆分，便于后期工程量精算及进度、资料的挂接对应。

模型的编码具有唯一性及共通性，确保模型附带的模型编码能应用到施工阶段乃至运维阶段，便于在后续阶段 BIM 技术的运用过程中，通过编码实现施工过程中资料一一匹配，如检验报告、验收资料等。模型编码要确保可利用计算机程序进行快速放置，并具有可编辑性。在设计阶段，对模型的拆分、分类及编码非常重要，一套标准的构件拆分及编码体系，能大大提高 BIM 技术在设计、施工及运维阶段运用的延续性，以及资料的集成度，减少由于数据互通损失而造成的数据的重复录入，甚至重复建模。项目分部分项编码截图如图 3-44 所示。

3.5.5 BIM 设计应用点

传统 CAD 设计方式在设计效率及质量上已经难以满足管网复杂的综合管廊工程设计需要，通过 BIM 技术在设计阶段的引进，可辅助设计人员更好地完成设计工作，

序号	子单位工程	序号	分部	序号	子分部	序号	分项工程
1	X X X 地 下 综 合 管 廊 一 标 段	1-01	地基与基础		基坑支护	1-01-01	钢板桩
						1-01-02	水泥搅拌桩
						1-01-03	基坑开挖
						1-01-04	基底处理
						1-01-05	基础垫层
						1-01-06	土方回填
						1-01-07	基础防水
		1-02	主体结构			1-02-01	底板工程
						1-02-02	素混凝土找坡层
						1-02-03	墙身及顶板工程
						1-02-04	钢结构
						1-02-05	沉降缝
						1-02-06	标准排风口
						1-02-07	标准送风口
						1-02-08	电力通信出舱口
						1-02-09	投料口
						1-02-10	外墙防水
						1-02-11	防火墙
		1-05	建筑电气	1-05-01	电气动力	1-05-01-01	成套配电柜、控制柜和动力配电箱安装
						1-05-01-02	电气设备试验和试运行
						1-05-01-03	梯架、支架、托盘和槽盒安装
						1-05-01-04	导管敷设
						1-05-01-05	管内穿线和槽盒内敷线
						1-05-01-06	导线连接和线路绝缘测试

图3-44　项目分部分项编码截图

主要包括规划选线、设计校核、碰撞分析、施工方案比选、管线入廊分析等。通过BIM技术三维化、可视化，并结合共享性、协同性等优势，改善基于二维平面进行设计的局限性，提高设计质量。

（1）规划选线

设计是工程高品质的核心，而路线设计是线性工程的灵魂。大部分设计单位目前在进行路线方案的评价时仍使用传统的方法，即基于地形图的综合分析计算和实地勘探相结合的方法。这种方法费时费力，不仅缺乏准确定量的数据的分析，而且在实地勘探的可行性上存在很大的困难和不便，往往经验因素起到决定性的作用。

利用BIM+GIS技术的结合方式，可为存储、管理、分析路线基础数据提供一个强有力的工具。通过无人机航拍获取拟建项目实景数据，转换成实景模型后，通过软件平台，与BIM模型结合，可直观形象地查看路线涉及区域内最新环境情况，包括生态、人文、水文等直接影响路线规划的主要因素。为路线规划的合理性进行校核，并提供有力的数据支撑（图3-45、图3-46）。

（2）设计校核

在传统设计工作模式下，由于周期紧、工作量大，项目出图的过程中不可避免地都会出现各种图纸问题，包括尺寸标注的缺项、漏项，平剖面图纸不对应等情况。这些问题如果在施工环节才发现，各方的协调到确认过程将极大浪费时间成本和沟通成本。在施工前将施工图纸还原成模型，甚至可省略翻模环节，直接利用BIM技术做正

图3-45 无人机航拍实景地形

图3-46 BIM+GIS模型截图

向设计，模型完成后直接通过软件平台导出项目的平、立、剖面图纸，最大限度避免出现出图误差。当设计方案变更或工程某一节点尺寸出现更改时，通过模型的修改，对应平、立、剖面图纸也会关联变化，大大提高图纸变更效率。

模型的建立相当于施工全过程的预演，通过BIM技术团队在建模过程中的详细识图，可发现绝大部分的图纸问题，减少施工单位审图的工作量，提高设计图纸的质量。图纸问题可在施工前规避掉，提高后续的施工效率。

（3）碰撞分析

在传统的设计工作中，一方面，由于缺少通信的实时共享，专业内、各专业间及各设计阶段相对独立，缺少整合；另一方面，局限于二维的直观性，往往等到工程施工才发现一系列的碰撞问题，如胶角钢筋与水平施工缝的止水钢板碰撞、预留孔洞与梁钢筋的碰撞、预留孔洞与机电管道的碰撞等。施工阶段中碰撞的解决与方案的变更，容易造成工程进度滞后影响，甚至造成返工，增加项目成本的投入。而在设计阶段，利用BIM模型的可视化和BIM软件碰撞检测功能，可快速检测模型内的各类碰撞，提

图3-47　图纸问题截图

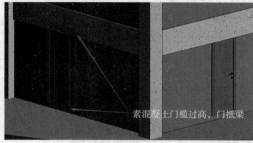

图3-48　碰撞检查报告截图

前发现问题，基于三维模型所见即所得的特点，提高与设计方的沟通效率，避免设计错误传递到施工阶段，减少施工过程中出现的各专业构件碰撞冲突等问题，高效施工（图3-47、图3-48）。

（4）施工方案比选

在综合管廊的设计及施工前期，施工方案的确定要考虑多种因素，包括施工作业面，施工机械，当地交通、地形、水文等条件；并必须和各参与方，包括：业主、设计院、施工单位、工人及当地有关部门进行沟通，结合各种影响因素最终选择最优方案。传统二维图纸+文字性施工方案直观性较差，各参与方由于专业受限理解各有偏差，甚至出现听不懂的情况，沟通效率低下。

利用BIM技术，针对争议性的施工方案进行详细的模型建模，并对施工工艺工序进行还原，以视频模拟方式对参与方进行技术交底，可以直观对比方案的差异性，提高会议效率同时也有利于方案的论判。施工模拟图如图3-49~图3-51所示。

（5）管线入廊分析

综合管廊入廊管线种类繁多，包括110kV电力电缆、10kV电力电缆、通信、给水、中水、排水、燃气等。路线的规划及管廊节点的设计排布更重要的是结合周边社区需求，从功能性考虑。同时，也要结合入廊管线种类进行合理分析，特别是类似于110kV电力电缆（转弯半径不小于2.2m）、10kV电力电缆及管径较大的给水排水等对转弯半径及检修空间有较为严格的需求的管线，否则容易出现管廊建成后，管线无法入廊等情况。

传统的二维设计很难对空间曲线进行绘制及展示，利用BIM技术可更方便地对管线排布进行绘制，并以三维的方式进行直观展示，从而可以更好地判断主体结构的预留孔洞是否合适，是否满足管线入廊出廊需求，防止项目建成后出现管线无法入廊而造成的返工，最大限度规避经济损失。管线入廊分析优化比较如图 3-52 所示。

图3-49　道路翻浇施工模拟

图3-50　三井施工模拟

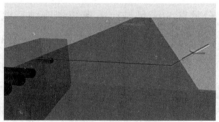

图3-51　拖拉管施工模拟

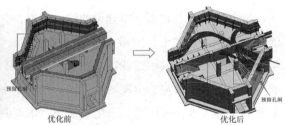

图3-52　管线入廊分析优化

第 4 章
海绵城市综合管廊实施要点

4.1 海绵城市概述

近年来，随着我国城市建设的快速发展，部分地区为满足城市需求填湖造城，地面硬化面积不断扩大，对城市排水管网系统设计标准提出了更高的要求。2016~2018年，我国 360 多个城市遭受内涝灾害，"逢雨必涝"已经成为我国城市发展的主要问题。国内多个城市频繁出现城市内涝，受灾城市数量、经济损失和人员死伤均呈显著上升的态势。水环境污染、水生态破坏、水资源短缺问题严重，迫切需要寻求新思路去保障水安全、治理水环境、涵养水资源、改善水环境。

通过借鉴国外经验以及融入近年来我国在城市治水方面的实践，形成了国内海绵城市理念。"海绵城市"是指在城市开发建设过程中，采用源头削减、中途传输、末端调蓄等多种手段，通过"渗、滞、蓄、净、用、排"等多种技术措施，提高对雨水的渗透、调蓄、净化、利用和排放等能力，建立和完善"城市海绵体"，让城市在适应环境变化和应对自然灾害等方面具有良好的"弹性"。海绵城市在建设过程中，应遵循一定的生态保护原则，在保证城市防洪排涝要求达标的前提下，将城市内的雨水进行积存、渗透直至达到自然净化的目的，最大限度实现城市环境内雨水资源的再利用。

近年来，海绵城市已经上升为国家战略，受到各地区建设主管部门的重视。2013年 12 月 12 日，习近平总书记在《中央城镇化工作会议》的讲话中强调："在提升城市排水系统时要优先考虑把有限的雨水留下来，优先考虑更多利用自然力量排水，建设自然积累、自然渗透、自然净化的海绵城市。"目前，海绵城市已在全国多个城市试点，通过渗滤、滞流、蓄水、净化、利用、排水等措施，可吸收和利用 75% 的当地降雨。

在城市规划建设中，海绵城市建设理念对城市排水系统建设有着重要的意义。谈到城市地下管线建设，必然要考虑排水系统工程的建设，将海绵城市理念融入排水系统设计中，可以充分改善人们的居住环境，提高人民生活质量。

4.1.1　海绵城市建设核心内容

海绵城市建设体系是一个跨学科、跨行业的体系，涉及的面很广，如城市规划、排水、道路、建筑、园林等多个专业。海绵城市建设的核心内容是：通过城市规划，发挥排水管网、道路、绿地、建筑等生态系统对雨水的吸纳、蓄渗和缓释作用，有效实现雨水的合理利用和排放，实现城市的可持续发展。海绵城市的系统应该包括城市建设过程中的整个水系统，涵盖水安全、水环境、水生态、水资源、水文化等方面。

（1）水安全

水安全主要包括供水安全系统、防洪系统、排涝系统三部分内容。

随着城市化进程不断加快，原有生态结构发生改变，江河湖泊面积一度减少，城市绿地一再压缩，留存的河湖水面大幅度缩减，使得雨水调蓄能力降低。海绵城市建设通过"渗、滞、蓄"等措施将进入城市的雨水汇流错峰，有效调控降雨带来的地表径流。在集中降水期，让来自城市不同区域的雨水分阶段、分层次排放到雨水管网中，从而缓解城市地表径流短期过大带来的城市内涝问题。

（2）水环境

水环境主要包括削减进入水体的污染和提高水体的自净能力两部分内容。

随着截污管网的不断完善及控源截污的实施，面源污染慢慢成为城市水体污染的主要因素。通过海绵城市的建设，首先，通过绿色屋顶、植草沟、下凹式绿地、生物滞留设施等对进入管网前的初期雨水进行截留、过滤、净化；其次，通过雨水湿地、滨河植物缓冲带对进入水体前的雨水进行进一步的净化；最后，通过设置初期雨水弃流设施，收集初期雨水并进行处理，从而削减雨水径流污染。

（3）水生态

水生态主要包括营建城市的蓝（水）绿生态廊道和下垫面的海绵化建设两部分内容，一方面通过生态廊道加强城市的空气流动，降低城市热岛效应；另一方面通过对城市下垫面的海绵化改造，增加透水下垫面的比例，加强城市内部的水文循环。

通过海绵城市建设，保护城市原有的河流、湖泊、湿地、坑塘、沟渠等生态敏感区，结合绿色建筑、低影响开发建设以及绿色基础设施建设，充分利用自然地形地貌，调节雨水径流，并利用天然植被、土壤、微生物净化水质，最大限度地减少城市开发建设行为对原有生态环境造成的破坏。

（4）水资源

水资源主要包括"开源"和"节流"两部分内容。

"开源"指拓展城市用水水源的来源，主要通过提高再生水、雨洪水等非常规水源的开发利用程度实现;"节流"则是发展节水技术,提高传统水源的利用效率,实现水资源的高效可持续利用。

（5）水文化

水文化主要通过水系的连通,带动河滨水绿向城市蔓延,将历史文化元素融入水景空间中,将人文元素吸收到海绵城市的建设中。

4.1.2　海绵城市建设技术措施

按照空间形态,海绵技术措施一般可分为点状、线状、面状三大类（表4-1）。

海绵技术措施按空间形态分类表　　　　　表4-1

分类	位置	举例
点状	末端的点状海绵措施	雨水湿地、调蓄池、截污调蓄池和初期雨水弃流设施等
线状	中途、末端的线状海绵措施	植草沟和溪道、生态河道等
面状	源头、分散的海绵措施	下凹式绿地、生物滞留设施、透水铺装、绿色屋顶等

按照主要功能,海绵技术措施一般可分为"渗、滞、蓄、净、用、排"（表4-2）。

海绵技术措施按主要功能分类表　　　　　表4-2

分类	内涵	举例
渗	雨水自然入渗,涵养地下水	透水铺装、下凹式绿地、生物滞留设施、渗透塘、渗井、干式植草沟等
滞	错峰,延缓峰值时间,降低峰值流量	绿色屋顶、湿塘、雨水湿地、调节塘、调节池等
蓄	雨水积蓄,为雨水资源化利用创造条件	湿塘、雨水湿地、蓄水池、雨水灌、人工土壤渗滤等
净	减少面源污染,改善城市水环境	复杂生物滞留池、雨水湿地、湿式植草沟、植被缓冲带、初期雨水弃流设施、人工土壤渗滤等
用	充分利用水资源	雨水调蓄设施
排	雨水径流安全排放,确保城市水安全	生态河道、植草沟、溪道等

海绵设施往往具有补充地下水、集蓄利用、削减峰值流量及净化雨水等多个功能,可达到径流总量、径流峰值和径流污染等多个控制目标。在提升城市水安全能力方面,可综合采用"渗、滞、蓄、排"等技术,保障城市排水防涝安全。在加强水环境治理方面,可通过"净、蓄"技术相结合,减少雨水径流污染,改善城市水环境。在水生态恢复与修复方面,可通过合理布设下渗技术,涵养水源,改善水生态环境。在提高水资源利用方面,可通过雨水资源化利用技术,提高水资源利用率。

4.2 海绵城市理念下综合管廊工程

1832 年，巴黎将自来水、通信、电力、压缩空气管道等市政公用管道设置在原有下水道的富裕空间内，建造了世界上第一条综合管廊。我国传统的市政管线基本都是以直接埋设或架空的方式出现在城市中，一旦管线发生损坏或线路改变等情况，就不得不进行反复开挖，阻滞交通的同时重复施工的成本也会增加。而将各类市政管线纳入综合管廊，可以避免在管线施工时对居民生活造成不便，同时大幅降低单次管线施工成本。

在建设雨污分流排水系统的今天，直接将公用管道敷设入下水道已不能满足要求。海绵城市、综合管廊是我国城市建设进入文明、绿色建设阶段的必然要求，是改变过去城市建设存在的各种弊端的必然选择。如何结合两种先进理念，充分发挥各自优势，补齐短板，打造自然宜居的城市环境，关系到大量城市基础设施投资建设的成功与否。参照城市规划，通过对雨水入廊进行合理的设计，实现海绵城市理念和综合管廊建设的完美结合。但海绵城市一般只能控制中小雨事件，无法消纳和滞蓄短时间强降水带来的大量雨水。为了控制这部分雨水，可结合雨水管廊实现雨水的调蓄，并加以利用。

雨水消纳与滞蓄在全世界各大城市都是一个重要的话题。国内的海绵城市工程演化到现在，作为地下空间类项目应增加雨水滞蓄空间，控制面源污染，进行适度雨水回用。一般来说，地块内的低影响开发，尤其是对居住性质的用地，建设大规模调蓄回用设施的难度比较大。即便在区域开发时克服困难建设了容量较大的雨水调蓄设施，也无法在短期内通过地块本身消纳大量雨水，因此仍需要对区域范围内的雨水进行统一调配，才能达到雨水整体调蓄的目的。地下综合管廊实施路段，可结合综合管廊规划，增设初期雨水截流舱和雨水调蓄舱，构建"海绵管廊"。

近些年，国内对综合管廊和海绵城市理念相结合的方案已有较为深刻的探究，针对应用前景，在初期雨水的收集处理和雨水调蓄排放等方面，有较高的技术和经济可行性。

海绵管廊结合地上海绵城市和地下综合管廊技术，在城市建设中通过建设综合性的排水管廊系统，从而有效解决城市内涝灾害等问题，同时也可以在一定程度上缓解水资源不足的情况，实现城市的可持续性发展。海绵城市技术能充分发挥城市自身的蓄水能力，对短时间强降水"就地解决"；综合管廊建设中充分考虑雨水收集、调蓄、利用等功能，建设一个独立的初期雨水截流舱和雨水调蓄舱，从源头提高城市蓄水排涝能力。

4.2.1 雨水入廊现实意义

由于综合管廊建设于地下，且断面较大，与传统排水管网在空间上的交错在所难免，排水管网在经过综合管廊进行建设时，遇到断面较大且封闭的廊体，必然会受到影响而相互制约。目前，雨水入廊主要面临着埋深大、断面尺寸大、管理难、建造代价高但实际收益小的质疑。国内早期建设的综合管廊，除位于深圳、重庆、厦门等个别工程之外，雨水、污水管线一般不纳入综合管廊。近年来，雨水、污水管道是否纳入综合管廊也一直处于争论之中，甚至部分城市的管廊地方标准中明确指出"雨水、污水管线不宜纳入综合管廊"。

2015 年 11 月，四川省人民政府办公厅发布《关于全面开展城市地下综合管廊建设工作的实施意见》（川办发〔2015〕99 号），文件中指出"各地城市规划区范围内已建设地下综合管廊的区域，区域内所有管线必须入廊"。《国务院办公厅关于推进城市地下综合管廊建设的指导意见》（国办发〔2015〕61 号）强调，已建设地下综合管廊的区域，该区域内所有管线必须入廊，包括燃气、污水必须全部入廊。中共中央、国务院印发《关于进一步加强城市规划建设管理工作的若干意见》（中发〔2016〕6 号）中指出：凡建有地下综合管廊的区域，各类管线必须全部入廊。2016 年 6 月 17 日，住房和城乡建设部部长陈政高在推进地下综合管廊建设电视电话会议上的讲话中明确指出：要坚决落实管线全部入廊的要求，包括燃气、污水必须全部入廊。由此可见，雨水、污水管线纳入综合管廊已经势在必行。

针对海绵城市模式，将以往把排水作为主导力量的雨水管理理念彻底改变，结合多种技术诸如渗、蓄、排等，促进了城市水生态环境和综合生态环境的改善，雨水渗入地下可大大改善地下水环境，推动城市的绿色生态建设。海绵城市可使约 68% 的降雨量保留在原位并缓慢释放，排水量大大减少，预计排水量为非海绵城市的 50%。因此，海绵城市建设对老城区的排水非常有利。针对密封性的地面，综合管廊有着更好的透水性，有利于居民的居住适宜性。城市未来的发展趋势不只是节水和节能，还不能破坏生态的平衡。要想做到冲击量较低的开发，综合管廊是上上之选。基于长远来看，进行城市水文环境的保护，以及控制市政雨水设施的规模建设，可以使雨水管网得到长久使用，对资金节约和环境舒适方面有着重要意义，最终取得的环境效益和社会效益，将远高于付出的经济成本。因而越来越多的人开始关注海绵管廊并将其应用于城市建设中。海绵管廊有着较为良好的应用前景，主要体现在以下方面：

（1）节约国土资源，入廊管线检修便捷

综合管廊可以使各种管线集约化发展，对城市管线的维护和管理意义重大。雨水入廊，可避免管线检修造成道路频繁开挖，减少"马路拉链"。雨水管线纳入综合管廊由原来的隐蔽工程变为可见工程，管线的运行状况可以通过人工检查或是采用管廊内的监控系统进行实时监控，对发现的问题及时进行处理。因此，海绵管廊可有效节约地上地下空间，便于定期检修，为检修提供充足的空间，并提高管道检修效率，延长地下管线的使用寿命，降低管线更换成本，使城市建设更有序和谐。

（2）提高行车安全舒适性，社会效益良好

相对于常规路面，综合管廊有着较大的孔隙率，吸音效果较好，对行车的噪声降低有着一定效果。雨水入廊可减少检查井个数，进而减少因为井盖等与周边道路沉降不均匀而引起的道路路面不平整，提高车辆行驶的舒适度。海绵管廊的雨水系统属于自流系统，根据排水标准，斜率不低于0.003，与道路的纵向坡度要求相同。在下雨的时候，海绵管廊能够及时清除道路的积水，避免伴随发生水滑现象。当路面的水膜消失之后，光线就由镜面反射转成了漫反射。这样，驾驶员的视线更好，交通事故率大大降低，行车安全性得到提高。

（3）减少地表洪峰流量，避免出现城市洪涝灾害

由于海绵管廊建设可减少地面70%~80%的径流量，所以设置简单的路侧排水沟即可满足排水要求。集中降雨时综合管廊能减轻城市排水管线的泄洪压力，减少地下的排水设施的建设投入。对于南方降雨多且集中的城市，为尽量避免出现城市洪涝灾害，应做好城市排水方面的设计。海绵管廊系统做得好，就能尽量避免出现降雨快等情况所带来的各类问题，提高城市适应极端天气环境的能力。以南京为例，2015年，南京"江北新区"获得国务院批准，成为国家级新区。在新区的建设过程中，海绵城市理念用于实践，规划了几百公里的海绵城市地下综合管廊，解决了南京地区易发洪涝灾害的问题。

（4）提高水资源利用率，增强城市适应性

海绵管廊不仅能够减少洪涝灾害的发生，增强城市在应对极端天气以及环境变化时的能力，而且还可以提高城市水资源综合开发利用率。随着我国城市化进程的加快，城市居民的数量在不断增加，水资源紧缺问题成为城市发展的瓶颈。人口激增导致对水资源的需求扩大，要解决经济发展与环境之间的矛盾，就要提高水资源的利用率。海绵城市具有自然渗透、积存、净化的功能，在建设地下综合管廊的过程中，将给水排水和海绵城市统一优化建设，能有效提高水资源利用率。海绵管廊通过建设综合性雨水系统可以有效提升水资源的净化率、存储率以及渗透性，从而使水资源的利用率得到有效的提高，是缓解城市水资源紧缺问题的有效方式。

（5）构建生态环保型新城市，实现可持续发展

随着城市的不断发展，环境问题越来越突出。海绵管廊通过建设综合性给水排水

管廊系统对城市的传统排水方式进行科学的调整，从而实现对受损水体进行修复和改善，同时还可以更好地维护海绵城市中的生态环境。海绵管廊能够使得雨水入渗，对地下水资源进行补充，推进土壤植物的生长，对地下水有着一定维护作用，并且能预防地下水的过度开发，避免伴随出现地基下沉现象。海绵管廊结合路面及路基的吸附，能够净化径流雨水，进而提升水质。通过海绵管廊建设，对给水排水系统进行优化，在一定程度上能降低对生态环境的影响，将水文特征与各项参数恢复到城市开发前状态。这样不仅能提高对城市生态系统的保护率，且能优化城市环境、恢复前期受损坏的水体。

4.2.2　雨水入廊基本原则

广义的海绵管廊建设应包括三个基本单元系统：①源头径流控制系统：通过对雨水的渗透、储存、调节、传输与截污净化等功能，有效控制径流总量、径流峰值和径流污染。②城市雨水管廊系统：通过传统的排水管渠系统结合地下综合管廊，对雨水进行收集、传输和排放。雨水可通过新技术、新设备，如线性排水沟、雨水调蓄舱等进行渗透净化回收，得到合理回收利用。③超标雨水径流排放系统：通过雨水调蓄池、雨水调蓄舱、行泄通道等设施对超过城市雨水管道系统设计标准的雨水进行排放。

综合管廊雨水入廊基本原则包括：

（1）生态为本、保护优先

优先考虑"山、水、林、田、湖"等自然生态资源的保护，最大限度保护河流、湖泊、湿地、坑塘、沟渠等水敏感区，并转变传统土地开发方式，将源头的、分散的地块海绵设施以及大型的公共海绵设施的建设纳入城市规划建设系统，充分保障海绵城市的建设。将控制指标分解落实，优先利用自然排水系统与低影响开发设施，实现雨水的自然积存、自然渗透、自然净化，提出分区分类的控制要点和规划指引，形成"源头削减——过程控制——末端治理"的海绵城市建设系统方案。

（2）规划引领、统筹构建

依据城市总体规划，结合各相关专项规划，充分考虑中远期城市发展目标和规模，合理确定海绵城市建设总体方案。统筹建设源头径流控制系统、城市雨水管廊系统和超标雨水径流排放系统，实现从雨水径流产生到末端排放的全过程控制。雨水入廊的先决条件是管道高程与管廊高程的相互匹配和结合，但这不是简单机械地调整规划或高程，而应是结合综合管廊建设，先对排水系统规划进行通盘考虑，在此基础上再进行优化和调整。

（3）排蓄并举、防治内涝

转变以"快排"为主的城市传统排水理念，立足"排蓄并举、排蓄互补"的设计原则，构建以水系为主、调蓄设施为辅的城市排蓄大系统。综合采用工程和非工程措施，缓解城市内涝，增强防灾减灾能力，保障城市排水防涝安全。

（4）"灰绿"结合、水清岸绿

"灰"指传统的管道排水设施，其基本功能是实现污染物的排放、转移和治理，但并不能解决污染的根本问题，建设成本高；"绿"为各类海绵设施，其主要作用是协调各种自然生态过程，充分发挥自然界对污染物的降解作用，为城市提供更好的人居环境。

"灰绿"结合是将"灰"色设施的传输排放功能和"绿"色设施对污染物的降解作用结合起来，其主要分水质和水量两方面的内容。水质方面，通过海绵设施对雨水中的污染物质进行截流、净化，再通过传统的管道排水设施将经过净化的雨水排入自然水体，达到避免雨水中污染物质进入自然水体的目的；水量方面，则通过海绵设施对雨水中的污染物质进行截流、净化，去除容易导致管道淤塞的泥沙类物质，同时迟滞洪峰产生的时间，通过减少排水管道内的淤积和延迟洪峰的产生，保障市政排水设施的排水能力。

（5）因地制宜、经济实用

根据自然地理条件、降雨规律、水文地质特点、水生态环境保护与内涝防治的要求等，遵循自然规律和经济规律，合理确定海绵城市建设的控制目标与指标，科学规划布局"渗、滞、蓄、净、用、排"等设施及其组合系统，最终建成与城市经济发展的目标、规模和水平相适应的市政排水系统。如排水规划能结合管廊建设，对雨水输水方式、管网布置、管道高程、管径、管材、管坡、接入点等做技术性合理调整，可以加大管道与管廊高程的匹配度，提高重力输水雨水管线入廊可能性。

4.3 海绵城市综合管廊工程实践

"全管线入廊"，是住房和城乡建设部，以及《国务院办公厅关于推进城市地下综合管廊建设的指导意见》（国办发〔2015〕61号）的明确要求，也是解决"马路拉链"、实现管线集约敷设与管理的重要措施。该工程玉阳大道（官绍一号河—陈家浜）综合管廊，将雨水、污水、燃气、给水、通信、电力等管线全部纳入综合管廊，管廊断面形式为双层七舱，全长2.8km（图4-1）。

近年来，上海等大中型城市一遇暴雨就可能发生大规模城市内涝，城市建设导致的路面硬化以及粗放式的地下管线建设模式是导致城市"看海"的重要原因。采用传统模式开发建设后，城市地面硬化面积大幅增加，仅20%~30%的雨水渗入地下，

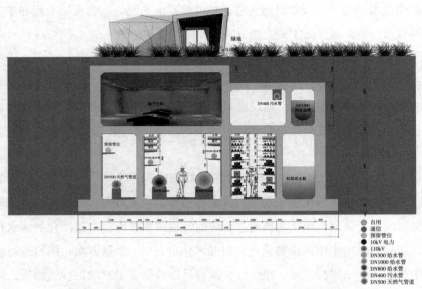

图4-1 玉阳大道（官绍一号河—陈家浜）综合管廊剖面图（mm）

70%~80% 的雨水短时形成径流排放，城市生态系统受到破坏，原有的积存、渗透、净化等功能大幅减弱，湖泊水体污染严重，地下水位明显下降。

松江南站大居综合管廊通过设计一个大的城市海绵管廊系统，可截留雨水总量以百万立方米计，可供绿地浇灌、路面浇洒、河道补水等，对于建设节约用水型城市具有重大示范意义。通过将大量雨水入廊并进行滞蓄，不仅降低了城市的洪涝风险，也大大减少了降雨带来的城市径流面源污染，缓解了城市严峻的水环境问题。

4.3.1 海绵管廊整体规划

海绵管廊建设可以解决目前城市关于水的一系列问题，其核心在于将过去"末端治理"导向的单一城市排水系统改建为以"源头减排、过程控制、系统治理"技术路线为主的绿色化、体系化的城市水系统。

在海绵管廊建设中，当雨水量较小时，在源头部分通过海绵城市建设的地势绿地、透水铺装等设施进行雨水排放；当雨水量较大时，通过管廊内雨水调蓄池等设施进行雨水收集错峰排放；当雨水量超标时，通过管廊内雨水调蓄池连接河道，与河道共同工作，减少城市内涝。雨水收集后经过后续处理，可用于绿地浇灌和路面洒水。

为了适应海绵管廊建设要求，在地块场地平整阶段，应该部分保留现有的水塘、洼地、沟槽，以便滞留地块雨水。地块土方平整面的标高建议低于室外路面 0.8~1m，这样道路便可成为海绵城市建设"田"法的分割带，自然地把各个地块雨水分割和就地滞留。

雨水管线入廊后，可结合海绵城市理念，针对"渗、滞、蓄、净、用、排"措施，展开相应的技术应用：①渗——沿线道路工程设置地势绿地、透水铺装等雨水下渗设施，并与综合管廊雨水舱相连；②蓄——综合管廊雨水舱可作为雨水调蓄的空间；③滞——对雨水舱内调蓄的雨水进行错峰外排，以减轻综合管廊沿线降雨期的排水压力；④净——雨水经收集处理后进行无害排放；⑤用——调蓄的雨水经净化后可供沿线道路与绿化浇洒使用；⑥排——雨水管线入廊，综合管廊成为排水通道。

松江南站大型居住社区综合管廊结合海绵城市理念，利用管廊的结构本体设置独立初期雨水截流舱和雨水调蓄舱，在综合管廊内通过滞留、调蓄、净化等功能，排放地面雨水，促进城市健康水循环。当雨水量较小时，可在源头部分通过海绵城市建设的地势绿地、透水铺装等设施进行雨水源头控制。当雨水量较大时，初期雨水通过雨水井进入雨水流槽，通过设置自动控制阀门进入初期雨水舱内；达到一定水位后，经水泵将初期雨水、市政冲洗废水送至污水处理厂，改片区水环境。当雨水量超标时，通过设定控制阀，自动控制阀门的启停时间，将后期雨水送至周边水系，缓解河道压力，错峰排放，雨水调蓄池与河道共同工作，减轻城市内涝。

综合管廊的竖向占用空间主要指因建设综合管廊导致排水管道无法利用的空间，其大小主要取决于三个方面：①管廊本身的高度。综合管廊本身的高度包含内部净高和上下顶板、底板的厚度。综合管廊标准断面内部净高应根据容纳管线的种类、规格、数量、安装要求等综合确定，不宜小于2.4m。混凝土综合管廊结构主要承重侧壁的厚度不宜小于250mm。因此，综合管廊本身的最小高度为2.9m。②管廊的覆土厚度。综合管廊的覆土厚度应根据地下设施竖向规划、行车荷载、绿化种植及设计冻深等因素综合确定。在管线设计中，一般管道覆土不小于0.7m即认为满足行车、防冻的要求，在南方地区道路绿化的种植土厚度在0.8m左右亦能保证绿化植物的成活，故管廊的覆土厚度取0.7m。③管道与管廊在竖向上的净距。明挖施工及顶管、盾构施工的综合管廊与地下管线交叉时的最小垂直净距，分别为0.5m和1m，按照管廊明挖施工计取，净距取0.5m。综上所述，当综合管廊在排水管道上方敷设时，综合管廊在竖向上占用的最小空间为4.1m；当综合管廊在排水管道下方敷设时，综合管廊至少占用排水管道以下3.4m的空间范围。

入廊雨水应经过预处理措施，即经过净化后再进入雨水舱，降低初期雨水带来的大量泥沙造成管廊淤积的风险，同时可减少雨水管廊的清淤冲洗次数。对于被截留的初期径流应结合海绵城市优先排入植被浅沟、下凹式绿地等生态措施，净化后再排入雨水管网进入雨水管廊。对于没有条件采用生态措施净化的区域可采用设置弃流井、沉砂井等"灰"色设施进行漂浮物拦截、泥沙分离或粗过滤。

对于雨水的用途应结合当地的自身用水要求及雨水的处理经济成本进行综合分析比较，以遵循注重生态、就近回用，"高质高用、低质低用"的原则。如根据国家要求景观补水不允许采用自来水，因此有条件的地方应将雨水作为首要选择；其次绿化用水对水质要求低，用水周期与雨季又较为吻合，因此在雨水较为丰富的情况下应采用雨水进行浇灌，道路冲洗用水量大，水质要求不高，且管廊多位于道路下方，取水方便，也建议采用雨水进行冲洗。回用雨水 CODcr 和 SS 等指标应符合现行国家相关标准，鉴于雨水舱原水为屋面、绿地、道路的混合雨水，原水水质较差，且回用用途一般为景观补水、绿地和道路浇洒，雨水处理工艺流程应根据回收水量、原水水质、回用部位的水质要求等因素进行分析比较。雨水流入调节池后，经潜水泵提升进入沉砂池，去除大块的、密度较大的固体颗粒。然后进入曝气粗滤池，经循环水泵二次提升，由精密过滤设备（具备反冲洗自洁功能）完成处理过程，并将处理后的水送入景观水池、喷泉补水或用于绿化灌溉、道路浇洒。具体工艺流程如图 4-2 所示。

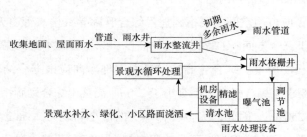

图4-2 景观水循环处理与雨水回用工艺流程图

当雨水舱位于各舱下方时，雨水舱分为左右两室，一侧为排水室，一侧为蓄水室。该种布置方式可减少埋深，并通过合理设计两室结构及设置控制设备，可实现初期雨水在排水室进行弃流，中期较为干净的雨水存储在蓄水室中，适用于地下结构简单，障碍物较少，具有管线深埋条件且下游河道出口标高较低的地段。

鉴于具有调蓄功能的雨水舱设置了雨水回用动力系统，因此通过合理设计还可将该部分控制系统作用于提升雨水，使一些原本需继续加大埋深的节点通过设备提升进行传输，避免下游管廊埋深过大。雨水舱的设计应灵活多变，根据实际情况，作出相应调整，在合理的情况下采用多种方式滞蓄雨水，并加以利用。

雨水管与综合管廊有机结合，沿雨水管线设多个收集站，地面雨水先汇入收集站，将其中相对污浊的初期雨水通过水泵，输送至污水处理厂，相对洁净的雨水则继续沿雨水管线流入大型河流湖泊中，经处理达标的雨水再通过综合管廊内回水管线输送到城市各处，用作景观、绿化、喷洒道路及冲厕用水。

海绵管廊整体规划一般应遵循以下原则：

（1）综合管廊一般随主干道地下布置，应该尽量使道路及综合管廊的走向能够按照与地形的等高线、坡面线一致原则进行布置，这样可满足重力流排水的需要；新型城市的地下综合管廊规划的重点之一是，应该将排水纳入综合管廊内。综合管廊规划应该形成"田"字棋盘形、"丰"字形、"井"字形等平面网络结构，这样才能够充分发挥综合管廊的优势，在综合管廊的建设中必须坚决杜绝不系统、不连续的规划设计。

（2）为了满足浅层管线的穿行和综合管廊交叉节点的局部加高的技术需要，要求所有舱室顶面比道路面至少低 2.5m。

（3）为了满足综合舱有比较多的通风口、吊装口、人员应急进出口等的需要，要求综合舱布置在道路中间的绿化隔离带下方，绿化隔离带宽度不小于 3.5m。

（4）有关专舱布置在人行道下，在与综合管廊及其他专舱的交叉部位进行局部上弯或下沉处理。

（5）对于老城区，现有管线（含排水管线）在地面以下 5m 深度范围内穿行，因此老城区的地下综合管廊应该设置在地下 6m 以下，建议保留老城区的现有排水系统、燃气、蒸汽、110kV 及以上电力系统，将其他管线（包括给水、中水、通信电缆、110kV 以下电力线缆、直饮水、空调水等系统）纳入综合管廊内建设，采用圆形截面或者马蹄形截面，应用顶管、盾构施工法，比较可行合理。

在建设海绵管廊时，需要大量的成本投入，因此需要从整体规划层面入手，对综合管廊的建设进行有效的管理。海绵管廊整体规划既要严格遵守国家所制定的各项建设规范以及技术标准，同时还要充分借鉴国内外海绵城市建设以及综合管廊建设的成果经验，从而实现城市对雨水资源的合理利用，提高城市的排水能力。

4.3.2 海绵管廊排水方式

雨水入廊排水方式受制约的因素较多，但一般应满足以下基本要求：①满足出入点标高要求，即上游管线能接得进来，下游管线能排得出去；②入廊的雨水管线宜为主干管系统，埋深较浅的支管系统不建议入廊；③纳入雨水管线以不大幅增加管廊埋深为前提，同时不增加雨水泵站；④靠近泵站段主干管线宜优先纳入管廊中；⑤入廊雨水管线埋深应满足能布置在管廊中下部的要求；⑥坡度与道路地面坡度相近。

（1）综合管廊收纳雨水一般采用"分段入廊"

重力流雨水管线受上下游系统影响很大，雨水管线入廊需满足一定的条件，主要影响因素有坡度与坡向，以及现状排水系统、规划排水系统、高程系统的设置等。

地势低平且排水（雨水）防涝易受外江外海洪水和潮水高位顶托的城市，在一般情况下以较小的埋深分散就近排放水体。城市地下综合管廊由于覆土要求和廊内管线安全养护的要求，埋设深度相比直埋的市政管线较深，在排水受外围受纳水体顶托的城市中，雨水管道不宜纳入城市地下综合管廊。雨水管线入廊应结合城市地势特点，根据排水系统规划进行布置，同时考虑能否满足现状雨水系统接驳的要求。在确定雨水管线入廊前应对现状雨水系统进行充分调研分析，同时应对区域排水规划进行细致研究，入廊雨水管线的高程系统规划与传统直埋雨水管线区别很大，应结合管线入廊布置方式进行分析，并对雨水管线规划提出意见，形成"反作用"。

当综合管廊沿线需与下穿隧道垂直交叉时，因下穿隧道顶部覆土不足，管廊与隧道相交，局部下沉，以倒虹的方式从隧道下方穿过。为减小雨水堵塞的风险，降低维护管理难度，纳入管廊的雨水管道不宜采用倒虹管。所以雨水一般采用"分段入廊"，即综合管廊并非全线收纳雨水，而是以局部影响雨水排放的管廊段不收纳雨水的方式解决管廊倒虹段雨水排放问题。

因此，在管廊倒虹段内不使雨水管道入廊，已入廊雨水管道可在管廊倒虹段起终点前后接出管廊，并采用直埋敷设。将管线入廊和直埋敷设两种不同的敷设形式进行有机结合，以解决综合管廊局部段的敷设高程不满足雨水排放要求的问题。在排水规划允许的前提下，利用雨水"分段入廊"能够有效解决当管廊穿越障碍物时，廊内雨水管道排水困难的问题，为雨水入廊提供了更多的可能性。

根据市政道路排水规划，雨水管线收集道路沿线及两侧地块的雨水后，沿城市道路两侧车行道敷设，采用重力式自流、就近排放的方式，最终接入现状各过路管涵或河道。为满足流速要求，雨水管线需要一定的埋设坡度。而存在下穿隧道的市政道路沿线交叉口，受道路断面改变以及道路纵坡起伏影响，雨水将无法通过重力排出，需要考虑提升设计，这大大增加了运行和管理费用。因此，松江南站大型居住社区综合管廊雨水管线采用"分段入廊"。

（2）雨水入廊后宜以重力流顺道路坡度设置

当重力流雨水入廊时，管廊内雨水的排向决定了综合管廊的敷设高程和坡向。设计时综合考虑技术合理、维护便捷以及运行费低等因素以确保雨水管道以重力流的方式入廊。

综合管廊应顺道路坡度设置，管廊内的雨水管道也应顺道路坡度排放，并在规划的排水入口/出口处接入/接出管廊，从而在不增加管廊埋深的前提下，保证该区域雨水排水通畅。

重力流排水雨水管线通过坡度自流，川谷型城市中道路起伏较大，管廊敷设可以利用道路坡度，对雨水管线入廊是比较有利的，坡度合适时不会增加管廊埋深，但需注意由于道路坡度过大而造成的雨水管线冲刷问题。平原型城市地势平坦，道路没有可以利用的坡度，排水管线入廊势必造成管廊埋深的加大。同时排水管线在平原型城市规划时坡度一般较小，多采用 0.8‰~2‰ 的坡度，而现行国家标准《城市综合管廊工程技术规范》GB 50838—2015 规定廊内排水沟坡度不小于 2‰，排水管线入廊后，排水管与综合管廊坡度难以吻合，这时可通过排水管道支墩高度变化进行调节或调整管廊坡度与排水管线坡度一致，满足管线入廊坡度的要求。

（3）雨水入廊可利用结构本体或廊内管道传输

解决雨水入廊的首要问题是廊体内采用何种排水形式。一般说来，运输流质的载体有管道及涵体两种，两种载体在工程造价、水力条件上各有特点。

目前在我国，市政雨水管道往往采用重力流。重力流管道敷设简单、易于检修、无需额外动力，是国内排水管道首选。现行国家标准《城市综合管廊工程技术规范》GB 50838—2015 推荐"雨水纳入综合管廊可利用结构本体或采用管道方式"。由于雨水管在地势较平坦的地段易出现淤堵现象，在综合管廊加设雨水管线时，应沿途设置加压泵房或尽量避开这类地段以减少淤堵现象发生的可能。近几年来，压力及真空输水的排水管道在室外给水排水中得到使用。真空雨水管道系统具有无逸散有害气体、高程要求较小等优点，需要安装配套的真空泵等动力设备，系统规模受限，对接管用户也有硬件要求。对于有条件地区，可以考虑采用压力及真空雨水输水管道纳入综合管廊。

对于雨水，采用管廊结构本体输送增加水力面积、提高输水能力，还可以结合调蓄功能，实现海绵城市的"灰绿"结合。但是若将雨水舱放置在燃气舱一侧，应注意燃气舱必须在雨水舱之上，以防雨水舱防水性能不佳导致雨水进入燃气舱引起事故。

对于重力流雨水管线，如果坡度、高程不合理会导致输水不畅，将会引发综合管廊灾难性的事故。因此，雨水管道能否入廊，要视管道高程能否与管廊高程相匹配而决定。根据目前经验，丘陵地区的地形有起有伏，雨水管道高程与管廊高程通常更容易相互匹配，更可能入廊。已建成支管的雨水管道入廊需要优化衔接高程。此外，综合管廊布置有较多节点，大部分节点对雨水管道支管来说属于地下障碍物，这对雨水管道支管接入不利。

由于现实中城市已形成错综复杂且不合理的各种管网，已经存在超负荷运行却又不能中断的情况，因此在这种现状下，新规划建设的管廊必须综合考虑全城市的地下管网系统，建立有预见性、前瞻性的地下综合管廊，建成之后把原有不合理或落伍的管网逐步接入后再行改造原有管网。

雨水入廊可采用管廊结构本体即箱涵式排水，箱涵断面较大，输水坡度较小，相对于管道入廊，在技术上布置相对容易。

4.3.3　初期雨水舱设计

雨水管线入廊一般采用单独设舱形式敷设。单独设舱时只需确保舱底埋深不小于上游接入管埋深，同时不大于下游出口埋深即可。雨水管线入廊断面形式多种多样，主要有管道断面形式、箱涵断面形式、上箱涵下管道断面形式、下箱涵上管道断面形式等。

海绵管廊可以选择性地在综合管廊中设置大小不同的 2 个雨水舱，依次承担初雨收集、雨水调蓄等功能。其中，初雨收集舱可将雨水排至人工湿地或污水处理厂等进行净化，减少了直排河道的污染；雨水调蓄舱则错峰排水，在初雨收集达到峰值后再次收集，用于喷洒或灌溉。

松江南站大型居住社区综合管廊设置初期雨水舱。初期雨水舱负责收集管廊南北两侧各 500m 范围内 5mm 的初期雨水，并通过潜水排污泵排入市政污水系统，满足城市强降雨下综合管廊的调蓄要求。

初期雨水舱，顾名思义就是降雨初期时的雨水收集舱。在降雨初期（一般是指一次降雨过程的前 10~15min 的降水），雨水中溶解了汽车尾气、工厂废气等污染性气体，雨水降落地面后，又由于冲刷沥青混凝土道路、沥青油毡屋面、雨污渠道中积存的污水、污泥及垃圾等，使得雨水中含有大量的有机物、病原体、重金属、油脂、悬浮固体等污染物质。初期雨水舱的设计，有效避免了初期雨水流入附近河道导致水源体受到污染，加强降雨初期的污染防治，保护片区水环境。

在强降雨期间，初期雨水舱结合雨水流槽又起到了蓄水池的作用，通过设定控制阀，自动控制阀门的启停时间，将后期雨水送至周边水系、缓解河道压力，错峰排放，防止区域内涝。松江南站大型居住社区综合管廊初期雨水舱，设计截面积为 $4m^2$，可服务综合管廊道路两侧各 500m 范围地块。

初期雨水舱采用自重流设计，设计横坡 2%，自清淤最小纵坡 1‰，坡向初期雨水舱集水井。初期雨水舱集水井内水位控制在 30cm，超过 30cm 潜水排污泵进行运转，将初期雨水排入污水处理厂。每个集水井内设置两台流量为 $150m^3/h$ 的潜水排污泵，扬程 12m，功率 15kW，转速 1460r/min。利用雨水流槽中未排空雨水对初期雨水舱集水井潜水排污泵进行定期冲洗（图 4-3）。

初期雨水截流舱可实现区域初期雨水最大限度截流，短时调蓄后排至城市污水系统，以减少初期雨水中高浓度污染物直排至城市河网带来的水源污染；上层雨水舱可实现汛期短时贮存雨水，待暴雨过后重力排至附近的河网，缓解城市内涝问题，实现城市"海绵"功能。

4.3.4 雨水调蓄舱设计

新建城市综合管廊工程中可配建雨水调蓄舱，具体配建标准为：每万平方米地下空间面积配建调蓄容积不小于100m³ 的雨水调蓄设施。

松江南站大型居住社区综合管廊原设计考虑雨水舱内使用DN1000排水管道，为了充分利用舱室空间，增大雨水收纳能力，且考虑后期运维、管道寿命、流量及流速等要求，将DN1000排水管道变更为雨水流槽，不仅加大了收纳空间，提高水流量，也解决了后期运维等问题。

雨水、污水舱需满足地下结构二级防水标准，使用C35P8抗渗混凝土满足结构自防水要求；综合管廊位于绿化带下，结构外壁使用（冷粘）高分子自粘胶膜防水卷材（覆膜型）材料满足耐根穿刺要求。

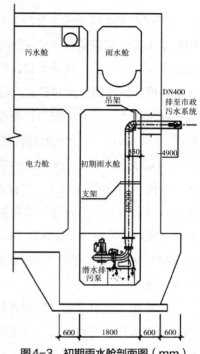

图4-3 初期雨水舱剖面图（mm）

雨水、污水舱内涂2.0mm厚SPU–301聚氨酯防水涂料，防水涂料经固化后形成的防水薄膜具有一定的延伸性、弹塑性、抗裂性、抗渗性及耐候性，能起到防水、防渗和保护作用。雨水、污水舱内防水涂料的设计，不仅加强了防水效果，更起到了雨水、污水加速自流的效果，防水涂料表面比较顺滑，污染物不容易粘壁，防止雨污水舱堵塞。

为保证雨水舱的调蓄能力，应设置排空设施，在暴雨到来之前将雨水舱所存雨水进行排放，避免雨水通过投料口等部位溢流进入其他舱室引发事故。雨水排空时间宜控制在12h内，排空设施主要依靠增设排水泵进行提升排放，对于有条件的区域可采用重力排空。

初期雨水舱、雨水调蓄舱与管廊主体结构形成一体，为钢筋混凝土结构，结构缝的设置和防水处理均与管廊主体相同。壁厚应通过计算确定，但不应小于250mm，以满足地下建（构）筑物防水要求。管廊转弯时应满足转弯半径不小于2.5倍水面宽度的要求，提高管廊内水流的水力条件。初期雨水舱、雨水调蓄舱与管廊本体结构在变形缝处设置钢边橡胶止水带，以防止雨水和地下水渗漏进入管廊舱室。

4.3.5　局部节点设计

（1）检查井

管廊内雨水箱涵检查井的作用有两个：一是用于管涵的检修维护；二是用于连接用户雨水支管和道路雨水口连接管以收集用户和路面雨水。雨水管线入廊后，雨水检查井可与管廊分支口结合布置，检查井建议采用钢筋混凝土井，做法可参考国家标准图集。设置距离结合出线要求，通常为100~120m，在检查井之间的标准段可设置三通加盲板封堵作为日常检修口，沿线间隔一定距离设置闸槽井，当遇紧急事故时可及时切断。同时廊外雨水管线通过检查井与廊内管道接驳，检查井兼有与外界通风功能。

当雨水、污水管线纳入综合管廊时，首先应当满足这些管线的工艺布置和系统要求。按照现行国家标准《室外排水设计标准》GB 50014—2021，污水管线需每隔40m布设一处检查井，雨水管线需每隔120m布设一处检查井。综合管廊为实现各项功能，需设通风口、吊装口、管线分支口等各种节点，且节点长度较长（如示范段通风口长度为30m），对间距也有一定要求。在实际工程中，综合管廊的各种节点常与排水检查井位置冲突。

工程纳入排水管线，检查井数量较多，为满足检查井间距要求，可将检查井与各节点结合布置。工程中通风口节点长达30m，在许多位置皆与检查井冲突。因排水管线均单独设舱，在满足通风口正常人员通行及功能使用的前提下，局部可与通风口结合建设，满足检查井的间距要求。

因雨水箱涵在管廊内的敷设条件比较好，为减少对管廊主体结构的影响，可在满足现行国家标准《室外排水设计标准》GB 50014—2021的前提下，适当放大检查井的设置间距，减少检查井数量。2~3个道路雨水口进行串联后接入管廊检查井，并适当放大雨水口连接管管径。雨水口内设置沉泥槽，减少进入管廊内雨水箱涵的沉积物。

（2）通风系统

在为雨水循环管廊设计通风设施时，应严格遵守相关的技术标准和设计规范，选择机械式通风装置，并要对综合管廊换气通风的次数进行合理的控制。在海绵城市的综合给水排水管廊建设中，要对其他管线进行充分的考虑，协调好给水排水设施与电力、通信、燃气等各个行业管线之间的关系，提高综合管廊的利用率，避免重复建设。

（3）自动控制阀

自动控制阀门设计，有效地收集降雨初期10~15min内的初期雨水；通过雨水舱收集沿线雨水，在降雨开始的10~15min内不打开排放闸门，而是打开与初期雨水舱连接的闸门，将污染较重的初期雨水全部排入下层的初期雨水舱。灵活的自动控制阀门

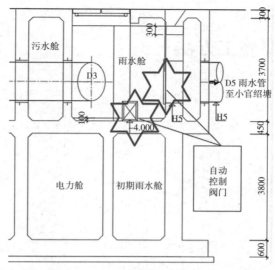

图4-4　自动控制阀门布置图（mm）

使雨水的收集与排放变得合理有效，确保将有害的初期雨水进行收集、输送、处理，同时实现对周边雨水进行调蓄（图4-4）。

地下管廊管道进出开孔设置需要参考施工地点具体情况，一般采用竖井，并应用机械方式进行通风作业；如果管道数目不多，可以使用防水套管进行穿管。吊装孔的安装位置通常根据管廊长度、总弯曲程度确定，两个弯段之间至少安装一个。管廊和其他设施的运维，要求能够方便进行，在每根管道的最低点设置排水设施，并通过设置集水沟的方式应对可能出现的渗水、漏水问题。集水沟深度可以控制在50~120cm，具体深度则根据当地降水量决定。地下设备最好采用金属结构，并保证外表绝缘性和防水性能良好，维护周期不宜超过1个月，可考虑以2周为间隔进行一次全面检查，并在大规模降水前进行重点检查。

（4）雨水出廊节点

雨水管线采用顶部管线进出方法，该做法较好地规避了过去综合管廊交叉节点非常难处理的问题。综合舱与各种专舱采用分离布置的方法，这样既规避了有关介质管道爆裂引起的介质渗透进入相邻舱室的风险，也规避了某个舱室的损坏影响相邻舱室的正常使用的风险。同时，采用舱室分离式做法，还有利于各种小断面的专舱采用工业化预制构件生产安装。

雨水管线利用综合管廊本体，采用流槽形式，通过调整素混凝土高度满足坡度要求。管廊内的排水管线通过检查井与外界相连，根据规划资料在合理位置设置接入接出井，通过预埋钢管实现与排水管线的连接。

第5章
综合管廊主要施工方法

5.1 综合管廊的建设特征

在智慧城市基础建设中，综合管廊是较为重要的组成部分，其建造质量对于城市居民生活提升有着直接的影响。综合管廊工程属于系统性工程，其本身有着土建施工工法较多、附属工程专业较多、入廊管线权属单位较多、周边地块开发影响较多等特征。

（1）土建施工工法较多

从国内已建成的综合管廊来看，地下综合管廊常用的施工方法有明挖现浇法、预制装配法、沉井顶管法和盾构法等。明挖现浇法一般应用于道路的浅层空间，适用于新建城区综合管廊建设；预制装配法则适用于新建大型居住区、现代化工业园区、城市新型功能区等位置的综合管廊建设；沉井顶管、盾构等暗挖法一般适用于穿越特殊地形（河浜或道路等）、城市中心区或深层地下空间中的综合管廊建设。

（2）附属工程专业较多

为确保入廊管线安全，综合管廊内应设置支架系统、供电系统、照明系统、消防系统、排水系统、监控与报警系统、通风系统以及标识系统等附属设施。

（3）入廊管线权属单位较多

综合管廊可收纳给水、电力、通信、再生水、燃气、热力、雨水、污水等各种市政公用管线。近年来，随着我国工程技术的不断发展，珠海市横琴新区综合管廊等设施甚至收容了真空运输管道（垃圾），以及区域性的供热、供冷管线。

（4）周边地块开发影响较多

综合管廊安全控制区：综合管廊建设红线边界两侧各15m范围为综合管廊安全控

制区。综合管廊保护区：综合管廊建设红线边界两侧各3m范围为综合管廊保护区。

组织开展综合管廊环境调查工作。综合管廊主体形成后，处于综合管廊安全控制区或当保护区范围内有新建项目时，管廊建设单位或管理单位应组织相关单位对已建管廊的建设质量现状进行统计与数据收集，并要求新建项目施工全程对管廊进行监测，采取切实保护措施。

5.2 地基基础与围护工程

该工程管廊基坑几乎呈"线型"，须坚持"整体围护，分段开挖"，一次开挖暴露的围护边长不宜超过50m。交叉口区域挖深较深，需分两次开挖，即：先施工交叉口及附属倒虹段，回填后再开挖管廊一般段基坑。施工单位可采取跳仓的方式开挖、施工，跳仓间距不小于150m。

旗亭路双舱断面和白粮路单舱断面综合管廊基坑施工工序：①整平场地，施工围护桩；②开挖至钢支撑底，安装预拼接好的钢围檩及钢管支撑，并施加450kN预应力；③开挖至管廊坑底，及时浇筑垫层至围护边，并施工管廊底板及传力带；④待底板及传力带达到设计强度后，拆除钢支撑，并施工管廊侧板及顶板；⑤施工管廊侧板及顶板达到设计强度后，回填至钢支撑底，拆除钢支撑；⑥回填覆土至管廊设计地面标高后，拔除型钢。

玉阳大道三舱标准段综合管廊基坑施工工序：①整平场地，施工围护桩；②开挖至第一道钢支撑底，安装预拼接好的钢围檩及钢管支撑，并施加450kN预应力；③开挖至第二道钢支撑底，安装预拼接好的钢围檩及钢管支撑，并施加450kN预应力；④开挖至管廊坑底，及时浇筑垫层至围护边，并施工管廊底板及传力带；⑤待底板及传力带达到设计强度后，拆除第二道支撑，并施工管廊侧板及顶板；⑥施工管廊侧板及顶板达到设计强度后，回填至第一道支撑底，拆除第一道支撑；⑦回填覆土至管廊设计地面标高后，拔除型钢。

玉阳大道六舱示范段综合管廊基坑施工工序：①整平场地，施工围护桩；②开槽施工混凝土圈梁和支撑；③待第一道支撑达到设计强度80%后，开挖至第二道支撑底；安装第二道钢管支撑，并施加750kN预应力；④开挖至管廊坑底，及时浇筑垫层至围护边，并浇筑结构底板及素混凝土传力带；⑤待底板达到设计强度后，拆除第二道支撑；施工至中板后，施工钢筋混凝土传力带；⑥待中板及传力带达到设计强度后，拆除第一道支撑；⑦施工至顶板，回填覆土至设计地面标高，拆除换撑并拔除型钢。

交叉口区域基坑施工工序：①整平场地，施工围护桩；②开槽施工混凝土圈梁和支撑；③待第一道支撑达到设计强度 80% 后，开挖至第二道支撑底，并施工第二道混凝土支撑；④待第二道支撑达到设计强度 80% 后，开挖至第三道支撑底，并施工第三道混凝土支撑；⑤待第三道支撑达到设计强度 80% 后，开挖至坑底，及时浇筑垫层至围护边，并浇筑结构底板及传力带；⑥待底板达到设计强度后，拆除第三道支撑，并施工至 B2 板及传力带；⑦待 B2 板及传力带达到设计强度后，拆除第二道支撑，并施工至 B1 板及传力带；⑧待 B1 板及传力带达到设计强度后，拆除第一道支撑，并施工至顶板，回填覆土至设计地面标高。

倒虹基坑施工工序：①整平场地，施工围护桩；②开槽施工混凝土圈梁；③待圈梁达到设计强度 80% 后，安装第一道钢管支撑并施加 800kN 预应力，并依次开挖至第二、三道支撑底，安装第二、三道钢管支撑并施加 1000kN 预应力；④开挖至管廊坑底，及时浇筑垫层至型钢边，并及时施工管廊底板；⑤拆除阻挡管廊施工的钢支撑，施工管廊至顶标高；⑥中砂密实回填至管廊顶及各道支撑底后，拆除该道支撑；⑦回填覆土至管廊设计地面标高后，拔除型钢。

综合管廊本体为地下线性结构，沉降可能造成线性坡度变化，对重力管线会产生影响；此外结构接头或伸缩缝位置可能产生错位，导致结构渗水甚至综合管廊内管线挫扭。松江南站大型居住社区综合管廊位于地质条件较差的淤泥地区，在综合管廊施工过程中，地基先随道路同步进行软基处理（水泥搅拌桩），基坑采用支护明挖方式。根据不同地质条件，施工过程中因地制宜地采用钻孔灌注桩、拉森钢板桩、SMW 工法桩等不同支护方法。

5.2.1 水泥搅拌桩

水泥搅拌桩是软基处理的一种有效形式，将水泥作为固化剂的主剂，利用搅拌桩机将水泥喷入土体并充分搅拌，使水泥与土发生一系列物理化学反应，使软土硬结而提高地基强度，形成具有整体性、水稳定性和一定强度的水泥土桩。水泥搅拌桩按主要使用的施工做法分为单轴、双轴和三轴搅拌桩。

水泥搅拌桩适用于处理淤泥、淤泥质土、素填土、软 – 可塑黏性土、松散 – 中密粉细砂、稍密 – 中密粉土、松散 – 稍密中粗砂和砾砂、黄土等土层，不适用于含大孤石或障碍物较多且不易清除的杂填土、硬塑及坚硬的黏性土、密实的砂类土以及地下水渗流影响成桩质量的土层。此外，拟采用水泥搅拌桩处理地基的工程，除按现行规范规定进行岩土工程详勘外，尚应查明拟处理土层的 pH 值、有机质含量、地下障碍物及软土分布情况、地下水及其运动规律等。

该工程所用双轴水泥搅拌桩为 2ϕ700 型，相互搭接 200mm，采用两喷三搅工艺，标准连续方式施工。具体工艺流程如图 5-1 所示。

搅拌桩施工时，应特别注意以下几点：

（1）水泥搅拌桩施工场地应事先平整，清除桩位处地上、地下一切障碍。搅拌桩施工前必须进行工艺试桩，以掌握适用于该区段的成桩经验及各种操作技术参数。工艺性试桩数量不应少于 2 根。

（2）桩身水泥土 28 天无侧限抗压强度不小于 0.8MPa。搅拌桩采用 P.O42.5 普通硅酸盐水泥，水灰比 1.5~2.0，水泥掺入比 13%，浜填土处增加至 15%。搅拌桩施工机械应配备计量装置。不得使用已经离析的水泥浆液，不同品种、标号、生产厂家的水泥不能混用于同一根桩内。

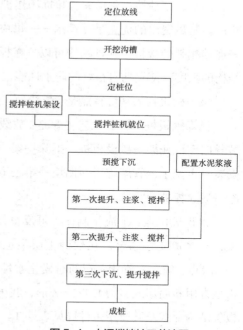

图 5-1 水泥搅拌桩工艺流程

（3）桩身采用一次搅拌工艺，水泥和原状土须均匀拌合，下沉及提升均为喷浆搅拌。为保证水泥土搅拌均匀，必须控制好钻具下沉及提升速度，避免出现真空负压、孔壁塌方等现象。喷浆搅拌时钻头提升速度不宜大于 0.5m/min，钻头搅拌下沉速度不大于 1.0m/min。钻头每钻一圈的提升或下沉量为 10~15mm，额定浆量在桩长范围内应均匀分布。如遇较硬地层下沉速度过慢的情况，可通过中心管压入少量稀浆以润湿土体，加快下沉。

（4）严格控制桩底标高，搅拌头必须沉至设计桩底标高。相邻搅拌桩搭接施工的间歇时间宜小于 2h，并不大于 16h；若大于 16h 应设置冷缝。搅拌桩桩位偏差不大于 20mm，垂直度偏差不大于 1/150。

（5）施工中发现喷浆量不足，应整桩复搅，复喷的喷浆量不小于设计用量。如因停电、机械故障原因导致喷浆中断，应及时记录中断深度，并将钻头搅拌下沉至停浆点以下 0.5m 处，在 3h 内采取补喷措施。补喷重叠段应大于 50cm，超过 12h 应采取补桩措施。当停机时间超过 3h 时，宜先拆卸输浆管路，并对管路进行清洗。

（6）搅拌桩桩身完成养护 4 周以后，方可进行基坑开挖。

5.2.2 拉森钢板桩

拉森钢板桩又叫 U 形钢板桩，在建桥围堰、大型管道敷设、临时沟渠开挖时作挡土、挡水、挡沙墙；在码头、卸货场作护墙、挡土墙、堤防护岸等在工程上发挥重要作用。其最突出的优点是互锁结——每块 U 形钢板桩两边的"U 形突出"设计可以用来连锁相邻的板桩。互锁结构可以（在板桩互锁时）形成一个水密结构从而增加板桩结构的强度，使它拥有很好的防水性能。拉森钢板桩可广泛应用于围堰和泥土支撑。

该类构筑物的基坑特点是：长线型，但基坑深度较浅，地下水位较高。

拉森钢板桩的施工工艺主要是：放线定位→板桩放线定位→挖槽→安装吊机→安装导向定位托架→搭设板桩→拆除托架→挖土→第一道支撑安装→挖土→第二道支撑安装→再挖土→管廊施工→回填→第二道拆除支撑→管廊施工→回填→第一道支撑拆除→拔除板桩→回填。

钢板桩优点：①成品制作，可反复使用；②施工简便；③强度高，刚度小，变形大，与多道支撑结合，在软弱土层中也可采用；④桩与桩之间连接紧密，隔水效果好。缺点：施工有噪声；新的时候止水性尚好，如有漏水现象，需增加防水措施。钢板桩常用断面形式多为 U 形或 Z 形，我国综合管廊施工中多采用 U 形拉森钢板桩。钢板桩结构形式及其适用条件详见表 5-1。

钢板桩结构形式及其适用条件　　　　　　　　　　　　　　　表 5-1

类别	结构形式	使用条件	备注
板桩式	钢板桩	基坑深度 ≤ 11m，能满足降水要求，侧壁安全等级一、二、三级基坑；不宜用于周围环境对沉降敏感的基坑	布置成弧形、拱形，自行止水

由于地质结构复杂，钢板桩打拔施工中常遇到一些难题，常采用如下几点办法解决：

（1）打桩过程中有时遇上大的块石或其他不明障碍物，导致钢板桩打入深度不够，采用转角桩或弧形桩绕过障碍物。

（2）钢板桩杂填土地段挤进过程中受到石块等侧向挤压作用力大小不同，容易发生偏斜，采取以下措施进行纠偏：在发生偏斜位置将钢板桩往上拔 1.0~2.0m，再往下锤进，如此上下往复振拔数次，可使大的石块被振碎或使其发生位移，让钢板桩的位置得到纠正，减少钢板桩的倾斜度。

（3）当钢板桩沿轴线倾斜度较大时，采用异形桩来纠正，异形桩一般为上宽下窄和宽度大于或小于标准宽度的板桩，异形桩可根据实际倾斜度进行焊接加工；倾斜度较小时也可以用卷扬机或葫芦和钢索将桩反向拉住再锤击。

（4）在基础较软处，有时发生施工过程中将邻桩带入现象，采用的措施是把相邻的数根桩焊接在一起，并且在施打桩的连接锁口上涂以黄油等润滑剂减少阻力。

该工程钢围檩采用双拼 HN700×300（HW400×400）型钢。钢围檩安装前宜在地面进行预拼接，支撑长度方向的拼接可采用高强螺栓或焊接。拼接点的强度不低于构件的截面强度，拼接点宜设置在杆件 L/3 处，双拼型钢焊接接头位置须相互错开，错开水平距离为 L/3。钢围檩轴线标高的误差不大于 20mm，轴线的平面位置误差不大于 30mm；钢围檩安装完毕后，应及时检查各节点的连接状况。钢围檩与钢板桩之间的空隙应采用细石混凝土填充密实。

该工程采用 φ609×16 钢管对撑。钢支撑安装前宜在地面进行预拼接，支撑长度方向的拼接可采用高强螺栓或焊接，拼接点的强度不低于构件的截面强度。钢管支撑轴线标高的误差不大于 20mm，轴线的平面位置误差不大于 30mm；钢管支撑安装完毕后，应及时检查各节点的连接状况，符合要求后方可施加预应力；预应力施加的过程中也应检查支撑连接节点，必要时应对支撑节点进行加固。钢支撑安装完毕后对每根施加预应力，预应力应均匀、对称、分级施加，施加完毕后在额定压力稳定后予以锁定。

5.2.3　型钢水泥搅拌桩（SMW 桩）

该类构筑物的基坑特点是：基坑深度较深，一般超过 7m。

SMW 桩利用搅拌设备就地切削土地，然后注入水泥类混合液搅拌形成均匀的挡墙，最后在墙中插入型钢，即形成一种劲性复合围护结构。

SMW 桩优点：止水性好，构造简单，型钢插入深度一般小于搅拌桩深度，施工速度快，型钢可以部分回收、重复利用。缺点：我国上海等城市已有工程实践，但部分偏远地区尚未使用。

SMW 桩的工艺流程如图 5-2 所示。

该工程插入型钢采用 HN700×300 型钢。

施工中需注意：

（1）若 H 型钢插放达不到设计标高时，则采取振动锤辅助下沉，使其插到设计标高，下插过程中始终用线锤跟踪控制 H 型钢垂直度。若仍然无法达到设计标高，则提升后重新搅拌喷浆再下沉。

（2）为便于 H 型钢回收，型钢外涂减摩剂后插入水泥搅拌桩，结构强度达到设计要求后起拔回收。H 型钢与混凝土圈梁之间应采用油毡隔离。

（3）浇筑压顶圈梁时，H 型钢挖出并清理干净露出部分 H 型钢表面的水泥土后，在施做圈梁钢筋前，埋设在圈梁中的 H 型钢部分腹板和翼板两侧必须用牛皮纸隔离材

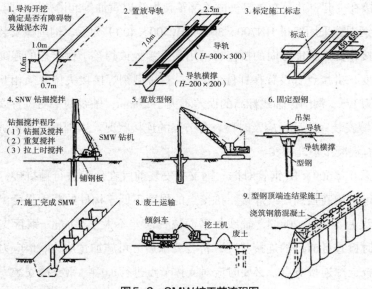

图5-2 SMW桩工艺流程图

料将其与混凝土隔开，并用 U 形粗铁丝（>8#）固定好牛皮纸隔离材料，为便于后期 H 型钢拔出，H 型钢必须超出浇混凝土圈梁 500mm 左右。

（4）型钢定位误差：垂直于基坑边线方向小于 10mm，平行于基坑边线方向小于 50mm，转角误差不大于 3°；型钢长度误差不大于 10mm；型钢底标高误差不大于 30mm。

（5）型钢宜在搅拌桩施工结束后 30min 内插入，并宜依靠自重插入；相邻型钢焊接接头位置应相互错开，竖向错开间距不小于 1m。

（6）型钢拔出回收应在围护墙体和地下结构外墙之间建筑空隙回填密实后进行，拔出后的空隙应及时灌注水泥浆液填充。

5.2.4 钻孔灌注桩

该类构筑物的基坑特点是：基坑深度较深，一般超过 7m。

钻孔灌注桩优点：刚度大，可用在深大基坑；施工对周边地层、环境影响小，成孔时噪声低，可用于城区施工。缺点：需降水或和止水措施配合使用，如搅拌桩、旋喷桩等。钻孔灌注桩的工艺流程如图 5-3 所示。

在钻进操作中严格掌握以下几点：

（1）钻进前，应先开泵在护筒内灌满泥浆，然后开机钻进。钻进时应先轻压、慢转并控制泵量，进入正常钻进后，逐渐加大转速和钻压。当正常钻进时，应合理控制钻进参数，及时排渣。操作时应掌握好起重滑轮组钢丝绳和水龙带的松紧度，减少晃动。当在易塌方地层中钻进时，应适当加大泥浆密度和粘度。当加接钻杆时，应先将钻具提离孔底 0.2~0.3m，待泥浆循环 2~3min 后，再拧卸接头加接钻杆。钻进中遇异常情况，应停机检查，查出原因，进行处理后方可继续钻进。备用足够的泥浆，一旦发现孔内漏浆及时补充，直到满足压差要求。

（2）为防止塌孔，现场钻孔操作人员应仔细检测泥浆比重及粘度，不同地层必须按要求进行相应调整；在淤泥和粉砂层中要以低速钻进；钻进过程中出现轻微塌孔，及时调整泥浆性能，继续缓慢钻进，并加强观测；钻进及成孔后出现较大规模塌孔，如钻头被埋住，要求缓慢旋转提钻、拆钻，超声波检测仪探明坍孔位置，观测一段时间后，检查孔壁的稳定性，如没有发展，则调整泥浆性能，重新钻进；否则必须用黏土填孔，待自然沉降稳定后，重新钻进。

（3）清孔应分两次进行。第一次清孔应在成孔完毕后利用钻具直接进行，将钻头提起距孔底约 20~30cm，输入泥浆循环清孔，钻杆缓慢回转上下移动。清孔时间控制在 15~30min。

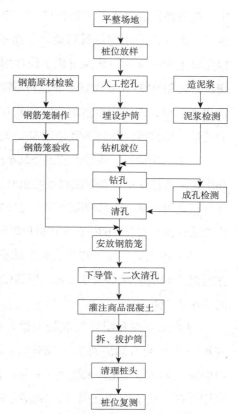

图 5-3　钻孔灌注桩工艺流程图

（4）钢筋笼安装：深度应符合设计要求，其允许偏差 ±100mm。安装符合要求后，将钢筋笼吊筋进行固定，以使钢筋笼定位，避免灌注混凝土时钢筋笼上拱。

（5）钢筋笼和导管安放完毕后，灌注水下混凝土前，测量出的沉渣厚度不得大于 100mm。若沉渣超标，立即组织劳力和机具利用导管输入泥浆正循环进行第二次清孔。第二次清孔利用导管输入泥浆循环清孔，清孔后泥浆要求：清孔后泥浆相对密度 ≤ 1.15；泥浆粘度 18″~22″，沉淀厚度要求 ≤ 100mm。清孔后，要进行孔位和孔深检验；孔径、孔形和倾斜度采用外径为钻孔桩钢筋笼直径加 100mm（不得大于钻头直径）、长度为 4~6 倍外径的钢筋检孔器吊入钻孔内检测。桩位偏差不大于 d/12（桩身）；垂直度偏差不大于 1/200；扩颈不大于 100mm。

（6）清孔后 30min 内灌注混凝土。漏斗颈部悬吊一木塞球，开始时往漏斗中先储存一盘砂浆然后再倒入混凝土，灌注首批混凝土保证导管埋入深度不小于 1.0m。漏斗装满混凝土后砍断球塞吊绳，混凝土通过导管从管底流出并将导管下端包于混凝土中，随着灌注混凝土的工作的进行，应徐徐将导管向上提升，保证导管埋入混凝土的深度。灌注混凝土应一气呵成，中途不宜停止，并尽可能缩短拆除导管的间隔时间，以免发生断桩现象。灌注过程中经常用测深锤探测孔内混凝土面位置，及时调整导管埋深，控制在 3~10m 为宜。灌注桩混凝土强度等级 C30，水下浇筑时，混凝土强度等级提高一级，即采用 C35 施工。保护层厚度 40mm。混凝土初凝时间为正常灌注时间的两倍。单桩灌注时间不宜超过 8h。充盈系数为 1.1~1.3。

（7）为确保桩顶质量，桩顶浇筑至围檩顶标高处，浮杂厚度约 500mm，以保证桩顶和围檩的连接质量。在灌注将近结束时，应核对混凝土的用量，以确定所测混凝土的灌注高度是否正确。全部混凝土灌注完成后，拔除钢护筒，清理场地。灌注完成后，桩孔应覆盖或在四周设置围栏，并在桩位附近作好警示标志，防止发生意外事故。

（8）正式施工前，宜试成孔，试成孔为 2 根。宜采用正循环成孔，成孔完毕至灌注混凝土间隔时间不大于 24h。相邻成孔施工的安全距离不应小于 4d，或最少间隔时间不小于 36h。

混凝土支撑和圈梁的混凝土设计强度等级为 C35，钢筋的保护层厚度为 30mm。支撑施工质量检测应符合下列要求：钢筋混凝土支撑截面尺寸允许偏差为 +20mm、–10mm；支撑标高允许偏差为 20mm；支撑轴线平面位置允许偏差为 30mm；纵向钢筋采用焊接，接头应相互错开，焊接接头连接区长度为 10d，同一连接区段内纵向受拉钢筋接头数量不大于 50%；灌注桩主筋伸入圈梁 700mm。

圈梁及支撑的总体施工顺序为：定位放灰线→夯实找平→支底膜→弹中线→绑扎钢筋→支侧模→浇捣混凝土。

5.2.5　高压旋喷桩

高压旋喷桩，是以高压旋转的喷嘴将水泥浆喷入土层与土体混合，形成连续搭接的水泥加固体，适用于处理淤泥、淤泥质土、流塑、软塑或可塑黏性土、粉土、沙土、黄土、素填土和碎石土等地基。当土中含有较多的大粒径块石、坚硬黏性土、含大量植物根茎或有过多的有机质时，对淤泥和泥炭土以及已有建筑物的湿陷性黄土地基的加固，应根据现场试验结果确定其适用程度，并通过高压喷射注浆试验确定其适用性和技术参数。对基岩和碎石土中的卵石、块石、漂石呈骨架结构的地层，地下水流速过大和已涌水的地基工程，由于地下水具有侵蚀性，应慎重使用。高压喷射注浆法可用于既有建筑和新建建筑的地基加固处理、深基坑止水帷幕、边坡挡土或挡水、基坑底部加固、防止管涌与隆起、地下大口径管道围封与加固，以及地铁工程的土层加固或防水，水库大坝、海堤、江河堤防、坝体坝基防渗加固，构筑地下水库截渗坝等工程。

高压旋喷桩优点：施工占地少、振动小、噪声较低。缺点：容易污染环境，成本较高，对于特殊的不能使喷出浆液凝固的土质不宜采用。

其工艺流程如图5-4所示。

在施工过程中，需要控制以下几方面：

（1）场地表层为现状农田或荒地，用石灰划出处理区范围。然后用挖掘机将厚度约1m的表土挖除，达到清除表层障碍物的目的。开挖清障后处理区必须压实。

（2）每天成桩结束后，输浆管路应清洗干净，严防水泥浆结块，灰浆泵应定期拆开清洗，注意保持齿轮减速箱内润滑油的清洁。

（3）施工全过程应有专人进行记录，深度记录误差不得大于50mm，时间记录误差不得大于5s，

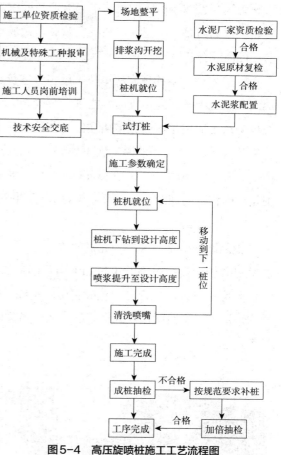

图5-4 高压旋喷桩施工工艺流程图

对桩位、搅拌深度、桩顶标高、停浆面、施工日期、开钻时间、开始注浆时间、注浆结束时间、钻机钻速、钻进和提升速度、水泥浆水灰比和水泥用量，及施工中发生问题的处理情况作好记录，若有未达到要求的情况，也应作好记录，根据其位置和数量，应采取补桩或加强邻桩等措施。

5.3 综合管廊主体结构工程

目前，地下综合管廊按土建施工建造技术主要包括明挖现浇法、预制装配法、沉井顶管法以及盾构法等。

（1）明挖现浇法

明挖现浇法主要用于软土地质、浅埋地层的综合管廊。在科学划分流水作业段，在合理配置工料机等资源的情况下，施工速度较其他工法要快。为提高空间利用率、

入廊管线布置和今后管线维修扩容方便，明挖现浇法综合管廊断面形式一般采用矩形断面。根据需要，明挖现浇法综合管廊可做成单跨或多跨、单层或多层矩形断面。目前，国内综合管廊建设基本上以矩形结构断面为主。

一般来说，明挖现浇法单位长度工程造价较其他工法要低，但其往往需采取地基加固和基坑围护等施工临时性措施，可能会大面积破坏道路及周边构筑物。因此，明挖现浇法更适用于新建城市居住区与其他市政工程（道路、地下空间开发等）的综合管廊建设。从造价上来说，软土地质下的综合管廊建设，全线基坑围护费用占比较高，一般达到40%以上。在保证基坑安全、周边构筑物安全的前提下，明挖现浇法应根据综合管廊的埋深、截面尺寸等对基坑围护进行设计优化，降低建设成本。

（2）预制装配法

预制装配法是一种较为先进的施工方法，在发达国家较为常用。采用这种施工方法要求有较大规模的预制工厂和大吨位的运输及起吊设备，同时施工技术要求较高，工程造价相对较高。青岛蓝色硅谷道路下综合管廊（图5-5）和沈阳浑南新城综合管廊均采用了矩形断面预制综合管廊，厦门则采用了圆形（图5-6）、异形断面预制综合管廊。

图5-5 矩形断面管廊图片

图5-6 圆形断面管廊图片

在夏短冬长的寒冷地区里，施工工期紧张，综合管廊的建设需要一种工期短、整体性好、断面易变化的修建方法。装配整体式综合管廊利用装配整体式混凝土技术将预制混凝土构件或部件通过可靠的方式进行连接，现场浇筑混凝土或水泥基灌浆料形成整体的综合管廊。其中各部分预制、叠合构件均可根据情况采用现场浇筑构件进行任意替换。装配整体式混凝土技术的应用成功解决了高寒地区综合管廊建设的难题，大大缩短了综合管廊的施工工期。

（3）沉井顶管法

当覆土厚度大于 6~8m 时，综合管廊建造可采用沉井顶管法或盾构法，断面形式一般为直墙拱形或马蹄形。沉井顶管法对地面环境影响较小，可有效避让河流、道路、铁路等障碍物，并作为明挖现浇法或预制装配法综合管廊的补充施工工法。顶管作业采用边顶进、边开挖、边将综合管廊管节接长的敷设方式。

2016 年 8 月 19 日，包头市新都市区经十二路和经三路综合管廊，首段工程顶管机始发。该项目是我国首次应用矩形顶管技术的综合管廊工程，顶管施工共设计 2 座工作井和 2 座接收井，工作井尺寸为 10m×10m×10.9m，综合管廊顶进长度为 174m。

（4）盾构法

盾构法具有地下推进时可控制地面沉降、减小对交通与环境的影响、自动化程度高、施工速度快、不受气候影响等特点，适用于繁华城区的综合管廊建设。当遇到穿越河流、道路、铁路及一般明挖现浇法施工较困难的情况时，可采用圆形盾构技术。在圆形断面中，对综合管廊进行合理的空间结构分舱，用以敷设各类市政公用管线。日本日比谷综合管廊开工于 1989 年，该工程采用 7.5m 的泥水式盾构。2009 年 8 月，天津市穿越海河的盾构隧道工程——海河综合管廊主体结构完工，横跨海河上空的各类管线全部从综合管廊穿过。

采用盾构法施工，其结构形式多以圆形为主，但圆形断面会使空间利用率降低很多。矩形断面具有空间利用率高、结构分舱容易、入廊管线敷设和维修方便等优点。2015 年 10 月 12 日，上海建工集团自主研发了宽 9.75m、高 4.95m 的超大截面矩形盾构机。相比传统的圆形盾构，矩形盾构技术可使综合管廊埋深更浅、坡度更小，空间利用率提升 20% 以上。因此，今后国内综合管廊建设应优先考虑矩形盾构技术。

松江南站大型居住社区综合管廊一期工程主要采取明挖现浇、预制装配、沉井顶管三种施工工法，其中以明挖现浇法为主。明挖现浇法主要用于施工场地条件一般且周边构筑物较少的工况；预制装配法主要用于施工场地较好、结构简单、基坑深度相对较浅的标准综合管廊断面，以单舱管廊为宜；沉井顶管法主要用于施工场地受道路、河流等客观因素制约，不宜采用明挖现浇或预制装配法的工况。

5.3.1 明挖现浇法

明挖现浇法为最常用的综合管廊建设施工方法。这种施工方法的施工流程是：开挖基坑→浇筑垫层→绑扎底板及侧墙钢筋→侧墙模板→浇筑底板及侧墙施工缝以下混凝土→顶板模板→浇筑侧墙施工缝以上及顶板混凝土。模板采用这种施工方法可以大面积作业，将整个工程分割为多个施工标段，以便于加快施工进度。同时这种施工方法技术工艺成熟，施工质量能够得以保证。

其缺点是钢筋模板工作量较大，工期较长，同时由于模板或施工质量对混凝土成品外观及内在质量影响较大，有些项目因混凝土振捣不密实或养护不到位引起的结构渗水情况也比较严重。由于不重视施工缝的施工质量，施工缝施工质量不到位而引起的渗水情况比较普遍。

1. 施工程序与工艺流程

因综合管廊施工长度较长，故在施工时以 20~30m 为一个施工单元，其施工流程为：

施工前准备→测量放样→基坑开挖→地基处理（褥垫层）→浇筑垫层混凝土→综合管廊底面防水处理→架设底板模板及底层钢筋→底板钢筋混凝土浇筑→架设墙身及顶板模板、钢筋→墙身及顶板钢筋混凝土浇筑→墙身及顶板防水处理→基坑回填。

1）钢筋工程

（1）钢筋加工

①钢筋加工由专人进行抽样配筋，配筋单必须经过技术负责人审核，现场总工技术部门审批，才能允许下料加工。

②钢筋加工成型严格按现行国家标准《混凝土结构工程施工验收规范》GB 20204—2015 和设计要求进行，现场建立严格的钢筋生产安全管理制度，并制定节约措施，降低材料消耗成本。

（2）钢筋安装

①采用焊接接头的钢筋，焊接长度单面焊不得小于 10d，双面焊不得小于 5d。焊接接头应符合现行国家标准《混凝土结构设计规范》（2015 年版）GB 50010—2010 相关规定要求。受力钢筋接头的位置应错开，同一连接区内钢筋接头数量不应大于总数量的 25%。

②钢筋遇到孔洞时，应尽量绕过，不得截断。若必须截断，应与孔洞口加固筋焊接锚固。

③钢筋的锚固长度、搭接长度应符合国家规范和设计要求，操作工人须持证上岗。

④钢筋采用扎丝绑扎，节点可间隔绑扎，绑扎牢固。

⑤做好预埋件安装，安装位置准确无误，牢固稳定，不易位移。

⑥管廊施工时，预埋好人孔、气孔等洞口预埋钢筋。

（3）钢筋保护层控制

钢筋保护层按照施工图纸要求的厚度，采用 M30 水泥砂浆预制垫块，垫块要垫稳，布置间距为 1m，呈梅花形布置，钢筋绑扎施工完毕后禁止在钢筋上踩踏，以防止钢筋受力过重导致变形或垫块损坏。

（4）钢筋验收

钢筋制作安装完成后，经自检合格，上报相关单位进行隐蔽验收，验收合格后进入下道工序施工。其各项允许偏差及各项检验方法列表见表5-2、表5-3。

钢筋加工的允许偏差值表　　　　　　　　　　　　　　　　表5-2

项目	允许偏差值（mm）
受力钢筋沿长度方向全长的净尺寸	±10
弯起钢筋的弯折位置	±20
箍筋的内净尺寸	±5

钢筋安装位置的允许偏差和检验方法表　　　　　　　　　　表5-3

项目			允许偏差（mm）	检验方法
绑扎钢筋网	长、宽		±10	钢尺检查
	网眼尺寸		±20	钢尺量连续三档，取最大值
绑扎钢筋骨架	长		±10	钢尺检查
	宽、高		±5	钢尺检查
受力钢筋	间距		±10	钢尺量两端、中间各一点
	排距		±5	取最大值
	保护层厚度	基础	±10	钢尺检查
		柱、梁	±5	钢尺检查
		板、墙、壳	±3	钢尺检查
绑扎箍筋、横向钢筋间距			±20	钢尺量连续三档，取最大值
钢筋弯起点位置			20	钢尺检查
预埋件	中心线位置		5	钢尺检查
	水平高差		+3.0	钢尺和塞尺检查

2）模板工程

模板工程是保证混凝土施工质量，加快工程施工进度的关键环节之一，因此，结合工程特点、规模，选择适宜的模板及支撑体系，是模板工程施工必须考虑的主要因素。模板及其支撑体系必须具有一定的强度、刚度和稳定性，能可靠承受新浇筑混凝土的自重、侧压力及施工过程中所产生的荷载。

（1）模板选择

顶模采用胶合板进行拼装，拼装时注意木模与木模的补缝。管廊顶板支架采用满堂支架，顶板板面铺完后，对细部的节点进行修补处理，要保证平整、严密、牢固，特别是接头部位板周边。

管廊壁模采用大块胶合板，使用一次性止水拉杆对拉固定，布置间距为 61cm×62cm，呈梅花型布置，拉杆长度为 $d+45$cm 的 ϕ14 圆钢（d= 墙壁厚度）。当混凝土强度达到规范要求强度后方可拆除模板及支撑。侧壁模板加固如图 5-7 所示。

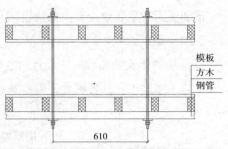

模板
方木
钢管

610

图 5-7　侧壁模板加固示意图（mm）

（2）顶板满堂支架

顶板支模搭设满堂碗扣支架，支架布置为 90（60）cm（横向）×90cm（纵向）×90cm（步距），在顶托上铺设 10cm×10cm 方木作为纵向分配梁，间距与横向立杆间距相同；接着在纵向分配梁上按 30cm 间距铺设横向 8cm×8cm 方木，根据放样出的中线铺设 δ =12mm 的胶合板作为底模；支架立杆和横杆均采用碗扣式支架，材料壁厚 2.7mm，外径 ϕ48mm；上下托均采用 60cm 高可调式上下托；剪刀撑采用外径 ϕ48mm 普通钢管，壁厚 2.5mm。板拼缝采用夹双面胶带或涂抹玻璃胶的方法进行封堵，以防漏浆。顶板模板经监理检查验收后，绑扎顶板钢筋。

（3）模板安装的技术要求

①操作人员在作业前必须充分熟悉图纸，了解设计意图，严格按施工规范、操作规程进行作业，并掌握基础和结构的轴线、标高、各部位尺寸和技术要求等，根据工程结构特点和施工条件，还应熟悉模板工程的施工方案及模板配置图等。

②模板安装前应仔细检查各类模板配置是否完好、齐备，是否已刷脱模剂。

③模板安装前应根据图纸仔细检查作业部位的位置尺寸、规格、标高和上道工序质量以及钢筋放置是否正确。

④模板安装完毕后，应全面检查模板的各种尺寸数据是否符合图纸要求以及模板的支撑情况是否牢固、不松动，符合质量要求，以保证在混凝土浇筑过程中，模板有足够的刚度和稳定性。

⑤安装模板中应采取有效措施，防止出现模板使用中常发生的位移、跑模、模板间隙大等质量通病。模板安装允许偏差见表 5-4。

⑥模板工长在作业过程中，应经常组织有针对性的自检自查，防止发生质量问题，对有不符合质量要求的应立即采取纠正措施。

⑦模板安装时还应注意选用合理的隔离剂，隔离剂的选用应考虑脱模容易，不污染构件表面，对混凝土及钢筋无损害。

模板安装允许偏差表　　　　　　　　表 5-4

项目		允许偏差（mm）
轴线位置	基础	10
	墙板、管、拱	5
相邻两板表面高低差	刨光模板、钢板	2
	不抛光模板	4
表面平整度	刨光模板、钢模	3
	不抛光模板	5
垂直度	墙、板	0.1% H，且不小于 6
截面尺寸	基础	+10、-20
	墙、板	+3、-8
	管、拱	不小于设计断面
中心位置	预留管、件及止水带	3
	预留空洞	5

注：H 为墙的高度（mm）。

3）混凝土工程

该工程结构混凝土强度等级为 C30 防水混凝土，抗渗等级 P6，混凝土中最大氯离子含量应小于 0.1%，最大碱含量应小于 3.0kg/m³。

浇筑混凝土前，应将预埋件按图预先埋设牢固，防止混凝土浇筑时松动。安装附属设备以前，预埋孔洞应事先留出，不得事后敲凿。

该工程采用商品混凝土，采用汽车泵进行浇筑，必须在混凝土工程施工前完成原材料取样送检及配合比实验。

（1）混凝土振捣

①当混凝土底板浇筑时，混凝土从顶板墙口处灌入，混凝土自然流动到底板观察口（振捣口），利用振捣棒在振捣口进行振捣，振捣要做到振捣布置均匀，快插慢拔，快插是为了防止先将表面混凝土振实与下层混凝土发生分层、离析现象，慢拔是为了使混凝土填满振动棒抽出所造成的空洞。

②当混凝土浇筑墙、顶板部分时，浇筑与振捣应密切配合，第一层混凝土下料速度应减慢，待混凝土充分振实后再继续进行，应注意振实，混凝土表面应在初凝前用木杠刮平，并用木抹子搓毛。

（2）混凝土养护

①养护时间应根据温度情况，分程度进行调整。

②墙柱浇筑 8~12h 之内开始养护，待拆模后涂混凝土养护剂予以养护。当温度低于 –5℃时，应覆盖草垫或薄膜养护。

③养护时间不得小于 14 天。

2. 质量保证措施

施工质量保证措施是施工质量保证体系的具体落实，其主要是对施工各阶段及施工中各控制要素进行质量上的控制，从而达到施工质量目标的要求。

施工阶段性的质量控制措施主要分为三个阶段，即事前控制阶段、事中控制阶段、事后控制阶段，并通过这三个阶段来对该工程施工进行有效的阶段性质量控制。

1）事前控制阶段

事前控制是在正式施工活动开始前进行的质量控制，是先导。主要有：

（1）建立完善的质量保证体系、质量管理体系，编制《质量保证计划》，规定现场的各种管理制度，完善计量及质量检测技术和手段。

（2）对工程项目施工所需的原材料、半成品、配构件进行质量检查和控制，并编制相应的检验计划。

（3）进行设计交底、图纸会审等工作，并根据该工程特点确定施工流程、工艺及方法。

（4）对该工程将要采用的新技术、新结构、新材料、新工艺均要审核其技术审定书及运用范围。

（5）检查现场的测量标桩、建筑物的定位线及高程水准点等。

2）事中控制阶段

事中控制是在施工过程中进行的质量控制，主要有：

（1）完善工序质量控制，把影响工序质量的因素都纳入管理范围，及时检查和审核质量统计分析资料和质量控制图表，抓住影响质量的关键问题并进行处理和解决。

（2）严格工序间交换检查，做好各项隐蔽验收工作，加强交检制度的落实，对达不到质量要求的前道工序绝不交给下道工序施工，直至质量符合要求。

（3）对完成的分部分项工程，按相应的质量评定标准和办法进行检查、验收。

（4）审核设计变更和图纸修改。

（5）如施工中出现特殊情况，例如隐蔽工程未经验收而擅自封闭、掩盖或使用无合格证的工程材料，或擅自变更替换工程材料等，项目总工程师有权向项目经理建议下达停工令。

3）事后控制阶段

事后控制是指对施工过的产品进行质量控制，是弥补。

（1）主要有：按规定的质量评定标准和办法，对完成的单位工程、单项工程进行检查验收；

（2）整理所有的技术资料，并编目、建档；

（3）在保修阶段，对该工程进行维修。

3. 混凝土工程质量通病及保护措施

1）混凝土工程质量通病

（1）蜂窝

产生原因：振捣不实或漏振；模板缝隙过大导致水泥浆流失，钢筋较密或石子相应过大。

预防措施：按规定使用和移动振动器。中途停歇后再浇筑时，新旧接缝范围内要小心振捣。模板安装前应清理模板表面及模板拼缝处的粘浆，才能使接缝严密。若接缝宽度超过2.5mm，应予填封，钢筋过密时应选择相应的石子粒径。

（2）露筋

产生原因：主筋保护层垫块不足，导致钢筋紧贴模板；振捣不实。

预防措施：钢筋垫块厚度要符合设计规定的保护层厚度；垫块放置间距适当，当钢筋直径较小时垫块间距宜密些，使钢筋自重挠度减少；使用振动器必须待混凝土中气泡完全排除后才能移动。

（3）麻面

产生原因：模板表面不光滑；模板湿润不够；漏涂隔离剂。

预防措施：模板应平整光滑，安装前要把粘浆清除干净，浇捣前要对模板浇水湿润，并满涂隔离剂。

（4）孔洞

产生原因：在钢筋较密的部位，混凝土被卡住或漏振。

预防措施：对钢筋较密的部位应分次下料，缩小分层振捣的厚度；按照规程使用振动器。

（5）缝隙及夹渣

产生原因：施工缝没有按规定进行清理和浇浆。

预防措施：浇筑前对施工缝重新检查，清理杂物、泥沙、木屑。

（6）墙底部缺陷（烂脚）

产生原因：模板下口缝隙不严密，导致漏水泥浆。

预防措施：模板缝隙宽度超过2.5mm应予以填塞严密；模板下方采用粘贴密封条或者采用砂浆找平层找平，然后支设模板。

（7）混凝土表面不规则裂缝

产生原因：一般是淋水保养不及时，湿润不足，水分蒸发过快；厚大构件温差收缩，没有执行有关规定。

预防措施：混凝土终凝后立即进行淋水保养；高温或干燥天气要加麻袋草袋等覆盖，保持构件有较久的湿润时间。厚大构件参照大体积混凝土施工的有关规定。

（8）缺棱掉角

产生原因：投料不准确，搅拌不均匀，导致局部强度低；拆模板过早，拆模板方法不当。

预防措施：指定专人监控投料，投料计量准确；搅拌时间要足够；拆模应在混凝土强度能保证其表面及棱角在拆除模板不受损坏时方能拆除；拆除时对构件棱角应予以保护。

（9）钢筋保护层垫块脆裂

产生原因：垫块强度低于构件强度。

预防措施：垫块强度不得低于构件强度，并能抵御钢筋放置时的冲击力。

2）混凝土工程成品保护措施

（1）在浇筑混凝土过程中，为了防止钢筋位置的偏移，在人员主要通道处的钢筋上铺设跳板，操作工人站立在跳板上，避免直接踩踏钢筋，保证位置准确性。

（2）拆模时，对各部位模板要轻拿轻放，注意钢管或撬棍不要划伤混凝土表面及棱角，不要使用锤子或其他工具剧烈敲打模板面。

（3）已拆除模板及其支架的结构，应在混凝土达到设计强度后，才允许承受全部计算荷载。施工中不得超载使用，严禁堆放过量建筑材料；当所承受的施工荷载大于计算荷载时，必须经过核算加设临时支撑。

5.3.2 预制装配法

综合管廊预制装配法即将管廊结构拆分为单个管节或若干预制管片，在预制工厂浇筑成型后，运至现场拼装，通过特殊的拼缝接头构造，使管廊形成结构整体，达到强度和防水性能要求。

综合管廊预制装配法是一种较为先进的施工方法，在发达国家较为常用。预制拼装法总体来说具有如下优越性：①施工周期短，构件制作工厂化，现场装配速度快；②结构质量好，混凝土工程质量控制严格；③对周边环境影响小，且能保证生产安全。

目前，地下综合管廊主要采用明挖现浇法施工，但在"绿色建造"的大背景下，以及劳动力价格的大幅上涨等因素的影响下，综合管廊预制装配技术也陆续登上舞台。而对于工程建设是否采用预制装配技术工艺以及采用哪种预制装配方式，与施工的工期要求、管廊的断面、施工现场周边场地情况、预制工厂的运距、工程投资等均有关系。

预制装配式综合管廊具有工业化水平高、减少现场湿作业量、便于冬季施工等优点，保证了施工作业环境的整洁，避免了对周边环境的污染。以松江某综合管廊工程为例。该项目总长为 7.425km，总投资约 11 亿元，综合管廊布置在玉阳大道、旗亭路、白粮路机非分隔带及非机动车道下方。为响应《国务院办公厅关于推进城市地下综合管廊建设的指导意见》（国办发〔2015〕61 号）的号召，经研究，该工程选定在白粮路单舱断面综合管廊处开展综合管廊预制装配试点示范工作。

白粮路综合管廊长 0.7km，单舱，拟容纳的管线包括 10kV 电力电缆、信息通信、给水等，采用混凝土全预制整节段拼装，每节长度为 2m。混凝土全预制装配式综合管廊顶底板厚为 250mm，侧壁厚为 250mm；混凝土设计强度 C50，抗渗等级 P6，垫层混凝土为 C20，钢筋为 HRB400E 级；所用预埋件均采用镀锌处理，净空尺寸为 H × B × L=2.8m × 3.0m × 2m（图 5-8）。

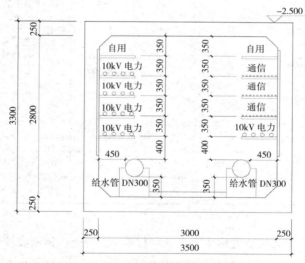

图5-8 预制装配式综合管廊横断面布置图（mm）

1. 预制装配式综合管廊分类

目前，预制装配式综合管廊按材质分类如图 5-9 所示。

现阶段，混凝土预制装配式综合管廊使用较为广泛，施工工艺也相对较成熟；钢制波纹管作为一种新型预制装配式综合管廊也已进入市场，钢制波纹管综合管廊结构受力均匀，施工速度快，能降低钢铁行业过剩产能。综合管廊各种预制装配结构整体性、防水性能等有所差异，项目前期方案比选要结合断面大小、施工场地环境等因素，进行技术经济分析后，选出与该工程实际状况相符的施工工艺（表 5-5）。

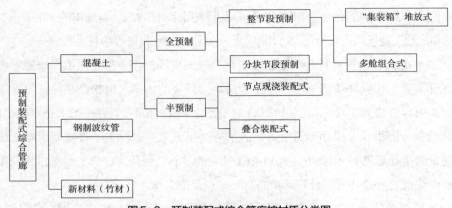

图5-9 预制装配式综合管廊按材质分类图

各种预制装配式综合管廊特点对比表 表 5-5

综合管廊类型	构件重量	支架及模板工程量	现场湿作业量	结构整体性	防水性能	适用性
整节段预制	重	少	少	好	好	截面较小，单、双舱断面
分块节段预制	较轻	少	少	较好	较好	中、小断面
多舱组合式	较重	少	少	纵向好横向较好	好	各舱截面较小，可实现多舱、多层断面
叠合装配式	轻	较少	多	好	好	使用广泛，多舱、多层断面优势明显
节点现浇装配式	轻	多	较多	较好	较好	中、小断面
钢制波纹管	轻	/	少	好	好	中、小型单舱圆形断面
新材料	轻	/	少	好	好	小型单舱圆形断面

目前，预制装配式综合管廊主要有三种材质：混凝土、钢制波纹管、新材料（竹材）。现阶段混凝土预制装配式综合管廊使用较为广泛，施工工艺也相对较成熟。混凝土预制综合管廊按照预制结构类型分类有全预制、半预制两种类型。全预制有整节段预制和分块节段预制两种；半预制有节点现浇装配式和叠合装配式两种。

综合管廊混凝土预制装配施工主要关键点有工厂内制作及现场拼装两个方面。混凝土全预制装配式综合管廊，主要适用于1~2舱的综合管廊分段分节安装，主要由预制工厂实施、施工现场准备、预制构件现场拼装及基坑回填覆土4个步骤组成（图5-10）。装配式综合管廊构件制作、运输、安装施工的各流程应有健全的管理制度，并应重视构件生产和施工过程两阶段的质量管理。

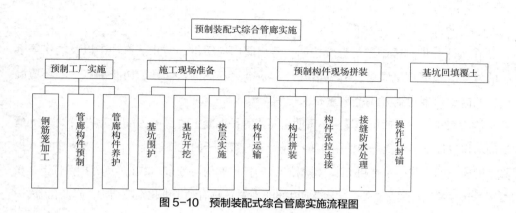

图5-10 预制装配式综合管廊实施流程图

2. 预制工厂实施

为了确保构件尺寸方便安装对接,全预制装配式综合管廊的生产采用表面光滑、无划痕的钢模,同时采用蒸汽养护加快脱模(图5-11)。

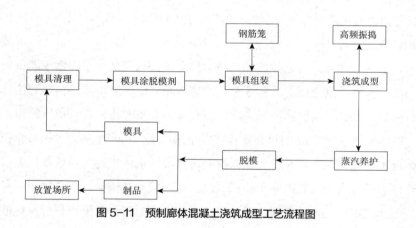

图5-11 预制廊体混凝土浇筑成型工艺流程图

(1)钢筋笼加工

预制廊体钢筋笼制作需采用气体保护焊焊接,对焊时施压要均匀有力,根据不同的钢筋直径将其控制在30~40MPa,以保证两根钢筋良好密合;横纵钢筋交接处主要通过梅花点焊,错开焊接,横筋搭接处采用缝焊满焊或≥10d。

(2)管廊构件预制

将钢筋笼吊装至钢模具内前,应放置垫块保证钢筋保护层厚度。钢筋笼吊装后,在吊装孔位置进行钢筋补强加工,保证钢筋笼强度和稳定性。混凝土浇筑时,振捣棒不得冲击钢筋笼骨架和模板。振捣完成后处理余料,并进行插口处收面,最后用行车起吊盖上罩布静置,准备进行蒸汽养护。

（3）蒸汽养护

在蒸汽养护过程中进行温度控制，开启阀门应缓慢，防止蒸汽冲击以及烫伤等事故的发生。根据环境温度及升温情况经常检查蒸养棚的密闭性，防止漏汽。当环境温度较高时，可通过揭开小范围蓬布来控制降温。

在混凝土内掺入适量粉煤灰，可改善蒸汽养护混凝土的耐久性和后期强度：①掺入适量的粉煤灰提高了在蒸汽养护条件下，混凝土对氯离子的抗渗透能力；②粉煤灰的掺入提高了混凝土的水灰比，有利于水泥水化产物的扩散和均匀分布；③在蒸汽养护条件下，粉煤灰的活性效应被激发，其二次水化产生的低钙硅产物有利于细化空隙结构，降低孔隙率。

3. 施工现场准备

施工现场准备与预制工厂实施可同步进行，有效缩短工期。施工现场准备阶段主要工作有基坑围护、基坑开挖及垫层的实施。在施工现场准备阶段应及时做好施工便道。预制构件现场拼装时，运输车辆及起重机械需停靠在施工便道上，因此，与明挖现浇法施工便道相比，预制装配技术应充分考虑运输构件车辆及起重机械的最大载重量，提高便道混凝土的强度及厚度，并铺设一道钢筋网片。

4. 构件现场拼装

根据产品配置图及设计，按照插口找承口方式进行安装。在廊体承插口处粘贴防水密封条前，需将混凝土面上浮灰等杂物清理干净，使密封条能够粘贴到位且符合要求。密封条粘贴到位后表面涂刷润滑油，防止廊体安装时将密封条挤压错位。张拉钢绞线时，廊体接缝达到 5mm 时可将廊体放置于垫层上，吊车不加力，松开张拉机使压力归零，再重新加压四角张拉，防止张拉中途因液压机压力过大导致张拉失败。在廊体张拉到位后进行内腔密封条防水检测试验：将底板和东侧壁打压孔用螺栓封死，在西侧壁打压孔注水，在内腔充满水后，将顶板打压孔封死，根据现行行业标准《装配式混凝土综合管廊工程技术规程》DB22/JT 158—2016 要求，水管稳压 0.06MPa 3min，观察廊体内外是否有漏水渗水现象。现场拼装示意如图 5-12 所示。

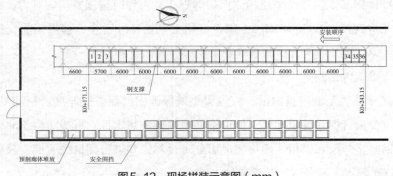

图 5-12　现场拼装示意图（mm）

1) 密封胶条安装

在预制装配式综合管廊中, 拼缝、接头处是防水的薄弱环节, 容易漏水、渗水。接缝处防水应选用弹性橡胶与遇水膨胀橡胶制成的复合密封垫（三元乙丙或氯丁橡胶）, 界面应力不小于 1.5MPa, 并常采用中间开孔、下部开槽等特殊截面的构造形式, 制成闭合框型。

将三元乙丙弹性楔形密封胶条套在插口上, 注意检查胶圈的松紧情况, 不能一边松另一边紧, 确保胶条均匀分布在构件插口四周。楔形密封胶条套在插口后, 在胶条底部和管廊插口工作面上均匀涂刷一层胶水。胶水涂刷后等待表面干燥约 5~10min, 向下反转楔形密封胶条, 底部与管廊插口工作面紧贴, 然后用橡胶锤敲打胶条一周, 使其与插口工作面紧密粘合。楔形密封胶条与管廊止胶台留 5~8mm 距离（图 5-13）。

粘贴好三元乙丙弹性楔形密封胶条后, 可进行 T 形弹性密封胶条的粘贴（图 5-14）。在凹槽内均匀涂刷一层胶水; 然后在 T 形弹性密封胶条底部上（注意是底部上）均匀涂刷一层胶水, 胶水涂刷后等待表面干燥约 5~10min, 将 T 形弹性密封胶条底部与管廊承

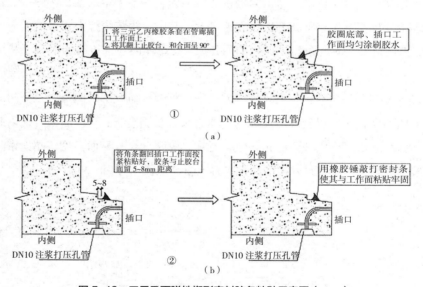

图 5-13 三元乙丙弹性楔形密封胶条粘贴示意图（mm）

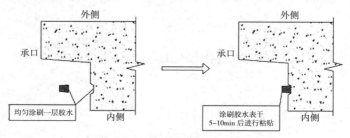

图 5-14 T 形弹性密封胶条粘贴示意图

口端面凹槽处紧贴，然后用橡胶锤敲打胶条一周，使其紧密粘合。

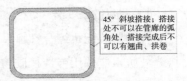

图 5-15　搭接处整齐剪成 45° 斜口示意图

胶条粘接好后用剪刀在搭接处整齐剪成 45° 斜口（图 5-15），然后用专用接头胶水均匀涂抹。在胶条接口的一端，胶水涂抹完成后立即将胶条接口的另一端与之对齐并用力按压 30s，将密封条粘接成一个整体。注意搭接处不可以在管廊的弧角处，搭接完成后不可以有翘曲、拱卷。

2）钢绞线张拉

预制装配式综合管廊连接主要有两种：预应力钢束连接和高强螺栓连接。目前，国内采用预应力钢束连接工艺的较为常见。钢绞线张拉前，张拉设备及油压表应进行标定。预制混凝土廊体在拼装施工前需预估张拉力的数值，以便选用合适的机具，保证施工的质量和施工安全。

（1）管廊拼装张拉力计算

实际施工中，由于混凝土垫层与构件的摩擦力存在不确定因素，实际拼装张拉力可能与理论计算值有误差，此方法仅作为参考。其中，拼装张拉力主要需大于两个阻力之和：①接口安装时胶条压缩产生的回弹力；②廊体向前推进时与混凝土垫层的摩擦阻力。

在端面密封和工作面密封两种接口方式中，胶圈压缩产生的回弹力是不同的：端面密封，胶圈受正压，以胶圈受压缩的回弹力乘以胶圈全长；工作面密封，以胶圈受压缩的回弹力乘以工作面坡角的正切值，再乘以胶圈全长。显而易见，端面密封方式接口安装力大于工作面密封方式接口安装力（图 5-16）。

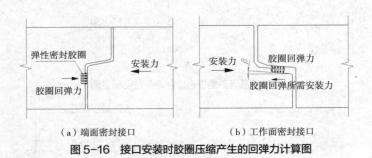

（a）端面密封接口　　　　（b）工作面密封接口

图 5-16　接口安装时胶圈压缩产生的回弹力计算图

①端面密封接口胶圈压缩安装力计算公式：

$$F_{j}=P_{m}L$$

②工作面密封接口胶圈压缩安装力计算公式：

$$F_j=P_m L（cot\beta）\mu_r$$

式中　F_j——压缩胶圈安装力（kN）；

　　　P_m——压缩胶圈回弹力（N/mm）；

　　　L——胶圈全长（m）；

　　　β——工作面坡角（°）；

　　　μ_r——橡胶与混凝土摩擦系数。

（2）接口安装时廊体与混凝土垫层摩擦阻力计算

接口安装时廊体与混凝土垫层摩擦阻力计算公式：

$$F_c=\gamma_c \mu G_h$$

式中　F_c——摩擦阻力安装力（kN）；

　　　γ_c——廊体自重系数；

　　　μ——廊体与垫板基础摩擦系数；

　　　G_h——廊体自重（kN）。

（3）拼装张拉力计算

$$F_x=\gamma_x（F_j+F_c）$$

式中　F_x——拼装张拉力（kN）；

　　　γ_x——拼装张拉力附加系数。

管廊拼装张拉力 =T 型弹性密封胶圈压缩力 + 弹性密封条安装力 + 廊体摩擦阻力。由于实际施工中常采用底部 2 条钢绞线同时张拉的方式，实际张拉力应除以 2。

3）钢绞线张拉施工

预制管廊构件宜每两节张拉一次。钢绞线规格可按设计要求或经计算选取，钢绞线采用防腐塑料套。

安装顺序宜由低向高，以安装中线为轴心确定两侧安装边线。第一节管廊安放至起始位置后，对齐两侧边线，在承口端线槽部位刷胶，粘贴一圈防水橡胶条；在第二节管廊插口端线槽部位，刷胶粘贴一圈楔形防水橡胶条，在底口端刷胶粘贴两条发泡胶，间距不小于 20mm；将第二节管廊吊至指定安装位置，插口端面向第一节管廊承口端，对齐安装边线放置（注意两节管廊不要发生碰撞），四角穿预应力钢绞线；在第一节管廊中部操作孔处，预应力钢绞线装 16mm 铁垫板后（用于保护预制构件），用锚具固定锁死，在第二节管廊承口四角，预应力钢绞线装 16mm 铁垫板后，装上张拉机、千斤顶，根据管廊四角不同受力情况，调节各角处千斤顶压力并进行张拉，确保两节管廊内外缝隙符合安装要求。

如果钢绞线张拉力过大,可能会破坏弹性密封胶条的物理性能。因此,钢绞线张拉施工验收应以控制管廊内外缝隙宽度(一般为5mm)为主,计算的廊体拼装张拉力为辅,最终以满足预制构件的水密性能试验为准。当管廊内外缝隙宽度或廊体拼装张拉力达到限值时,进行水密性能试验;如符合,停止张拉。

4)预制构件的水密性能试验

预制构件的水密性能,可通过内外分别注水的方法试验,构件表面不应出现渗水。具体操作步骤如下:①先在第二节管廊一侧注浆孔安装压力检测仪器并进行注水,在另三侧注浆孔逐一注满水后用螺钉堵死;②注水时需要先排除试压通道中的空气,然后锁紧排气孔,注水加压,当排气孔中流水量呈直线时,锁紧排气孔,注水加压;③当加压至0.04MPa时可以先观察2min是否漏水,如果漏水需要退出拼装管廊构件重新安装,如果没有漏水继续加压至0.06MPa;④注意需要一边加压一边观察,如果发现漏水则视为密封失效,需要拆掉重新安装,如果没有漏水则恒压等待6min观察压力表是否掉压,如无则准备进行下一节拼装。

5)钢绞线操作孔的封锚处理

拉紧作业后,根据需要对钢绞线操作孔使用封锚水泥砂浆密封(图5-17)。在封锚前,对操作孔处混凝土进行凿毛,至无光滑混凝土面,并对锚具、锚垫板表面及外漏钢绞线用聚氨酯防水涂料进行防水处理,然后使用M25水泥砂浆将张拉操作孔密封严实。

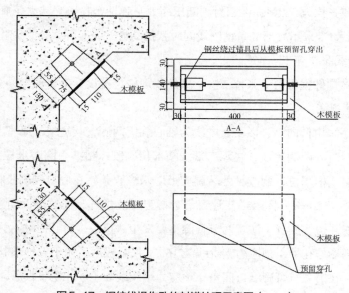

图5-17 钢绞线操作孔的封锚处理示意图(mm)

5. 基坑土方回填

回填时，廊体两侧必须同步进行，严禁单侧回填，两侧填筑高差不应超过一个土层厚度（20~30cm）。槽底至顶板以上50cm范围内的沟槽禁止采用机械回填，其余部分沟槽方可采用机械回填，但不得在顶板上方行驶。两侧用不含石块的中粗砂进行回填（中粗砂采用水沉法施工工艺确保密实），顶板用回填土进行回填（图5-18）。

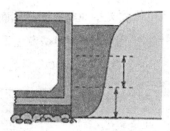

图5-18 基坑土方回填示意图

综合管廊容纳的都是重要的市政工程管线，廊体结构长期受到地下水、地表水的影响，而拼缝和接头等部位最容易渗水、漏水。和传统的明挖现浇法相比，综合管廊预制拼装技术有更多的连接接口，设计与施工时必须给予高度重视。预制拼装技术的施工关键工序包括：①密封胶条安装；②钢绞线张拉；③预制构件的水密性能试验；④钢绞线操作孔的封锚处理。密封胶条的安装质量直接影响构件接头处的防水效果，两道防水胶条保证了构件柔性接触且接缝密闭；钢绞线张拉施工时，要时刻关注管廊内外缝隙宽度和预应力张拉值，以免损坏密封胶条；水密性能试验是验证构件间防水质量的重要措施，如出现渗漏水，要在管廊覆土前进行重新安装；张拉完毕并经检查合格后，要及时进行操作孔的封锚处理，以保证钢绞线等不要生锈。

5.3.3 沉井顶管法

随着城市的不断发展，在建筑密集区域进行基础设施建设的情况越发常见，由此而产生的大量动拆迁及建筑安全问题逐渐突出。沉井顶管法具有作业占地面积小，土方开挖量少等特点，在城市地下市政工程中应用越来越常见。

在综合管廊建设工程中，沉井顶管技术主要用于传统的明挖现浇法受到各种条件限制，比如穿越道路、河浜、既有构筑物等的情况。沉井作为独立的钢筋混凝土结构形式，一般由刃脚、井壁、底板、顶板等组成。综合管廊建设工程中的沉井顶管技术具有以下特点：①沉井结构尺寸一般较大，深度较深；②对应综合管廊综合舱、电力舱、燃气舱等舱室，接口较多；③沉井处往往地质复杂，需采取有效的防护措施，避免对周围既有构筑物造成破坏；④一般配套顶管技术进行使用，顶进时受力相对复杂。

该工程沉井顶管法主要用于玉阳大道综合管廊穿越松卫北路（市级道路）和洞泾港（六级航道）处，工程全长504m，分一个工作井和两个接收井。工作井设置在松卫北路西侧，两个接收井分别设置在松卫北路东侧和洞泾港西侧（图5-19）。由工作井出发，三道顶管先南后北再中间，依次顶向洞泾港西侧接收井，相邻顶管前后顶管机位置应大于 50m。沉井平面尺寸 29.9m × 17.2m（图 5-20），三道顶管顶进，结构受力复杂，沉井外侧距城市主干道最近距离 11.78m，需采取有效的保护措施。

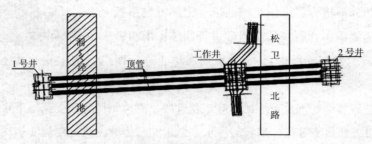

图 5-19 沉井位置关系平面图

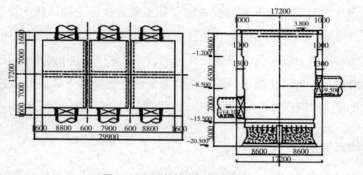

图 5-20 沉井结构示意图（mm）

沉井顶管技术作为非开挖技术，可以有效避免对城市建筑物、交通设施等的影响和破坏，对推动综合管廊的建设具有非常重要的现实意义。

1. 沉井技术

沉井工程，一是要精细垫层厚度、下沉系数、接高稳定性、抗浮系数等内容的计算，选择合理安全的方案；二是要注重施工过程控制，提前制定应对纠偏、突沉等情况的预防性措施。

1）自然条件

施工区域周边主要为农田、荒地，地下水由浅部土层中的潜水和深部粉（砂）性土层中的（微）承压水组成。经勘查，拟建场地地下潜水水位埋深为 0.61~1.42m（标高 1.87~3.10m）；承压水水位低于潜水位，呈周期性变化，埋深 3.0m~12.0m。现场布置承压水头观测孔 CY1、CY2、CY3，承压水头管材结果见表 5-6。

承压水头管材结果汇总表 表 5-6

孔号	CY1		CY2		CY3	
日期	水位埋深 （m）	水位标高 （m）	水位埋深 （m）	水位标高 （m）	水位埋深 （m）	水位标高 （m）
2016-12-1	6.24	-2.24	6.46	-2.80	6.87	-2.99
2016-12-2	6.25	-2.25	6.47	-2.81	6.88	-3.00
2016-12-3	6.25	-2.25	6.47	-2.81	6.89	-3.01
2016-12-4	6.26	-2.26	6.48	-2.82	6.89	-3.01
2016-12-5	6.26	-2.26	6.48	-2.82	6.89	-3.01
2016-12-6	6.26	-2.26	6.48	-2.82	6.89	-3.01
2016-12-7	6.25	-2.25	6.47	-2.81	6.88	-3.00

2）工艺选择

不排水下沉是指在沉井下沉过程中不采取措施将井内渗出的地下水排出，在沉井下沉过程中，井内水位保持与井外地下水位齐平。不排水下沉，是利用机械设备吸泥出土，吸出的泥浆通过管道排放至泥浆池，经沉淀后将上层清水排至指定位置，土方运至堆土点。

排水下沉是指在下沉时，采取降排水措施使地下水位降低或阻断，使沉井内基本无地下水渗出。该方法优点有：①井内无水，作业人员可以及时了解下沉及出土情况、井底土面高低、刃脚及底梁与土面的接触状况，根据测量数据，安排出土与纠偏，控制下沉质量；②下沉速度快，排水下沉较不排水下沉速度快 2~5 倍；③经济效益显著，采取排水下沉，可实现干封底，提高封底质量，节省大量的人、机、料；④节省场地，排水下沉无需准备泥浆池，出土土方可直接运出场外。排水下沉法施工工艺流程图如图 5-21 所示。

沉井下沉工艺选择应综合考虑安全、质量、进度、成本等因素，工艺

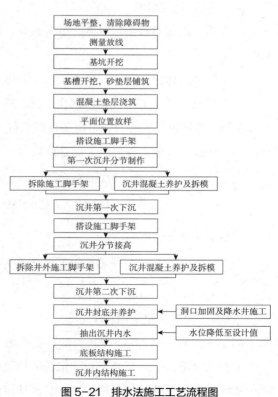

图 5-21 排水法施工工艺流程图

不同，施工费用也不同。根据费用测算，一个工作井或接收井，不排水下沉较排水下沉施工整体费用相差 150 万元左右（表 5-7）。经综合对比分析，本次沉井采取排水下沉的施工方法。

沉井排水下沉与不排水下沉施工费用对比表　　　　　表 5-7

项目	排水下沉（万元）		不排水下沉（万元）		备注
主体结构	1060				
沉井下沉	垫层	20	垫层	20	
	刃脚处理	5	刃脚处理	5	
	降水	30	泥浆池	5	
	取土下沉	180	泥浆循环下沉	60	
			泥浆外运	280	
	干封底	5	水下封底	20	
	措施费	10	措施费	10	下沉辅助措施
整体措施费	50		50		
费用合计	1360		1510		

3）沉井的施工计算

沉井施工前应对砂垫层厚度、下沉系数、接高稳定性、抗浮系数等内容进行计算与验算。

（1）砂垫层计算

该项目沉井采用五次浇筑，两次下沉；第一次浇筑刃脚及以下部分底梁，第一次下沉在第三次浇筑完成并符合下沉条件后进行。

第一次浇筑完成，砂垫层上部总荷载为：

$$[1183.00 \times 2600 + 1149.66 \times (150+100) + 61.82 \times 2500 +$$
$$147.63 \times 2000]/100 = 38130.25 \text{kN}$$

砂垫层实际所受应力为：

$$\delta = T/F = 38130.25/309.1 = 123.359 \text{kPa}$$

式中　T——总荷载（kN）；

　　　F——混凝土垫层面积（m^2）。

因 123.359kPa ≤ [δ]=200kPa，故砂垫层稳定。

砂垫层之下的下卧层是通过一定的砂垫层厚度的应力扩散而承受上部的重量。该项目基坑开挖依现有施工条件，下卧层预计将坐落于粉质黏土层。据相关资料取粉质

黏土容许承载力 [R]=85kPa，故该下卧层的极限承载力折减值：

$$P_u=[R] \times K_1 \times K_2 \times K_3=85 \times 2 \times 0.9 \times 0.83=126.99kPa$$

式中 P_u——极限承载力折减值（kPa）；

$[R]$——容许承载力（kPa）；

K_1——容许承载力转换为极限承载力系数，一般 $K_1=2$；

K_2——极限承载力折减系数，K_2=0.8~0.95，当下卧层为粉质黏土或砂质粉土等强度较高、压缩性较低土层时，可取 0.9~0.95；该工程起沉标高位于粉质黏土，故取值 K_2=0.9；

K_3——当沉井多节制作一次下沉、最后一节制作完成时，沉井中自重超载系数的倒数，取值 K_3=0.83~0.87；为安全考虑取值 K_3=0.83。

三节制作完成后总荷载 = 钢筋混凝土荷载 + 模板及施工荷载 + 素混凝土垫层荷载 + 砖模荷载

$$=[2394.59 \times 2600+884 \times （150+100）+61.82 \times 2500+147.63 \times 2000]/100$$
$$=68967.44kN$$

单位（每米）刃角（梁）所受荷载 G=68967.44/135.5=508.985kN/m

中粗砂垫层应力扩散角 θ 取 35°。

刃角底中心长度 =[（29.9−2×1）+（17.2−2×1）]×2=86.20m，刃角底垫层宽 2.5m。

隔墙及横梁长度 =（17.2−2×2）×2+（29.9−2×2−2×1.5）=49.3m，隔墙及横梁底垫层宽 2.0m。

刃角及底梁总长度 =86.2+49.3=135.5m

根据现行行业标准《沉井与气压沉箱施工技术规程》DG/TJ 08—2084—2011，计算砂垫层厚度：

$$p=G/（2 \times h_s \times \tan\alpha+B_L）+r_s \times h_s$$
$$p \leqslant f_a$$

式中 p——基底压力标准值（kN/m²）；

h_s——砂垫层厚度（m）；

G——单位（每米）刃角（梁）所受荷载（kN/m）；

r_s——砂的天然重度（kn/m³），取值 r_s=15；

B_L——素混凝土垫层的宽度（m），B_L=B+2×b_1，计算时取 b_1=h_c，h_c 为素混凝土垫层厚度；

b_1——素混凝土外挑宽度（m），可取 $b_1 \geqslant h_c$（h_c 为素混凝土垫层厚度）；

α——砂垫层的压力扩散角（°），取值 α=35°；

f_a——修正后的地基承载力特征值（kPa），$f_a = p_u = 126.99$kPa。

砂垫层厚度取 2.4m

计算：$p = 508.985/[2 \times 2.4 \times 0.7 + (2 + 2 \times 0.25)] + 15 \times 2.4$

$\qquad = 122.85 \leq 126.99$

（2）下沉系数计算

沉井下沉系数一般采用 $K \geq 1.05 \sim 1.25$ 作为下沉的控制指标。剩余下沉稳定系数可按下式计算：

$$K = (G - F) / (T + R)$$

式中　G——分次下沉时井体自重（kN），不考虑封底混凝土和底板；

　　　F——地下水浮力（kN），由于为排水下沉所以 $F = 0$；

　　　T——沉井下沉时，土层与井壁的总摩阻力（kN），$T = L \times A$；

　　　L——沉井外壁周长（m），取值 $L = 94.2$m；

　　　A——单位周长摩阻力（kN/m），可按下列各式计算：$A = h \times f_0$；

　　　h——沉井下沉深度（m）；

　　　R——刃脚踏面及斜面下土的支承力（kN），$R = A_i \times R_j$；

　　　A_i——底梁下土的总支承面积（m²）；

　　　R_j——刃脚下土层的极限承载力（kN）；

　　　f_0——单位面积井壁摩阻力（加权平均 kN/m²）。

沉井下沉系数分析见表 5-8。

（3）接高稳定性计算

接高稳定性是沉井结构接高过程中安全控制的重要指标。沉井在第一次下沉完毕后，接高稳定性可按下式计算：

$$K = (G - B_1) / (T + R)$$

式中　G——沉井混凝土井位自重（kN）；

　　　T——井壁总摩阻力（kN）；

　　　R——刃脚踏面、斜面及底梁下土的支承力（kN），同下沉系数计算公式；

　　　B_1——地下水浮力（kN）。

沉井第二节接高时，沉井混凝土自重 $G = 80420$kN，地下水浮力（排水下沉）$B_1 = 0$，井壁摩阻力 $T = 23908.0$kN，此时刃脚位于④淤泥质黏土层，该层土地基承载力为 50kN/m²，则此时刃脚踏面及斜面下土的支承力 $R = 232.3 \times 50 = 11615$kN，可得接收井接高稳定性：

$$K = (G - B_1) / (T + R) = 0.442 < 1$$

沉井下沉系数分析表

表5-8

下沉标高及地质	下沉深度 h（m）	深度差值 Δh（m）	侧壁阻力 f_0（kN/m²）	加权平均 f_0	侧壁摩阻力 f_i（kN） $T=L \times h \times f_0$	地基极限承载力（kN/m²）	沉井自重（kN）	沉井浮重（kN）	下沉系数 $K=(T+R)/(G-F)$ 底梁踏面掏空 A=172.4（m²）	底梁踏面不掏空 A=232.3（m²）	备注
▽ 0.84 ②粉质黏土	1	1.3	15	15	1413.0	85	69595	0	4.33	3.29	第一次下沉
▽ −6.26 ③淤泥质粉质黏土	8.1	7.1	12	12.5	9537.8	55	69595	0	3.66	3.12	第一次下沉
▽ −9.76 ④淤泥质黏土	11.6	3.5	12	12.3	13440.5	50	69595	0	3.15	2078	第一次下沉
▽ −19.16 ⑤₁黏土	18.8	7.2	15	13.5	23908.0	70	69595	0	1.93	1.73	第一次下沉
▽ −19.16 ⑤₁黏土	21	2.2	15	13.5	26705.7	70	80420	0	2.07	1.87	第二次下沉
▽ −21.76 ⑥粉质黏土	22.34	1.34	18	14	29462.0	140	80420	0	1.50	1.30	第二次下沉

注：沉井外周长 L=94.2m，井壁中心周长 L=86.2m，沉井刃脚踏面面积 A=172.4m²，底梁踏面不掏空空面积 A=232.3m²。

计算表明，沉井在第二节接高时，不能满足沉井接高稳定性要求。

为保证各沉井接高时的安全，对沉井外围进行土方回填，井内采取刃脚注砂平衡。井内刃脚踏面以上砂的高度1.0m，宽度为2m。

沉井下卧层地基承载力计算如下（回填砂后）：

$$P_u = r_1 \times h \times m_1^2 + r \times b \frac{\sqrt{m}}{2}(m^2-1) + 2c \times \sqrt{m}(m+1)$$

式中　P_u——沉井下卧层地基承载力（kN）；

　　　r_1——井内回填砂的重度（kN/m³），取值r_1=17kN/m³；

　　　h——井内刃脚踏面以上砂的高度（m），取值h=1.0m；

　　　m_1——以tan（kN/m³）（45°+θ/2）取，砂的内摩擦取35°，计算为3.69；

　　　r——原地基土的重度（kN/m³），取值r=16.8kN/m³；

　　　b——井墙厚度（m），取值b=1.0m；

　　　m——以tan²（45°+θ/2）取，土的内摩擦角取10.9°，计算为1.47；

　　　c——原地基土的内聚力（kN/m²），取值c=11kN/m²。

计算：

P_u=17×1×3.69+16.8×1×$\sqrt{1.47}$/2×（1.47×1.47-1）+2×11×$\sqrt{1.47}$×（1.47+1）=309kN/m²

沉井采取相应措施后，接高稳定性验算：

$$K=(T+R)/(G-B_1)=1.19 > 1$$

由上述计算可知，在第二次接高时，沉井采取刃脚位置留土及灌砂措施，其接高稳定系数经计算大于1，可满足沉井接高稳定性要求。

（4）抗浮系数计算

根据现行行业标准《地基基础设计标准》DGJ 08—11—2018要求，沉井抗浮稳定系数按不计井壁摩阻力时，抗浮系数可取1.0。

不计井壁摩阻力时，沉井抗浮稳定系数按下式计算：

$$K_{fW} = \frac{G}{F_{fW,k}^b}$$

式中　K_{fW}——沉井抗浮系数，现行行业标准《沉井与气压沉箱施工技术规程》DG/TJ 08—2084—2011规定K_{fW}>1.0；

　　　$F_{fW,k}^b$——水的浮托力标准值（kN）。

沉井自重为井壁和封底混凝土重量：

28150+21775+19670+10825+30228=110648kN

由地质勘察资料知，拟建场地的承压水水头埋深3~12m，原地面标高3.34m，沉

井底标高为 –20.5m，故验算浮力的地下水深度按 21m 考虑，则地下水向上浮力：

$$F=10 \times 29.9 \times 17.2 \times 21=107998.8kN$$

$$K=110648/107998.8=1.03 > 1.0$$

综上，沉井自重可以抵抗地下水的浮力。

4）沉井的施工工艺

（1）垫层铺设

沉井基坑开挖，使砂垫层铺设在原状土上，基坑按 1：1 放坡，基坑底面设 0.3m×0.3m 盲沟（图 5–22）。

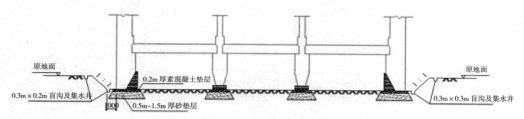

图5-22 沉井基坑开挖示意图

砂垫层进行分段分层，夯实铺设。砂垫层采用中粗砂，每层厚度 300mm。密实的砂垫层干容重控制在 $1.65g/cm^3$ 以上。现场砂垫层密实度可用钎探法进行检查，钢钎头部沉入砂面层深度 ≤ 7cm 者为合格。

（2）沉井制作

该工程沉井深度在 19.3~24.3m，五次制作，两次下沉，见表 5–9。

沉井结构形式表　　　　表 5–9

外径尺寸（m×m）	高度（m）	地面标高（m）	沉井高程			备注
			顶板高程（m）	底板高程（m）	刃脚高程（m）	
29.9×17.2	24.3	3.34	3.8	–15.5	–20.5	五次制作，二次下沉

沉井制作顺序如下：沉井结构制作总高度 23.6m，地面标高 3.34m，基坑开挖至高程 1.84m。第一节沉井制作从 –20.5m 至 –14.7m，浇筑高度为 5.8m；第二节沉井制作从 –14.7m 至 –8.5m，浇筑高度为 6.2m；第三节沉井制作从 –8.5m 至 –1.7m，浇筑高度为 6.8m；第一次排水下沉高度 18.8m。第四节沉井制作从 –1.7m 至 3.1m，浇筑高度为 4.80m；第二次排水下沉高度 3.54m；第五节沉井制作从 3.1m 至 3.8m，浇筑高度为 0.70m。

（3）沉井下沉

第一节沉井制作完成，刃脚混凝土强度需达到100%设计强度，井壁混凝土强度达到70%设计强度后，施工现场方可进行刃脚垫架拆除和正式下沉前的准备工作。根据沉井结构，将垫层凿除分为两块，一块为底梁下垫层凿除，一块为刃脚下垫层凿除。按照先凿除底梁垫层，后凿除刃脚垫层的原则，将底梁混凝土垫层划为5个区，刃脚混凝土分为4个区。垫层凿除顺序按照图5-23编号顺序，对称、均衡、同步凿除。

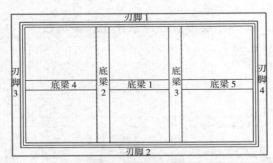

图5-23　混凝土垫层凿除顺序示意图

当沉井发生倾斜趋势时，及时调整凿除位置，使沉井平稳地切入土中。在取土过程中，井外壁刃脚内侧应保留1m宽的土堤，土堤高度一般为0.1~0.3m，随沉井进尺量增加而适当减少。

初沉时，沉井下沉系数大，重心高，稳定性差。每间隔3~4h应进行一次沉降观测，取土底面高差不应大于50cm。当沉井偏差超限时，应及时调整取土仓号或取土部位，控制每仓之间的取土深度。当测量数据高差较好时，则保持下沉状态，对称仓位取土。为防止井体发生突沉，应控制好锅底的深度，一般锅底深度不宜超过1m。

在下沉过程中，沉井对角刃脚踏面处标高差出现波动，属正常现象，但当高差值>25mm时应及时纠偏。纠偏主要采用局部区域内不均匀对称挖土的方式，通过不同的挖土深度，采取"高处多挖，低处少挖"来调整井内刃脚踏面的土应力分布，使得沉井改变倾斜状态，逐步恢复至竖直方向下沉。由于沉井重心分布不均匀，沉井中间部位的底梁下一般首先挖土。

当沉井的进尺到最后2m时即进入终沉阶段。终沉时，刃脚踏面为警示标高，一般比设计高程抛高20cm。沉井接近设计要求的锅底尺寸与标高时，应适当放慢取土速度和数量，严格检查井底锅底状况，按照均匀对称的原则布置挖土范围，保证沉井平稳到位。

（4）沉井封底

当沉井下沉至设计标高，待其基本稳定以后，应进行沉降观测。沉降量在8h内不超过10mm时，方可进行沉井封底。在沉井封底前，基坑底土面开挖至设计标高，排除沉井内积水，对超挖部分回填砂石。在浇筑素混凝土垫层时，为了防止新浇混凝土被水冲刷以及因振捣混凝土而产生漏浆现象，在碎石层上铺一层油毡或中粗砂，并适当增加混凝土中的水泥用量。

封底按沉井底部梁格结构，分格进行。分格次序第一批先封沉井四角，清理一格封一格，并需待四角钢筋混凝土底板达到一定强度后，再根据沉井面积的大小，分成数批进行。

2. 顶管技术

顶管施工工艺流程如图5-24所示。

1）顶管出洞

通过水位观测井，测量地下水位，并适时运行井点降水，将地下水位控制在设计控制水位。

顶管出洞前，对洞门土体区域内进行垂直取芯，以确定其强度是否满足要求。在洞圈范围内合理位置，开设一定数量样孔，以检验顶管出洞正前方土体情况，在样洞验收良好的情况下方可开始凿除洞门。

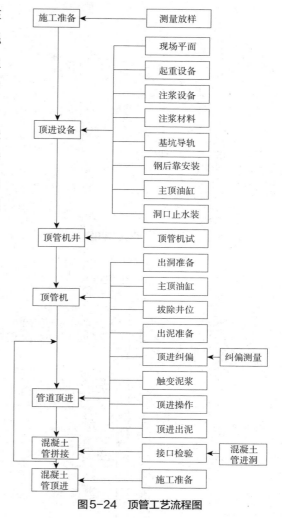

图5-24 顶管工艺流程图

该工程探孔共开设12个，探孔直径40mm，如图5-25所示。

在洞门处开设探孔，观察洞门后土体情况，如有水砂流出，则对洞门背后土体进行压浆处理。

在顶管井内侧预留洞口处安装止水装置，主要起到两个作用：一是防止地下水和泥砂流到工作井中；二是防止触变泥浆流失，影响泥浆润滑减阻的效果。该工程止水装置按照以往顶管经验，如图5-26、图5-27所示。

工作井内布置：①工作井内导轨按要求安放，应让导轨前端尽量靠近洞口。导轨须用预埋构件把它固定好，或用斜撑在其左右两侧把导轨撑牢靠。②考虑本次顶管穿越土层较软，在沉井的预留洞口里安装一副延伸导轨，其导轨面与工作井内导轨一致。③延伸导轨的主要功能是防止机头出洞后偏低的情况发生。④机头进入延伸导轨

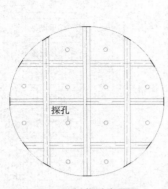

图5-25 探孔布置图

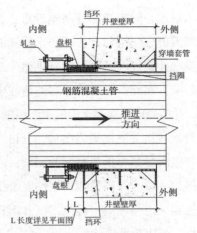

图5-26 止水装置图（一）

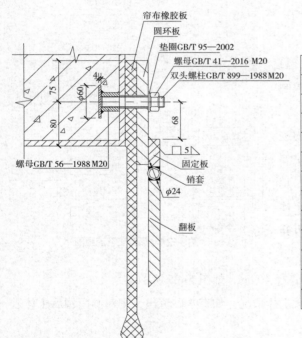

图5-27 止水装置图（二）

名称	单位	材料	
帘布橡胶板	只	氯丁橡胶	
圆环板	只	Q235A	
翻板	只	Q235A	
固定板	只	Q235A	
开口销GB/T 91—2000 3.2	只	Q235A	
销轴	只	Q235A	
销套（短）	只	Q235A	
销套（长）	只	Q235A	
双头螺柱GB/T 899—1988 M20	只	Q235A	
垫圈GB/T 95—2002 20	只	Q235A	
螺母GB/T 41—2016 M20	只	Q235A	
螺母GB/T 56—1988 M20	只	Q235A	

时外壳要垫高一些，以防止刀盘啃轨。⑤导轨安装完成即可安装后靠板。后靠板安装要使其表面与基坑导轨轴线保持垂直，并且将后靠板固定牢靠。后靠板与顶管井结构的空隙用素混凝土填实。

顶管机一出洞，立即加大触变泥浆的注浆量，以使顶管机头浮在触变泥浆上；这既可以保证顶管机头不发生"磕头"现象，同时又便于在顶管机头后续的管节外壁上形成产生完整的泥浆套。顶管出洞后立即设置顶进试验段，通过埋设深层土体压力计，监测深层土体的位移、沉降，模拟顶管机头对前方工作面的土体影响，及时调整顶进参数，指导顶进施工。

为了防止顶管机产生"磕头"现象，可以将洞口导轨加长，延伸导轨伸入洞口。用水泥砂浆将延伸导轨处按机头圆弧形砌筑，作为机头出洞支撑，防止发生"磕头"现象。

顶管机头穿越加固体后进入原壤土层，如果土体过软或含砂量高，容易产生超挖或欠挖现象导致机头"磕头"。针对这种现象，制造顶管机时预先在刀盘面板上预留了注入孔，顶进时根据土质的实际情况注入土体凝固剂或土体松散剂（注入的剂量根据开工前的试验确定），这种水溶性材料可以很好地改良刀盘正面土体，确保刀盘每转切削量均匀，保证对周围土体扰动降到最小，有效控制沉降。连接机头与混凝土管防止"磕头"措施：在顶管机头后方三节管节内加套30cm长的钢环，钢环与管子的钢筋焊接牢靠，通过高强螺杆使前三节管子与顶管机机头形成一体，并调整好主顶油缸编组，可以有效防止"磕头"。

该工程顶管覆土较深，出洞时应防止顶管机以及前几节混凝土管往后倒退的情况发生。发生倒退的原因：封闭式顶管机迎面主动土压力（造成顶管机后退）大于顶管机及管节周边摩阻力。当主顶油缸回缩时，顶管机一旦产生后退，安全事故就会发生：轻则洞口地面塌陷，重则工作坑被掩埋。

由于土的徐变特性，这种顶管机的后退通常不会在主顶油缸回缩时立即就发生，而是有一定的滞后，因此，它的潜在危险性很大。

为防止这种安全事故的发生，在顶管机的两侧，各设一个止退翼安装孔。在顶管机可能后退的阶段中，必须先把止退翼插在安装孔内，再在止退翼与后靠板之间事先安装上两根止退杆，以挡住顶管机，不让其后退。

为了防止机头倒退，还可以将前几节混凝土管与基坑导轨连接固定，这样可以有效防止机头及管节的倒退，如图5-28所示。

顶管机头出洞时，由于机头与导轨之间摩擦力较小，难以平衡刀盘切入土体时的反力矩，机头容易产生偏转。出洞后，虽然机头后有管节，但一般仍不能平衡反力矩，有时还会带着管节一起偏转。纠偏量过大，纠偏频繁，往往也会使管节产生偏转力矩，进一步引起管节偏转。

机头出洞防偏转措施：①顶进中尽量避免纠偏量过大或频繁纠偏。②顶进中通过观察操作台上的转角数值，利用刀盘反力矩纠正偏转。具体做法：适当加大刀盘切土深度，然后将刀盘回转方向切换到与机头偏转方向一致。③增加防滚动装置，如图5-29所示。

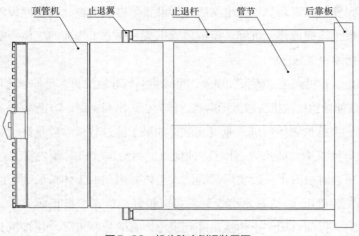

图5-28 机头防止倒退装置图

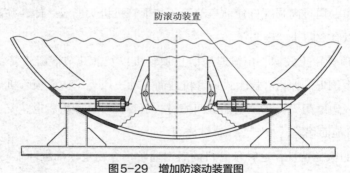

图5-29 增加防滚动装置图

管节防旋转措施：①出洞时，前4节混凝土管内放置预埋铁，焊防旋转铁板，通过刚性连接可以有效遏制旋转；②当后续管节发生旋转时，可以通过调节主顶油缸的伸缩方向来纠正管节的转向。

由于顶管初出洞时处于加固土体区域，为控制顶进轴线，保护刀盘，顶进速度不宜过快。在初出洞段，对顶管机姿态要勤测勤纠，力争将出洞段顶管轴线控制到最好，为后阶段顶管施工形成一个良好的导向。当洞口密封安装完成后，控制顶管机匀速穿过密封装置，以防止洞口橡胶环套被破坏。

初始顶进分为两个部分：①机头出洞阶段：速度控制在3~5mm/min；②第一节混凝土管出洞阶段：顶进速度控制在10~20mm/min，重点是找正管节中心、高程，轴线偏差控制在±5mm之内。

机头出洞阶段，机头未完全入土时，机头克服刀盘旋转产生的扭矩，靠的是机头重量产生的重力与轨道摩擦力，吃刀太深扭矩大，机头会旋转。因此，考虑刀盘切削土体厚度等因素，当刀盘转速1.2转/min时，顶进速度宜控制住3~5mm/min。

2）顶管进洞

接收井施工完成后，必须对洞门的位置进行测量确认，根据实际标高安装顶管机接收导轨，并配置拆除钢封门的材料和机械设备。洞门加固土体取芯和探孔：同出洞措施。地下水位控制：同出洞水位控制措施。

在管节顶进至距离接收井 50~150m 范围时，对顶管机的位置进行复核测量，明确已完成管节中心轴线与设计中心轴线的关系；对接收洞门位置进行复核测量，确定顶管机的姿态及顶进纠偏计划，指导顶管机的后续顶进。

在明确进洞段顶管机姿态时应注意两点：①顶管机贯通时的中心轴线与设计轴线的偏差；②接收洞门位置的偏差。综合上述因素在设计中心轴线的基础上进行顶进姿态调整。

洞门破除：在洞门处打设探孔，观察洞门后土体情况，如有水砂流出，则对洞门背后土体进行压浆处理。搭设脚手架；等顶管机头顶进至砖砌体后，顶管机停止顶进，进行人工割除槽钢格栅，顶管机头缓缓磨切砖砌体。

同样，在接收井的洞口按要求安装钢压板＋橡胶板。与工作井不同，接收井采用一套密封止水装置，该装置采用高耐压耐磨橡胶密封圈和一套具有调节径向密封间隙功能的压板组合装置。

接收井内布置：①井内导轨按要求安放，应让其前端尽量靠近洞口。导轨需用预埋构件固定好，或用斜撑在其左右两侧把导轨撑牢靠。②在沉井的预留洞口里安装一副延伸导轨，其导轨面与基坑导轨相一致。③延伸导轨的主要功能是引导机头进洞及进洞安全。

当封门拆除后应迅速、连续地顶进管节，尽量缩短顶管机进洞时间。接收井封门打开，直接将机头推进接收井。

顶管机吊起后，穿墙套管与混凝土管间隙应及时用麻丝填充、胶泥封边。填充时需注意麻丝分层填充，挤压密实，胶泥多道密封。

3）顶力理论计算

以该工程最长顶进距离为松卫北路顶管工作井至西侧接收井，该段顶进距离为425m，顶进主要穿越⑤$_1$层黏土。

（1）控制泥水舱压力一般计算公式为：

$$P_e = P_A + P_w + \Delta p$$

式中　P_e——控制泥水舱压力（kPa）；

　　　P_A——掘进机处土层的主动土压力（kPa）；

　　　P_w——掘进机处土层的水压力（kPa），黏土中不考虑地下水作用，取值 $P_w=0$；

Δp——泥水舱施加的预加压力（kPa），一般情况下取值 Δp=20kPa。

$$P_A = \gamma_t H \tan^2 (45° - \phi/2) - 2c\tan(45° - \phi/2)$$

式中　γ_t——土的容重（kN/m^3）；

　　　H——地面至掘进机中心高度（m）；

　　　ϕ——土的内摩擦角（°）。

查表得：γ_t=17.6kN/m^3，H=15.6m，c=15kPa，ϕ=17°。

计算：

$$P_A = 17.6 \times 15.6 \times \tan^2(45° - 17°/2) - 2 \times 15 \times \tan(45° - 17°/2) = 128.13\text{kPa}$$

（2）迎面阻力

根据现行国家标准《给水排水管道工程施工及验收规范》GB 50268—2008 中表 6.3.4–1 泥水平衡顶管公式，迎面阻力：

$$N_F = \pi D_g^2 P/4$$

式中　N_F——顶管机的迎面阻力（kN）；

　　　D_g——顶管机外径（m），取值 D_g=4m；

　　　P——控制土压力（kN/m^2），计算为 128.13kPa。

计算：

$$N_F = \pi \times 4^2 \times 128.13/4 = 1610.13\text{kN}$$

（3）根据现行国家标准《给水排水管道工程施工及验收规范》GB 50268—2008 中公式（6.3.4），泥水平衡顶管顶进阻力计算公式为：

$$F_p = \pi D_0 L f_k + N_F$$

式中　F_p——顶进阻力（kN）；

　　　D_0——管道的外径（m），取值 D_0=4m；

　　　L——管道设计顶进长度（m），取值 L=425m；

　　　f_k——管道外壁与土的单位平均摩擦阻力（kN/m^2），根据岩土工程勘察报告建
　　　　　　议，按照使用触变泥浆，取经验值 f_k=2kN/m^2；

　　　N_F——顶管机的迎面阻力，计算为 1610.13kN。

计算：

$$F_p = 3.14 \times 4 \times 420 \times 2 + 1610.13 = 12160.53\text{kN}$$

根据以上计算，总推力需 12160.53kN，主顶油缸选用 10 台 150t（1500kN）级油

缸。具备系统总推力为 15000kN，根据经验，顶管在穿越淤泥质土层时，在触变泥浆的作用下，其管道外壁与土的单位平均摩擦阻力可能会变得更小，从而有利于顶力的减小。计算得两顶管段总推力见表 5-10。

玉阳大道顶管顶力计算

表 5-10

顶管段	掘进机中心标高（m）	顶进长度（m）	平均地面标高（m）	主要穿越土层	总顶力（kN）
松卫北路顶管工作井至西侧接收井	−12.35	425	3.3	⑤₁	11688.6
松卫北路顶管工作井至东侧接收井	−7.38	80	3.4	⑤₁	2056.2

（4）泥水舱压力理论计算

泥水舱的水压力 $P_w=qr_wh$；由于该工程顶管所处地层主要为⑤₁层黏土，水和土不易分开，P_e 可按以下公式计算：

$$P_e=K_0\gamma_t H$$

式中　K_0——静止土压系数（kPa），黏土中 $K_0=0.33\sim0.70$，在此取值 $K_0=0.5$。

根据土层物理力学参数，该工程各顶进区间的泥水舱压力计算结果见表 5-11。

玉阳大道顶管泥水舱压力计算

表 5-11

顶管段	掘进机中心标高（m）	平均地面标高（m）	P_e（kN）
松卫北路顶管工作井至西侧接收井	−12.35	3.3	137.28
松卫北路顶管工作井至东侧接收井	−7.38	3.4	91.8

从上述计算结果可知，施工中，泥水舱压力控制在 70~140kPa 以内，停止时为 140kPa。

4）中继间设置

根据现行行业标准《顶管工程施工规程》DG/TJ 08 — 2049—2016 第 7.5.5 条的要求，该工程第一套中继间宜布置在顶管机后方 20~50m 的位置。现确定设置在机头后 50m 的位置，即 L_1=50m。

根据第 7.5.6 条规定，第二道以后的中继间布置按照下式计算确定；

$$S'=k（F_3-F_2）/（\pi Df）$$

式中　S'——中继间的间隔距离（m）；

　　　F_3——控制顶力（kN），取值 $F_3=10000$kN；

　　　F_2——顶管机的迎面阻力（kN），第一道中继间以后的 $F_2=0$；

　　　f——管道外壁与土的平均摩阻力（kN/m^2），宜取 2~5，取值 $f=3$kPa；

　　　D——管道外径（m）；

　　　k——顶力系数，宜取值 $k=0.5~0.6$。

取 $k = 0.6$ 计算：

$$S'=0.6 \times 10000/（3.14 \times 4 \times 3）=159\text{m}。$$

工作坑主顶油缸的一次最大推进长度 L_z 为

$$L_z=F/（\pi Df）=10000 \div（\pi \times 4 \times 3）\approx 265\text{m}$$

根据上述计算结果，对该工程中 425m 顶进区间，共需中继间数量为 6 只（三段平行顶管），第一套中继间布置在机头后方 50m 位置，第二套中继间布置在机头后方 210m 位置，而松卫北路顶管工作井至东侧接收井无需布置中继间。

在实际施工中，中继环安装时机相当重要，主要视顶力的上升速度而定。该工程最长顶进距离段中继间设置数量见表 5-12。

中继间设置计划　　　　　　　　　　　　　　　　　　　表 5-12

顶进区间	区间长度（m）	中继间数量（只）	预计放置间隔（m）	中继间预计位置（m）
松卫北路顶管工作井至西侧接收井	425	2	50	50
			160	210

5）顶管机姿态控制

工作井后靠板提供顶管机向前顶进的反力。刀盘切削土体的扭矩主要是由顶管机壳与土层之间的摩擦力矩来平衡。当摩擦力矩无法平衡刀盘切削土体产生的扭矩时，顶管机将形成滚动偏差。过大的滚动会影响测量板、纠偏油缸、螺旋出土机，造成测量、纠偏及出土困难，对顶管轴线也有一定影响。

在顶进过程中，不同部位顶进千斤顶的设定参数出现偏差，会导致顶进方向产生偏差。并且由于顶管机与土层间的摩阻力不均匀、开挖掌子面上的土压力有差异以及切削刀口欠挖时引起的地层阻力不同，也会引起不同程度的偏差。因此，在顶进的过程中，须对竖直方向的误差进行严密监测，随时修正各项偏差值，把顶进方向偏差控制在允许范围内。

采用全站仪、水准仪等测量仪器测量顶管机的轴线偏差，监测顶管机的姿态。

（1）偏转角的监测

用水准仪测量高差，推算顶管机的偏转圆心角，监测顶管机的滚动偏差。方法是在切削舱隔墙后方对称设置两个测量点，两点处于同一水平上，且距离为一定值。测量两点的高程差，即可算出偏转角。

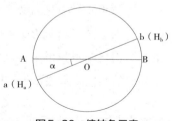

图5-30　偏转角示意

A、B 为测量标志，a、b 为顶管机发生滚动后，测量点所处的新位置，H_a、H_b 为两点的高程，α 为顶管机的滚动角。偏转角示意如图 5-30 所示。

$$线段 AB = 2 \times OA = 2 \times OB = 定值$$

$$\alpha = \arcsin[(H_b - H_a)/AB]$$

上式中，如果 $H_b - H_a > 0$，表明顶管机逆时针方向滚动。如果 $H_b - H_a < 0$，表明顶管机顺时针方向滚动。

（2）俯仰角的监测竖直偏差可直接测量顶管机的俯仰角变化，上仰或下俯其角度增量的变化方向相反。

（3）水平角的监测

电子经纬仪可直接测量顶管机的左右摆动，左摆或右摆水平方向角的变化方向相反。

顶管机姿态调整包括：①滚动纠偏。由于刀盘正反向均可以出土，因此通过反转顶管机刀盘，就可以纠正滚动偏差。当 [允许滚动偏差] ≤ 1.50 时，顶管机自动控制系统会报警，提示切换刀盘旋转方向，进行反转纠偏。②竖直方向纠偏。控制顶进时竖直偏差的主要方法是改变单侧纠偏油缸行程，但它与顶管机姿态变化量间的关系没有固定规律，需要靠人的经验灵活掌握。一般来说，当顶管机出现下俯时，可加大下侧纠偏油缸行程；当顶管机出现上仰时，可加大上侧纠偏油缸行程。③水平方向纠偏。与竖直方向纠偏的原理一样，左偏时一般加大左侧纠偏油缸行程，右偏时则加大右侧纠偏油缸行程。

纠偏过程中应注意以下事项：①切换刀盘转动方向时，先让刀盘停止转动，间隔一段时间后，再改变转动方向，以保持开挖面的稳定；②顶进时要根据掌子面地层情况等及时调整顶进参数，随时修正顶进姿态，及时进行纠偏，避免偏差越来越大。

5.4 综合管廊防水工程

同隧道工程一样，防水工程是城市综合管廊建设质量控制的关键环节。综合管廊防水工程遵循"以防为主、刚柔结合、多道防线、因地制宜、综合治理"的原则，以主体结构自防水为根本，以变形缝、施工缝、预埋管等细部节点防水为重点，同时辅以外包的柔性防水层作为结构外防水。

5.4.1 防水设计原则

相比隧道工程，城市综合管廊的特点：①施工工艺更丰富，明挖现浇和预制装配法在隧道工程中较少见；②构造更复杂，一般与轨道交通隧道并线，功能性节点（如人员出入口、通风口、吊装口等）繁多；③防水要求更高，多种不同入廊管线共存，对安全性有着苛刻的要求；④设计使用寿命更长，一般不应少于 100 年。

综合管廊在建造完成后，因为各种原因会导致渗漏水现象，容易引起钢筋锈蚀、破坏结构，降低管廊的使用寿命，从而严重影响管廊内各种设备、管线、电缆的安全使用功能。为了更好地发挥综合管廊在城市中的积极作用，解决好城市综合管廊工程的防水问题变得尤为重要。

综合管廊渗漏水的原因主要包括：①密封性能低。防水层与混凝土结构层未能形成致密的界面，导致防水层与结构层间出现空隙。混凝土结构只要出现细微裂缝，水就会从这个局部缺陷处渗入，渗漏水在该空隙里窜流，导致整个防水体系的破坏。②管廊基层开裂。结构下部的岩土基层是综合管廊的主要承重结构，基层开裂会严重影响管廊的结构体系，防水层和结构层也会因为被拉裂而遭到破坏，使得地下水从破裂处渗透进来。③变形缝处处理不当。管廊为线性工程，变形缝位置是管廊渗漏的重灾区，根据现行国家标准《地下工程防水技术规范》GB 50108—2018 要求，沿长度方向不超过 30m 需设置变形缝。施工时，止水橡胶条、柔性封堵材料、加强型外防水卷材施工质量不高经常导致变形缝处的渗漏。另外，两段管廊间出现较大的沉降差也是导致该处渗漏的主要原因。④细部节点防水处理不当。由于外部荷载扰动、搭接头焊接不牢固、混凝土内外温差、未振捣密实等原因，管廊结构不均匀沉降，导致变形缝、沉降缝处止水带一侧出现空隙，从而形成渗水通道。⑤环境因素问题。综合管廊工程埋于地下，长期处于潮湿环境中，容易使已形成的密封层在温度变化、酸碱腐蚀等因素影响下出现松脱、空鼓、脱离等防水层老化现象。⑥施工工艺问题。混凝土浇筑以及基坑回填等造成已完成的防水层破坏，降低了整个综合管廊的防水效果。⑦操作不规范。在混凝土浇筑前，纵向水平施工缝上的泥砂清理不干净，积水未排干；设备安装件的管头、管道根部、钢筋头、拉筋孔等预埋件处防水密封处理不到位等。

为保障安全使用功能，综合管廊防水工程一般应遵循"以防为主、刚柔结合、多道防线、因地制宜、综合治理"的原则。

（1）"以防为主"：以主体结构自防水为主。采取有效的技术措施，提高钢筋混凝土结构的密实性、抗渗性、抗裂性、防腐性和耐久性，从而保证城市综合管廊的防渗能力。

（2）"刚柔结合"：软土地区综合管廊一般水位较高，土层含水丰富，为避免地下水对钢筋混凝土的侵蚀，需提高主体结构的密封功能。综合管廊主体结构一般以混凝土自防水为主，同时辅以外包的柔性防水层作为结构外防水，改善主体结构的工作环境。

（3）"多道防线"：在综合管廊细部节点建造中，增设多道防水措施。变形缝、施工缝、预埋管、排风口等部位，是城市综合管廊工程渗漏的重点部位，针对上述细部节点，应加强构造，增设多道防水措施。

（4）"因地制宜"：为抵御植物根系穿透，综合管廊顶板外防水材料应具有抗穿刺能力。同时，综合管廊长线型结构易引起不均匀沉降等问题，因此主体结构外防水材料应具有良好的抗变形、抗开裂能力。

（5）"综合治理"：在主体结构混凝土中添加抗裂纤维和抗渗剂，在变形缝等薄弱环节使用钢边橡胶止水带等措施，能有效提高综合管廊防水性能。

5.4.2 防水等级选择

现行国家标准《城市综合管廊工程技术规范》GB 50838—2015规定"综合管廊工程的结构设计使用年限应为100年"，"综合管廊应根据气候条件、水文地质状况、结构特点、施工方法和使用条件等因素进行防水设计，防水等级标准应为二级，并应满足结构安全、耐久性和使用要求。综合管廊的变形缝、施工缝和预制构件接缝等部位应加强防水和防火措施"。

"综合管廊防水等级应为二级"主要是依据"工程的重要性和使用中对防水要求"来划分的。①地下综合管廊为国家重点支持的民生工程，与民众生活生产密切相关，是集给水、燃气、热力、电力、通信等城市功能于一体的"重要工程"。投入使用之后，综合管廊一旦发生渗漏，易造成钢筋锈蚀，缩短使用寿命。燃气管道、高压电缆、热力管道等单舱铺设，潮湿环境容易引起连接件的锈蚀和打火现象的出现，影响管线安全使用。②综合管廊工程的"结构设计使用年限应为100年"，对防水的质量和使用年限要求较高。综合管廊工程长期渗漏将会危及结构的使用安全，因此管廊工程的防水设计、材料、施工、管理和后期维护都需要做到高质量、高标准，以此保障管廊工程达到规定使用年限。③综合管廊渗漏水治理困难（如缺乏内部操作空间等），一旦出现渗漏水情况，其渗漏原因查找和防水层修复难度均较大，且后期维修成本巨大，甚至可达新建工程防水造价的几倍甚至是十几倍。将防水等级设计为二级，依据"平均渗水量不大于 0.05L/（m² · d），任意 100m² 防水面积上的渗水量不大于 0.15L/（m² · d）"验收标准，例如：对于断面尺寸为 2.4m（B）× 2.5m（H）的单舱管廊，每公里日最大允许渗漏水量为 490L/d。④综合管廊长期的动荷载作用引起管廊结构发生变形开裂，影响管廊寿命与安全。综合管廊多位于城市行车道之下，受上部车辆产生的动载作用较大，管廊结构易发生变形、开裂，这就要求防水层材料能有很好的强度与延伸率，确保防水层在结构变形开裂后仍能保证防水的完整性。⑤综合管廊所在区域的地下水位一般较高，强暴雨过后易出现积水和内涝现象。综合管廊防水工程应根据气候条件、水文地质、结构特点，对大面防水设计及变形缝、施工缝、预制构件接缝等部位采取相应的对策，以满足城市"生命线"的结构安全、耐久性和使用要求。

综合管廊属于城市基础设施，根据纳入管线种类和规模可分为：干线型综合管廊、支线型综合管廊和缆线型管廊。干线型综合管廊主要用于敷设输送性管线，一般不直接服务地块；支线型综合管廊主要用于敷设配给性管线，以服务街区为主；缆线型管廊主要容纳电力、通信管线，是干线型和支线型综合管廊的重要补充。干线型综合管廊往往是多舱室复合铺设，对防水功能要求高，考虑现阶段我国防水工程实际应用水平，建议干线型综合管廊的防水设防等级不低于一级。

5.4.3　综合管廊防水工程

综合管廊防水工程遵循"以防为主、刚柔结合、多道防线、因地制宜、综合治理"的原则，主要以钢筋混凝土结构自防水为根本（防水混凝土），增强钢筋混凝土结构的抗裂、防渗能力（合理的混凝土级配、优质的外加剂），改善钢筋混凝土的工作环境，进一步提高结构耐久性；同时，以变形缝、施工缝等接缝防水为重点（合理的结构分缝），辅以防水加强层加强防水（科学的细部设计）。

明挖现浇法综合管廊一般以 20~30m 为标准段，总体上呈现为长薄壁结构。标准段与标准段之间设有变形缝以应对地基结构不均匀沉降。明挖现浇法在科学划分流水作业段，合理配置资源的情况下，施工速度较其他工法要快。明挖现浇法综合管廊多为段落整体浇筑，结构本身采用自防水混凝土，其中需要特别进行防水处理的是水平施工缝及纵向变形缝。预制装配法综合管廊多为纵向拼接，一般不存在水平施工缝，只需在纵向拼接处进行防水处理，但其纵向节段多，故而防水难度更大。暗挖法施工中顶管施工的防水特点与预制装配法相似，而细节上又有些区别。

综合管廊防水工程一般包括主体结构自防水、主体结构外防水以及细部结构防水。

5.4.3.1 主体结构自防水

1. 明挖现浇管廊

在综合管廊设计阶段，应根据地域环境、结构特点、使用条件等因素进行防水设计，然后结合管廊抗渗等级、结构、形式设置防水措施。

综合管廊结构一般采用抗压强度等级 C35 及以上防渗混凝土，主体结构自防水主要依托于抗渗混凝土的选择。根据综合管廊的埋置深度及地下水位情况，选用不同抗渗等级的混凝土。在地下水位较高处（如过河段），可加大结构壁厚，同时提高混凝土抗渗等级。

为保证混凝土结构综合管廊达到 100 年的设计使用寿命，必须重视混凝土耐久性指标的控制。研究结构耐久性必然涉及防水功能。现行国家标准《混凝土结构耐久性设计规范》GB/T 50476—2019 规定：在一般环境（I 类）下，综合管廊在使用过程中会面临"非干湿交替的室内潮湿环境"（结构局部渗漏水或管道渗漏水）以及"长期湿润环境"。因此，在设计阶段通常将环境作用等级归结为 I-B 级，对应的混凝土抗压强度等级最低为 C35。考虑当前混凝土技术水平，在抗压强度等级不低于 C35 的条件下，抗渗等级几乎不会低于 P8。

对于防水混凝土，密实性和抗裂性是其必备的性能。除了抗渗等级之外，当结构处于侵蚀性地层中时，根据现行行业标准《混凝土耐久性检验评定标准》JGJ/T 193—2009 划分的等级，通常要求防水混凝土 84d 龄期氯离子迁移系数（RCM 法）不宜大于 $3.5 \times 10^{-12} \mathrm{m}^2/\mathrm{s}$（RCM-III）或电通量 Q_s（电通量法）小于 2000C（Q-III）。

综合管廊主体结构自防水设计要点：①钢筋混凝土的混凝土强度不应低于 C35，且浇筑时，混凝土浆料需要充分振捣密实。抗渗等级符合表 5-13 的规定，抗渗等级与综合管廊埋深有关。②结构厚度不小于 250mm。③裂缝宽度不得大于 0.2mm，裂缝长度不得大于 50mm，且不得贯通。④迎水面钢筋保护层厚度不应小于 50mm（当保护层大于 50mm 时应附加防裂钢筋网片）。⑤宜选用硅酸盐水泥、普通硅酸盐水泥。骨料不得选用碱活性骨料，以防胶凝材料和骨料间发生碱骨料反应，各类材料的总含碱量不得大于 $3.0 \mathrm{kg/m}^3$。

防水混凝土设计抗渗等级　　　　　　　　　　表 5-13

埋置深度 H（m）	设计抗渗等级
$H < 10$	P6
$10 \leqslant H < 20$	P8
$20 \leqslant H < 30$	P10
$H \geqslant 30$	P12

主体结构自防水质量受现场技术管理、工人熟练度影响较大，施工质量控制要点包括：

（1）防水混凝土结构内部设置的各种钢筋和绑架铁丝不得触及模板，固定模板用的螺栓应采取以下措施保护：①螺栓或套管加焊金属止水环，且焊缝必须满焊以保证水密；②螺栓套管上兜绕一圈水膨胀橡胶止水圈或水膨胀腻子止水条；③螺栓加设堵头；④顶板、侧墙混凝土拆模后应采用保温保湿的方法养护。

（2）涂刮水泥砂浆时，存在涂刮不均匀、不平整等情况，出现小凹凸坑状，对此应对基层表面浇水数遍，并在砂浆调配时添加适量聚合物建筑胶作保水剂，砂浆涂刮后用辊筒来回滚压至平整。

（3）若由于支撑拆除后使得侧墙留有空洞，应先考虑在孔边预留补强钢筋和防水钢板，在支撑拆除后焊接钢筋，并采用补偿混凝土修补空洞，必要时可采取注浆堵漏等措施。

（4）施工中基层存在砂眼孔洞、基面干燥、平整度过差等问题，需用水泥砂浆修补砂眼孔洞，使基面平整，对基层表面浇水数遍，以湿润为准。

2. 预制拼装和暗挖顶管

预制拼装和暗挖顶管因为施工的特殊性，其防水要点是以管节的混凝土自防水为基础，管节均为工厂预制，管节预制时首先要控制好高性能防水混凝土的质量，在生产中要求采用高精度钢模，混凝土须采用强度较高的高性能混凝土，且配有相应的养护程序，以保证管节的自防水能力。

5.4.3.2　主体结构外防水

为确保综合管廊防水效果，提高防水冗余度，还需强化主体结构外防水。主体结构外防水主要采用柔性防水层（防水涂料、防水卷材）外包形式，以便使综合管廊结构形成闭合空间。主体结构外防水层可以有效保护综合管廊接缝，进一步阻断地下水渗入内部舱室。综合管廊外防水材料主要包括有机防水涂料、无机防水涂料、高聚物改性沥青类防水卷材、合成高分子类防水卷材等。高分子自粘胶膜防水卷材性能指标见表 5-14。

高分子自粘胶膜防水卷材性能指标　　表 5-14

序号	项目		性能要求
1	厚度（mm）		≥1.2
2	拉伸性能	拉力（N/50mm）	≥500（纵横向）
3		膜断裂伸长率（%）	≥400（纵横向）
4	钉杆撕裂强度（N）		≥400
5	冲击性能		直径（10±0.1）mm，无渗漏
6	静态荷载		20kg，无渗漏
7	耐热性		70℃，2h 无位移、流淌、滴落
8	低温弯折性		-25℃无裂纹
9	防窜水性		0.6MPa，不窜水
10	与后浇混凝土剥离强度（N/mm）	无处理	≥2.0
11	与后浇混凝土浸水后剥离强度（N/mm）		≥1.5
12	热老化（70℃，168h）	拉力保持率（%）	≥90
13		伸长率保持率（%）	≥80
14		低温弯折性	-23℃无裂纹
15	热稳定性	外观	无起皱、滑动、流淌
16		尺寸变化（%）	≤2.0

综合管廊属于市政工程，工程具有使用寿命长、入廊管线多、埋深相对较深、后期维护困难等特点。结合以上工程自身特点，防水材料选择应考虑以下因素：

（1）具有良好的密封性。由于高压等入廊管线存在，出于安全方面考虑，要绝对保证防水的可靠性。防水材料的厚度与防水效果没有直接关系，防水效果取决于防水材料与基层是否能黏结，以此形成完整的密封层。因此防水材料并不是越厚越好，厚度越大，对基层的伏帖性越差，接触部位的密封性也越差，越容易出现渗漏水现象。如遮挡式防水因考虑卷材破损易导致窜流水现象，更注重材料强度与厚度，所以该防水措施伏贴性差，在施工时易翘边起鼓，不适用于地下综合管廊工程的防水。

（2）具有良好的施工操作性。防水材料的选择要充分考虑项目所在的地域环境，北方气候干燥、南方潮湿，因此要谨慎挑选与施工环境相适应的防水材料。如在潮湿的地下室施工时不宜采用 SBS 卷材、油性涂料等用于干燥环境施工的材料。

（3）具有良好的性能。防水材料要根据结构物使用寿命具备相应的使用年限。防水材料需有较高的耐热度，以防止成膜后的防水薄膜在高温下产生软化变形的现象；要具有一定的延伸性，以防止由于温度、环境因素所造成的基层变形；要具有良好的耐微生物性，以防止在和水、土壤、潮湿空气接触的环境下受到微生物的侵蚀。

综合管廊防水工程的材料选择，可以大胆实践新型防水材料，充分利用其更好的防渗、耐腐蚀等性能，减少后期运维投入，全面提升城市地下综合管廊工程的社会效益与成本控制。例如，HDPE 自粘胶膜防水卷材与 TPO 自粘防水卷材等合成高分子类防水材料，在施工过程中，可以依据施工要求，利用材料的自愈性或延伸性，控制窜水情况，有效提高防水系统的可靠性。SBS 防水卷材与自粘聚合物一类的防水材料，具有良好的耐碱性或防根穿刺性，可以在综合管廊建设防水施工中被广泛应用（图 5-31）。

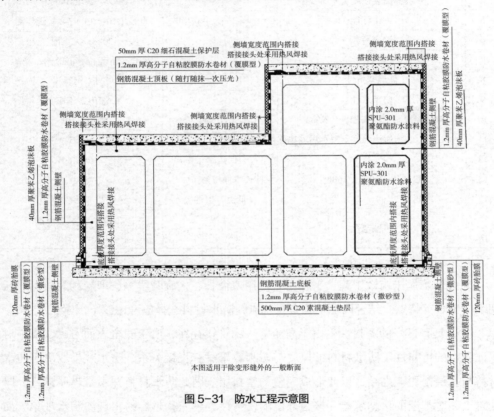

本图适用于除变形缝外的一般断面

图 5-31　防水工程示意图

1. 底板

　　在底板浇筑前，预铺反粘（冷粘）1.2mm 厚高分子自粘胶膜防水卷材（撒砂型）（图 5-32）。高分子自粘胶膜防水卷材和底板混凝土中未初凝的水泥，在压力作用下，相向渗透、互穿粘结，形成巨大的分子间作用力。综合管廊主体结构和

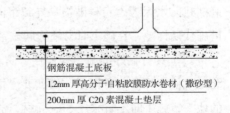

图5-32　管廊主体结构底板外防水构造（一）

高分子自粘胶膜防水卷材之间的空隙，经过一系列物理、化学反应后（混凝土固化），基本得到填充，消除了窜水通道。该施工工艺无需动火作业，同时避免了环境污染。

　　地下综合管廊主体结构底板外防水构造还有其他一些做法，如图 5-33、图 5-34 所示。

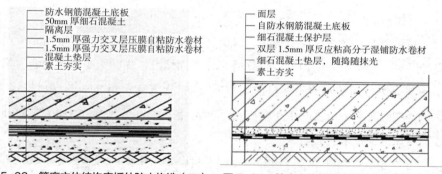

图 5-33 管廊主体结构底板外防水构造（二）　图 5-34 管廊主体结构底板外防水构造（三）

底板结构外防水一般施工工艺：基层清理→卷材试铺→铺贴防水卷材→卷材接缝处理→末端收头→撒水泥粉→绑扎底板钢筋→浇筑混凝土。

底板结构外防水主要施工工艺要点如下：

1）基层清理

防水施工前必须对所有的结构基层进行处理，主要是结构表层、表面裂缝及细部节点等部位。当基面出现潮湿现象时，利用空铺工艺进行处理。具体做法如下：

（1）先用铁铲、扫帚等工具清运施工表面上的所有泥块或建筑垃圾等，不得有杂物。

（2）基层表面的气孔、缝隙、凹凸不平等应及时修补处理。对明显凹凸或不规则的凸出表面进行剔除，并用高标号砂浆抹平，直至基层不起皮、起砂。剔除所有混凝土表面分隔缝凹槽内杂物、灰浆等，并用细砂溜平。混凝土表层裂缝超过 2mm 时进行修复处理，处理后方可进行施工。

（3）在后浇带和侧墙模板的拼接处用专门的打磨设备进行打磨处理，以保证基面的平整。基面阴阳转角抹成圆弧形，阴角最小半径 50mm，阳角最小半径 20mm。

（4）施工时基面不应有明水，如有积水，则需扫除、用拖把擦干后再施工。用扫帚等工具将基层表面的灰尘等进行清理，基面必须保持干净、无水珠、无浮浆。在进行基面作业时，要保证其平整度，浮浆与基面凹凸不平的现象一定要全面杜绝，当基面出现渗水现象时，一定要及时处理。

（5）在基层上均匀地涂刷基层专用处理剂，并尽量保证不漏涂、不露底。

（6）各种预埋管件按设计及规范要求事先预埋，安装牢固，并做好密封处理。

（7）对底板垫层用原浆抹平。

2）卷材铺设

综合管廊底板可采用单面粘或双面粘来铺贴防水卷材，并根据施工作业面情况进行弹线（试铺卷材）。弹好铺贴基准线后，将卷材摊开并对齐基准线，来保证卷材铺贴平直。具体做法如下：

（1）试铺卷材：先在垫层上弹线，以确定卷材基准位置，铺设时遵循先节点后大面、先低后高、先远后近的原则。根据施工作业面情况，先弹第1条基准线，第2条与第1条基准线之间的距离为卷材的幅宽（1m），由于需预留8cm的卷材搭接宽幅，之后每条基准线与前一条之间距离≤92cm。弹好卷材铺设基准线后，将卷材摊开并调整对齐，以保证铺设平直。

（2）铺设卷材：先按基准线铺好第1幅卷材，要求牢固、可靠、无空鼓，再铺设第2幅，揭开两幅卷材搭接部位的隔离纸，对卷材进行搭接；第1道卷材铺设完毕后，错缝铺设第2道卷材。卷材铺设时，不得用力拉伸，并随时保证其与基准线对齐，以免出现偏差而难以纠正。将防水卷材胶面朝上、无纺布面朝下，空铺在结构基层上，沿基准线铺展第1幅卷材，完毕后根据搭接距离铺设第2幅卷材。在铺贴时，不得用力拉伸卷材，应随时保证其与基准线对齐，以免出现偏差而难以纠正；管廊侧墙应先进行合理定位，确定卷材铺贴方向，裁剪合适的卷材长度，合理定位铺贴。然后用刮板从卷材中间向两侧刮压排气，使卷材充分粘贴在基层表面上，最后将刮压排出的水泥浆料回刮收头密封。管廊顶板施工应在弹线后，将卷材整个抬至待铺部位，调整位置同时检查卷材间搭接缝的宽度，保证卷材搭接可靠、铺贴平直。

卷材铺设完成后要注意后续保护，绑扎钢筋时应在其下设置木垫板作临时保护，必要时在混凝土垫块或马凳筋下加贴一块防水卷材片，避免破坏防水卷材；如不慎破坏了防水层，可视破损情况裁剪100mm×100mm的防水卷材片，牢固粘贴于破损处。在倒入水泥浆料时要保证布满卷材幅宽，保证其铺贴时能赶压外排，使卷材内部浆料均匀、密实、粘结可靠。防水层验收合格后要尽快按照规范要求进行保护层的施工。

3）卷材接缝

防水卷材接缝处理：①长边搭接时采用自粘搭接，将上下层卷材粘贴在一起，碾压排气；②短边搭接时采用对接方式，将两幅卷材的短边对齐，然后将裁剪的防水卷材粘贴在接缝上，粘结牢固。由于管廊防水层一般采用冷作业施工，如有钢筋焊接需要时，需在焊接处卷材面增设临时保护设施；当温度较低影响搭接时，可采用热风焊枪加热卷材搭接部位。

2. 侧墙

管廊侧墙采用1.2mm厚高分子自粘胶膜防水卷材（覆膜型），侧墙外立面的防水卷材施工完成后，再使用40mm厚聚苯乙烯泡沫板外贴对其进行保护（图5-35）。

出于施工质量和安全考虑，侧墙外防水也可采用双道1.5mm厚强力交叉层压膜自粘防水卷材。该防水卷材具有良好的压敏性和粘接性，与侧墙基面粘接性能好；且质量轻，便于施工。双层卷材属于薄层、多层做法，错缝搭接，防水整体性更好。如图 5-36、图 5-37 所示。

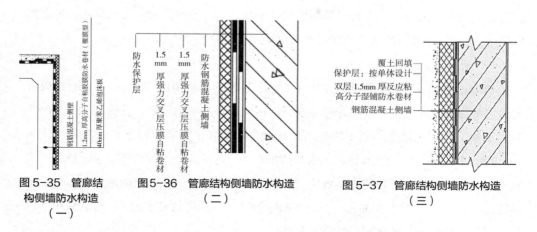

图 5-35　管廊结构侧墙防水构造（一）　　图 5-36　管廊结构侧墙防水构造（二）　　图 5-37　管廊结构侧墙防水构造（三）

侧墙结构外防水一般施工工艺：基层清理→涂刷基层处理剂→刮涂水泥素浆→卷材试铺→铺贴防水卷材→保护层施工→覆土回填。聚苯乙烯泡沫板性能指标应符合表 5-15 要求。

聚苯乙烯泡沫板性能指标　　　　　　　　表 5-15

序号	项目	性能要求
1	拉伸强度（MPa）	≥ 10
2	断裂延伸率（%）	≥ 200
3	不透水性（120min，MPa）	≥ 0.3
4	低温弯折性（℃）	≤ -20
5	热处理尺寸变化率（%）	≤ 2

1）施工工艺要点

（1）基层清理

采用铲刀和扫帚将基层表面的凸起物清理干净，砂眼、孔洞用高标号聚合物砂浆修补平整。用扫帚、铁铲等工具将基层表面的灰尘、杂物清理干净。不平整的部位需进行修补，及时检查基层的坚实度、平整度、洁净度等方面是否具备防水施工作业条件要求，并对混凝土结构进行全面排查；若存在裂缝，需采取措施对混凝土结构裂缝进行加强处理。基层表面应坚固、平整、干燥、干净，无灰尘、油污，无起灰、起砂，无浮浆。转角处应做成 50mm×50mm 的坡角或 $r \geqslant 50mm$ 的圆弧。

（2）涂刷基层处理剂

在清理干净的基层上均匀地滚刷专用基层处理剂，做到不漏涂、不露底。干燥（一般2~3h）后，方可进行下一步施工。在合格基层上均匀涂刷基层处理剂，涂刷前应将处理剂充分搅拌，涂刷时应厚薄均匀，不漏底、不堆积，遵循先高后低、先立面后平面的原则。涂刷的基层处理剂干燥后即可施工。

（3）刮涂水泥素浆

侧墙处的卷材铺设，需要以1∶2的防水砂浆进行结构找平作业；利用自粘胶带与水泥基层防水涂料，使侧墙处的防水施工达到良好的密封效果，有效避免出现侧墙渗水现象。在对侧墙处的施工缝进行处理时，用来找平的水泥砂浆要控制其比例为1∶2.5，并且还应保证止水钢板、预埋式止水带与外贴式止水带的三重止水措施的实施，从而全面提升侧墙处的防水效果与密封效果。在进行机械固定的施工中，应控制射钉之间的距离为420~580mm。若是在相邻卷材上进行机械固定施工，可以采用下浮卷材覆盖钉眼位置，来保证工程的防水要求。

（4）非固化涂料

防水涂料必须均匀喷涂，喷涂用量为0.4kg/m²，施工前应清除表面浮浆、油污，用清水冲洗干净。施工防水层前检查混凝土外观，应确保墙面无露筋、暴牙等现象，否则应采用机械打磨予以清除，有较大坑洼处采用环氧砂浆先修补填平，以确保基面的整体平整度。防水涂料施工必须保证均匀布置，不能出现漏涂现象。

（5）卷材试铺

根据卷材铺设方向，以分格的方式进行弹线，确定卷材施工的位置以及用量。每个单元格长5m、宽0.92m，面积为4.6m²。大面卷材铺设前应在基层定位，然后将自粘卷材自然松弛地摊开试铺，以保证卷材的铺设方向和顺直美观；按控制线摆放好后，将卷材从两端往中间收卷。

（6）铺贴卷材

先弹线试铺，按基准线试铺第1幅卷材，然后边刮涂水泥素浆边将卷材紧贴在基面上；完成后铺设第2幅卷材，然后揭开两幅卷材搭接部位的隔离纸，将卷材牢固搭接；全部铺设完毕后，按照同样的方法湿铺第2道卷材。铺设卷材时，不得用力拉伸卷材，并随时注意与基准线对齐。在非固化橡胶沥青防水涂料在基层上涂刷完成后，立即滚铺自粘胶膜防水卷材，滚铺时轻刮卷材表面，排出内部空气，使卷材与液体橡胶牢固地粘接在一起。自粘胶膜防水卷材搭接宽度为80mm，搭接边应用压轮滚压严密。

在很多项目中，侧墙卷材收口经常留在侧墙上，这样留置对防水实为不利。综合管廊防水项目卷材收口留置建议在顶板的平面上250mm。防水层在顶板边部被破坏的情况确实可能发生，但现场稍加保护总体还是可控的，即使有所破坏，但卷材的整体性还是远优于上述处理即卷材收口用金属压条和钢钉固定，再用密封膏密封。卷材收头应高于±500mm。防水施工完成后，须进行全面自检，及时修补破损部位。

（7）保护层

采用50mm厚聚苯板作保护层，并回填黏土或3∶7灰土分层夯实。

2）施工质量控制

（1）底板与侧墙交接处防水

根据综合管廊施工工序安排，侧墙、顶板结构施工完后再进行外包防水层施工，底板甩槎部位的卷材已经经过较长时间的压置、弯折，翻边之后的卷材弯折部位容易凸起，非常容易出现虚粘的现象。同时，由于自粘卷材自身的特点，自粘面是否清洁在一定程度上决定了卷材的粘结强度。

底板与侧墙交接处防水（图5-38）施工要点：结构导墙采用砖胎膜作为侧端支模；底板转角处应先抹成半径不小于50mm的圆弧；底板防水层向外延伸超过侧墙模板300mm，与后续侧墙防水材料进行搭接，注意预留卷材部分应砌砖进行临时保护；将侧墙预留甩头上的保护砖凿掉，底板卷材清理干净后上翻至侧墙立面，并在卷材表面薄涂一遍非固化涂料后再粘贴于侧墙立面，然后再进行侧墙部位防水层施工；阴角与施工缝处两边防水加强层各宽出250mm。

（2）平立面交角处防水

底板阴角处先铺设500mm宽、1.5mm厚防水卷材加强层，后用空铺法施工从底面折向立面的卷材与保护墙的接触部位。底板永久性保护墙砖模顶部甩200mm宽卷材空铺，第2道卷材立面干粘后甩300mm宽卷材空铺，并预留立面接槎，在施工时做好可靠保护措施掩埋预留接槎和防止后续施工破坏，后续施工前应采用泡沫板或木板铺盖预留接槎的卷材，以保护好接槎的卷材。平立面交角处防水构造做法如图5-39所示。

（3）底板处接槎及侧墙施工缝防水

湿铺防水卷材加强层宽度每侧≥250mm，并用反应粘密封膏作节点密封；由于侧墙浇筑存在施工缝，选用300mm宽钢边橡胶止水带（厚度≥3mm），设置于墙内正中央位置；保护层外砌120mm厚砖墙临时保护。底板处接槎及侧墙施工缝防水构造做法如图5-40所示。

（4）出地面侧墙卷材收头

管廊出地面侧墙卷材总宽300mm，采用射钉收头，并用反应粘密封膏密封；出地面侧墙与顶板的交角用20mm×20mm反应粘密封膏作密封，并在顶板侧设置排散水装置。出地面侧墙卷材收头构造做法如图5-41所示。

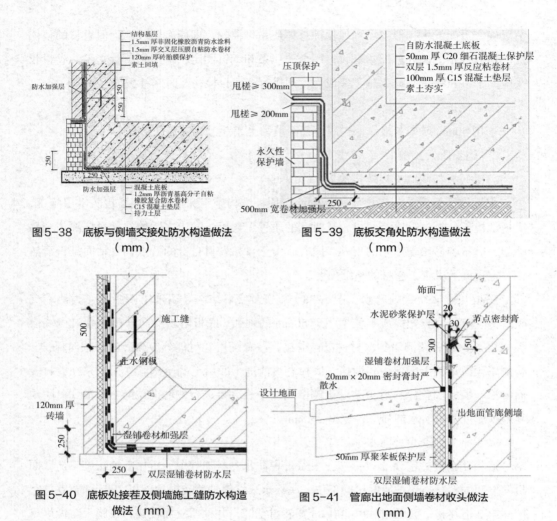

图 5-38　底板与侧墙交接处防水构造做法
（mm）

图 5-39　底板交角处防水构造做法
（mm）

图 5-40　底板处接茬及侧墙施工缝防水构造做法（mm）

图 5-41　管廊出地面侧墙卷材收头做法（mm）

（5）侧墙对拉螺栓处理

对拉螺栓是为防止内外模板变形而设置的，要求对拉螺栓具有止水功能，因此在拉螺栓中间设有止水垫片，止水垫片为 5cm×5cm 正方形。止水螺栓制作过程中要保证止水垫片与对拉螺栓紧密结合，不允许出现漏洞。后期处理外露部分对拉螺栓时需要注意，严禁用锤子击打，必须用切割机切除，切除后表面涂上防水砂浆。穿螺栓应进行抹灰处理，并涂刷非固化橡胶沥青防水涂料，然后用自粘胶膜防水卷材进行包裹，密封严密。

3. 顶板

综合管廊顶板外防水构造如图 5-42 所示。

综合管廊顶板也可采用橡胶沥青防水涂料（非固化）与交叉层压膜双面自粘防水卷材形成的复合防水系统，其中卷材为 1.5mm 厚，顶板涂料 2.0mm 厚。如图 5-43 所示。

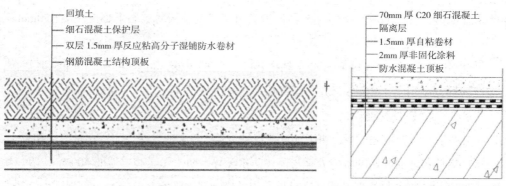

图5-42 管廊顶板外防水构造做法

图5-43 管廊结构顶板防水构造做法（复合防水）

综合管廊顶板常处于道路的绿化带正下方，覆土厚度一般约为2.0m，考虑根系穿刺的问题，防水层可采用具有耐根穿刺性能的1.2mm厚高分子自粘胶膜防水卷材（覆膜型），如图5-44所示。顶板及侧墙防水卷材施工完成后，再使用C20细石混凝土做50mm厚保护层。

顶板结构外防水一般施工工艺：基层清理→刮涂水泥素浆→卷材试铺→铺贴防水卷材→保护层施工→覆土回填。

顶部结构外防水主要施工工艺要点如下：

（1）基层清理

将基层表面上的垃圾、浮浆等清理干净，蜂窝孔洞用高标号水泥砂浆修补平整，并对干燥基面

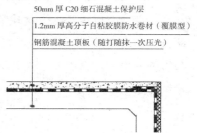

图5-44 管廊结构顶板防水构造做法（防水卷材）

淋水湿润，及时扫除明水，为卷材铺设创造条件。对于涂料类防水层，基面条件是保证防水质量的先决条件。近年来，国内防水行业将抛丸引入民建工程中，基层在抛丸机处理后露出混凝土结构面，可以达到清洁、坚实的要求，顶板上的结构缺陷也很容易暴露，有助于防水层施工前的修补。在抛丸后的基面上施工非固化橡胶沥青防水涂料，利用其自愈性和蠕变性能够有效弥补顶板上的裂缝，同时涂料和结构面形成满粘的防水层。需要注意的是，抛丸处理需要结合工期安排，尽量当天抛丸当天施工防水层，以防造成顶板二次污染。

（2）铺贴卷材

同侧墙施工方法，配合水泥素浆按基准线湿铺第1幅卷材，再铺设第2幅，然后揭开两幅卷材搭接部位的隔离纸，将卷材搭接。和侧墙部位的接槎，重点是与变形缝的接槎闭合，前文已有所描述。该项目顶板下翻至侧墙立面处增设增强层，顶板平面与侧墙立面均为250mm宽，采用2.0mm厚非固化橡胶沥青防水涂料、聚酯无纺布胎

体增强的做法。由非固化涂料和改性沥青卷材组成的顶板防水层下翻至侧墙 250mm。

（3）卷材长短边搭接

将搭接部位隔离膜撕开直接干粘搭接，若气温较低，可采用热风枪加温后搭接，保证搭接宽度不小于 80mm，卷材端部搭接区相互错开不小于 1/3 卷材幅宽。

（4）第 2 道卷材铺设

第 1 道卷材湿铺完毕后，再大面试错缝铺设第 2 道湿铺卷材，注意卷材搭接和收头。投料口等伸出地面构造的收口处理与民建防水无异，防水做至高出地面 500mm，收口用压条固定并进行密封处理。此处容易被忽视的细节是：压条上口应有一定宽度，以便留有密封胶的宽度空间；同时，密封胶应选用与沥青卷材相容的改性沥青密封材料。

（5）保护层施工

顶板及底板外侧上表面在防水材料施工完成后，再进行 50mm 厚的 C20 细石混凝土保护层浇筑施工。按照设计要求，用 50mm 厚聚苯板作保护层，并及时回填覆土。

5.4.3.3　细部结构节点防水

当综合管廊地基承受荷载差别较大时，应设置变形缝。变形缝的设计要满足密封防水、适应变形、施工方便、检修容易等要求，一般包括天然橡胶止水带、聚硫密封膏、低发泡聚乙烯板等。该工程玉阳大道示范段（双层六舱）综合管廊变形缝处防水工艺如图 5-45 所示。

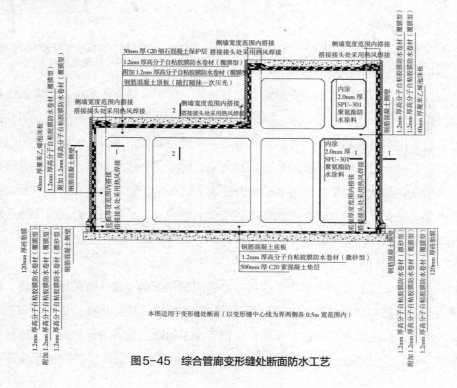

图5-45　综合管廊变形缝处断面防水工艺

1. 变形缝

在地基土有显著变化或承受的荷载差别较大的部位，应设置变形缝，在地基性质急剧变化处及可能发生液化的地基处可设置挠性连接。变形缝的设计要满足密封防水、适应变形、施工方便、检修容易等要求。

在变形缝节点控制时，需要重点分析变形缝中心线、中埋式止水带中心线之间的重合性，以保证止水带的整体牢固性。当前这种操作模式，主要沿着底板、外墙环绕设置，按照相关要求，应将其固定在钢筋夹上，可以有效地解决止水带气泡等问题。

明挖现浇法综合管廊变形缝的防水采用复合防水构造措施，中埋式橡胶止水带与外贴防水层复合使用，如图5-46所示，材料主要包括天然橡胶止水带、抗微生物双组分聚硫密封胶、聚乙烯发泡填缝板等。

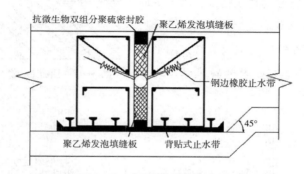

图5-46 变形缝构造防水设计

（1）变形缝的一般要求

当综合管廊建在软土地基或土性变化较大的地层中时，必须进行地基处理，以减少其不均匀沉降或过大的沉降。常用的地基处理方法有压密注浆、地基土置换、粉喷桩加固软土地基等。综合管廊变形缝处需采用特殊的防水构造，通常在综合管廊变形缝的外围设置环梁，并使用中埋式措施进行防水。

地下构筑物与独立建设的综合管廊的交接处，必须将综合管廊与地下构筑物采用弹性铰的连接方式进行连接，在构造中也应该按弹性铰进行处理，同时还须做好连接处的防水措施。

变形缝及施工缝设置是否合理，是接缝防水成功与否的前提条件。变形缝以其变形量大、防水措施复杂等特点，成为渗漏水的多发节点，因此工程中变形缝宜少设为妙，但同时又要满足结构变形的需要。然而变形缝的间距和缝宽是成正比的，即减少了变形缝的数量，变形缝间距加大，其缝宽也会随之加大。变形缝过宽，在较大的水压力下，渗漏的概率会大大增加。在进行变形缝施工时，一般不超过30m设一道沉降缝，其缝宽要根据实际情况来进行设置。一般情况下分缝间距为 20~25m，用于沉降的变形缝其最大允许沉降差值不应大于 30mm，变形缝缝宽不宜小于 30mm，变形缝处混凝土结构厚度不应小于 300mm，变形缝应设置橡胶止水带、填缝材料和嵌缝材料的止水构造，加强混凝土的振捣，排除止水带底部空气，使止水带和混凝土紧密结合。这样的分缝间距可以有效地消除钢筋混凝土因温度、收缩、不均匀沉降而产生的应力，从而实现综合管廊的抗裂防渗设计。综合管廊变形缝的最大间距为 30m。当采取有效措施时，变形缝的间距可适当增大，具体根据工程实际情况确定。

（2）变形缝的形式

变形缝主要包括平接变形缝和错口变形缝（图 5-47）两种形式。平接变形缝一般适用于地基承载力较好的地质情况；错口变形缝一般适用于地基承载力较差的地质情况，对外力扰动适应性较好。工程上常采用平接变形缝，具体防水工艺如图 5-48 所示。

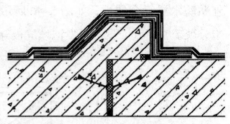

图 5-47　顶板变形缝（错口缝）防水做法

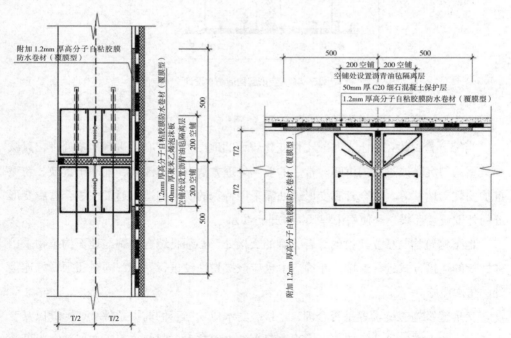

图 5-48　侧墙顶板变形缝防水工艺（mm）

（3）橡胶止水带的安装

橡胶止水带按照工艺主要分为中埋式止水带和外贴式止水带两类。

在施工时，要将中埋式钢边橡胶止水带放置于变形缝结构的断面中部，使其形成一道密封的防水线。同时要采取出厂定制或者是现场热熔的方式来使止水带成环。中埋式橡胶止水带性能要求见表 5-16。

中埋式橡胶止水带性能要求表   表 5-16

项目		天然橡胶
硬度（邵尔 A，度）		60±5
拉伸强度（MPa）≥		18
扯断伸长率（%）≥		450
定伸永久变形（%）≤		20
压缩永久变形	70℃×24h，%≤	35
	23℃×168h，%≤	20
撕裂强度（kN/m）≥		35
脆性温度（℃）≤		-45
		无龟裂
热空气老化	硬度变化（邵尔 A，度）≤	+8
	70℃×72h	拉伸强度（MPa）≥	12
	扯断伸长率（%）≥	300
臭氧老化 50PPm：20%，48h		2级

中埋式橡胶止水带施工要点如下：①在变形缝中设置钢边橡胶止水带时，要安置在准确的位置。变形缝的中心线要与其中间的空心圆环相一致。橡胶止水带要安置在钢筋混凝土主体结构厚度一半的位置，其安置要做到顺、直、平。②焊接法是进行搭接钢边橡胶止水带时常用的施工方法，橡胶的搭接则是采用粘结法，但是其连接缝要保证牢固和密实。如果是非硫化的部位，则可以采用热熔的方式来连接橡胶。③采用铁丝将止水带固定在钢筋上面。止水带的钢板两侧要设置预留孔，孔与孔之间的距离约 300mm，并且要错开布置，使用铁丝固定，且还要采用扁钢来进行弧顶施工。止水带的转角处要做成圆弧形。④采用工厂接头来连接除止水带之外的其他接头部位，不能在现场进行接头处理。接头最好采用现场热熔接头形式。⑤在浇筑混凝土时，要对止水带周围的混凝土进行充分振捣，保证其与橡胶之间的紧密联系，不能产生空隙，避免对止水带造成伤害。

外贴式止水带施工要点如下：①在其他的防水层设置止水带时，不应使用水泥钉来穿过防水层进行固定，而应采用胶粘法的方式。②接缝要与止水带的纵向止水带相一致，在止水带安装完成后要对其进行检查，保证其没有出现翘边以及空鼓等现象，从而避免在混凝土浇筑过程中出现较大扭曲或移位。③由于止水带的转角部位非常容易出现倒伏的现象，因此在进行安装的过程中要防止齿条倒伏或者采用转角预制件来避免出现此类情况。④在进行施工时，要保证混凝土与止水带齿条之间咬合的密实性。在浇筑混凝土之前要对止水带表面进行清理，保证其表面的洁净，从而保证浇筑的质量。

（4）变形缝的填充

明挖现浇法综合管廊在节与节之间设置变形缝，内设橡胶止水带，并用低发泡聚乙烯板和双组份聚硫密封膏进行嵌缝处理，此外在缝间设置剪力键，以减少相对沉降，保证沉降差不大于30mm，确保变形缝的水密性。用于沉降的变形缝的宽度宜为20~30mm。双组份聚硫密封膏性能见表5-17。

双组份聚硫密封膏性能要求表　　　　　　表5-17

项目	指标	项目	指标
密度（g/cm³）	1.6	低温柔性（℃）	−30
适用期（h）	2~6	拉伸粘结性、最大伸长率（%）≤	200
表干时间（h）≤	24	恢复率（h）≥	80
渗出指数≤	4	拉伸—压缩循环性能、粘结破坏面积（%）≤	25
流变型、下垂度（mm）≤	3	加热失重（%）≤	10
防霉等级（不低于）	0		

变形缝的填充施工不仅需要保证其正常的变形功能，而且不得破坏主体结构基础。普遍采用的措施是：利用快速水泥或类似材料对变形缝进行密封，根据高压注浆的原则，将变形缝损坏的部位、混凝土接触处的裂缝以及变形缝周围的空腔中的水排出，同时采用浆液对其进行封堵，从而有效地达到堵水防渗漏的效果。

在施工过程中，施工人员还要在变形缝以及施工缝处设置两道高分子复合自粘防水卷材，其宽度要根据实际情况而定。在完成防水卷材施工之后，就要在其表面包裹厚的泡沫板，避免卷材受到损伤，破坏其防水功能。

变形缝嵌缝施工要点：①在进行嵌缝之前要将变形缝内部的衬垫板清除掉，并且还要用钢丝刷和高压空气将缝内混凝土表面清理干净，即要保证混凝土表面的洁净和干燥，不存在杂物和灰尘等，从而保证嵌缝的质量。②应将隔离膜设置在变形缝内的衬垫板表面，膜的定位要准确，不能够覆盖混凝土的基面。③在注胶的过程中要保证其与两侧的混凝土是紧密粘贴的，避免出现气泡和基层脱离的现象。

（5）变形缝的加强

变形缝采用复合防水构造措施，即中埋式止水带与外贴防水层复合使用，具体做法如图5-49所示。本做法的优势在于增强层通过胶粘胶的形式与主防水层满粘，形成整体防水层，在结构变形时受力更为直接，而且验收防水质量更为方便。此防水构造做法遵循国家建筑标准设计图集《地下建筑防水构造》10J301中相关规定。

地下综合管廊的变形缝沿底板向上至侧墙、顶板为贯通缝，因此在实际底板工程中，变形缝的增强层在主防水层上一直延续到永久保护墙部位，并和主防水层甩槎齐平，以便和侧墙部位的变形缝更好地结合，如图5-50所示。

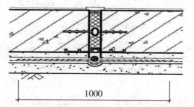

图5-49 管廊结构地下底板变形缝防水构造做法（mm）

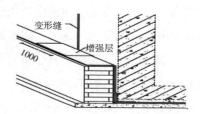

图5-50 管廊结构永久保护墙处变形缝做法（mm）

2. 施工缝

施工缝位于一、二次浇筑结合部位，一般位于底板以上30~50cm，主要防水措施为钢板止水带。首先要保证钢板止水带符合技术要求，两边都有V字形折角，宽度符合相关规范要求，在施工时严格控制止水钢板中心线位置因与上下两个结构分割线重合，钢板止水带搭接宽度2cm以上，搭接部位必须满焊，且注意不得因为焊接出现对穿洞。施工缝位置，为保证两个部分完整结合，需要在下部结构完成后进行凿毛，二次结构施工时先用高标号砂浆浇筑，后期方可用同等级混凝土浇筑。

综合管廊主体结构底板或顶板的混凝土应连续浇筑；侧墙混凝土应分层浇筑、分层振捣，每次浇筑高度不超过500~700mm。加强接缝处的模板固定，不得有跑模、位移现象，在此基础上保证混凝土振捣密实。

施工缝是因分段浇筑，而在先、后浇筑的混凝土之间所形成的接缝。为防止施工缝发生渗漏现象，施工过程中应注意：①对施工缝表面进行清理并凿毛；②涂刷水泥基渗透结晶型基层处理剂，单位用量不小于$1.2kg/m^2$；③在施工缝处设置300mm宽钢板止水带；④接缝强度应大于综合管廊主体结构自身强度。具体构造如图5-51所示。

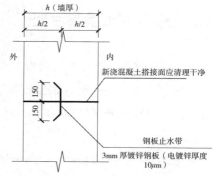

图5-51 施工缝防水做法（mm）

3. 预埋管

根据以往的建设教训，管线进出预留口是综合管廊渗漏最严重的部位。从综合管廊内进出的管线较多，需要留置各种规格的预留口，一般应采用标准预制件。

电缆或光缆的穿线往往不是一次完成的，在土建结构施工完成后，要很长的一段时间甚至几年后才会逐步地完成电缆和光缆的穿线，故该预埋件需要考虑不穿线时的防水问题，在需要穿线时要能方便取下预埋件并能分开后穿越缆线，同时还需要考虑远期缆线方便更换的问题，另外由于穿越的是缆线，所以橡塑预埋件还需考虑防火的问题，以及电缆电流自身的特殊性，一般不能用钢制环形材料。

工程上穿电力电缆、通信电缆预留口处，常采用工厂定制的防水密封组件，在结构本体混凝土浇筑时同步预埋。防水密封组件应具有可变径、阻燃防火、水密、气密等功能，能够通过内置橡胶分层剥离实现变径，通过螺丝拧紧实现压紧功能，最终达到长期防渗漏效果。如图 5-52 所示。

给水、中水、燃气等入廊管线一般采用预埋套管。预埋套管要求防水性能好，有一定的抗变形能力，如图 5-53 所示。预埋套管铺贴高分子防水卷材时，加贴两层同类防水卷材，并使用防水密封膏嵌缝，套管中部使用沥青麻丝填严。

$$L_z=F/（\pi Df）=10000÷（\pi×4×3）≈265m$$

 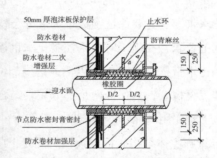

图 5-52　PVC 防水密封组件样图　　图 5-53　侧墙穿墙管件防水做法（mm）

5.5　综合管廊渗漏治理

渗漏是地下工程的常见病害之一。造成渗漏的原因很多，有客观原因也有人为因素，两者往往互相牵连。综合起来分析，主要有设计不当（设防措施不当）、施工质量欠佳（特别是细部处理粗糙）、材料问题（如选材不当或使用不合格材料）和使用管理不当四个方面。

实践表明，渗漏治理是一项对从业人员技术水平、材料、施工工艺等方面要求均很高的工程，其施工难度往往超过新建工程。在长期的建筑工程渗漏治理实践中，工程技术人员总结出了灌（灌注化学灌浆材料）、嵌（嵌填刚性速凝材料）、抹（抹压防水砂浆）、涂（涂布防水涂料）等典型的施工工艺。

渗漏发生的要素包括：水源、驱动力及渗漏通道，三者缺一不可。渗漏治理是针对具体部位，运用合理可行的方式切断水源、消除渗漏驱动力或堵塞渗漏通道，其目的在于恢复或增强原防水构造的功能。

在进行综合管廊结构防水设计时，严格按照现行国家标准《地下工程防水技术规范》GB 50108—2008 规定设计，防水设防等级为二级。

在防水设防等级为二级的情况下，综合管廊主体不允许漏水，结构表面可有少量湿渍，总湿渍面积不应大于总防水面积的 2/1000；任意 $100m^2$ 防水面上的湿渍不超过 3 处，单个湿渍的最大面积不应大于 $0.2m^2$。平均渗水量不大于 $0.05L/（m^2 \cdot d）$，任意 $100m^2$ 防水面积上的渗水量不大于 $0.15L/（m^2 \cdot d）$。

按承载能力极限状态及正常使用极限状态进行双控方案设计，裂缝宽度不得大于 0.2mm，并不得贯通，以保证结构在正常使用状态下的防水性能。对于不渗水的龟裂缝，需表面涂抹水泥砂浆后再做一层防水层；对于渗水严重的裂缝，则要钻孔进行内部钻孔灌浆处理。

综合管廊出现渗漏水，表明工程质量有缺陷，但是系统功能没有失效，需要对其进行渗漏水治理，其核心任务是保障和改善功能质量。渗漏治理方案中主要体现以下措施的综合利用：

（1）引：针对渗漏至管廊内部，影响结构寿命以及使用功能的渗漏水，无法实现防堵措施，或预防后期二次渗漏所采取的引流措施。

（2）堵：针对点漏、线漏为主要渗漏形式，将水源封堵在结构中或结构外围的防水措施。

（3）排：针对渗漏面积较大引发的面渗，以及防堵无法实现的情况，设置排水系统以减少渗水压力及渗水量，为进一步治水创造条件。

（4）疏：实践表明，要想做到廊道不漏水，很难通过单一治理方法解决，需要通过多道设防，层层设防，以达到不渗漏水的目的。即将较严重的渗漏问题化整为零，采取组合方式发挥每一层防水措施的优势对问题各个击破的治水方案。

综合管廊渗漏主要发生部位分有：裂缝、孔洞、管片接缝、变形缝、施工缝等，还有大面积返潮。根据裂缝的方式，从渗漏治理角度着手，可将裂缝按形式分为浅层、深层、贯穿等；按渗漏形式分为湿渍、流淌、滴漏、线漏、涌漏、夹砂、泥漏等；在地下工程渗漏水治理措施中主要采取"引、堵、排、疏"（"防、堵、截、排"）相结合的方法，遵循"先大后小，由面到线，再到点逐级防堵"的原则提供修缮解决方案。

地下工程渗漏治理的设计和施工应遵循"以堵为主，堵排结合，因地制宜，多道设防，综合治理"的原则。

从背水面开始施工为主是地下工程渗漏治理的主要特点之一。

新建工程的防水重视"防、排、截、堵"等措施相结合，本文强调渗漏治理以堵为主，主要是考虑一旦发生渗漏水，则必然会对建（构）筑物的使用功能造成负面影响。将渗漏水拒于主体结构之外既符合防水工程的设计初衷，更是保证主体结构寿命的必要措施。应当指出，工程实际中仅通过"堵"往往不能彻底解决渗漏问题，在具备排水条件时，利用排水系统减少渗漏量也是一种有效的辅助手段。针对具体的渗漏问题，其治理工艺因时、因地变化而可能有所不同，故强调"因地制宜"。而"多道设防"是我国防水工程界长期实践经验的总结，是保证防水工程可靠性的必要措施。"综合治理"就是在渗漏治理过程中不仅满足于达到治理部位不渗不漏的目的，而是将工程看作一个整体，综合运用各种技术手段，达到渗漏治理的目的，避免陷入"年年修，年年漏"的恶性循环。

5.5.1 渗漏治理技术措施简介

地下工程长期与水接触，水流很容易透过防水层薄弱环节如变形缝、施工缝等发生渗漏，为便于按照渗漏部位、现象选择合适的治理工艺和材料，在归纳总结现浇结构常见渗漏问题及其治理工艺的基础上总结如下：

注浆工艺可分为钻孔注浆、埋管（嘴）注浆和贴嘴注浆三类，其中钻孔注浆是近年来在渗漏治理中应用非常广泛的一种注浆止水工艺，其优点是对结构破坏小并能使浆液注入结构内部、止水效果好；埋管注浆需要开槽，这不但会造成基层破坏，而且注浆压力偏低，在裂缝渗漏止水治理中已逐步被钻孔注浆取代，但在孔洞、底板变形缝渗漏的治理中仍有应用；贴嘴注浆在建筑加固领域应用非常广泛，虽不能用于快速止水，但考虑工程中有时需要处理一些无明水的潮湿裂缝，故也将其列入可选择的工艺中。在灌浆材料中，聚氨酯、丙烯酸盐、水泥－水玻璃及水泥基灌浆材料等都可用于注浆止水。丙烯酰胺灌浆材料（即丙凝）由于单体具有致癌作用，国内外相关标准已将其列为禁止使用的灌浆材料。

快速封堵是指用速凝型无机防水堵漏材料封堵渗漏水的一种工艺，其优点是方便快捷，缺点是不能将水拒之结构外部且材料耐久性还有待提高，因此常作为一种临时快速止水措施，与其他工艺一起配合使用。

多年的实践经验证明，变形缝渗漏临时止水后，由于材料与基层的粘结强度不高加之结构位移，经常会出现复漏。在止水后的变形缝背水面安装止水带是解决这一问题的有效途径，并日益受到重视。

遇水膨胀止水条是地下工程变形缝渗漏治理常用的材料，只有确保其遇水膨胀是在受限空间（空间自由体积小于膨胀量）中方能有效。国内有文献曾报道用速凝型无机防水堵漏材料及防水砂浆将遇水膨胀止水条封闭在变形缝中，以达到止水的目的。但这种做法本身有违变形缝的设计初衷，复漏的概率很大；加之止水条的搭接（遇水膨胀止水胶没有这个问题）也比较困难，因此不宜作为一种长效的变形缝渗漏治理措施。但对于那些结构规整、长期浸水且结构热胀冷缩及地基不均匀沉降很小的变形缝仍适用，故将其列为变形缝渗漏治理的可选措施。

刚性防水材料可分为涂料（包括缓凝型无机防水堵漏材料、水泥基渗透结晶型防水涂料及环氧树脂类防水涂料）和砂浆（聚合物水泥防水砂浆）两大类。涂料和砂浆这两类刚性防水材料往往需要复合使用以形成一道完整的防水层。此外，补偿收缩混凝土可被当作结构材料，虽然会用到，但并未被列入可选材料中。

在结构背水面涂布有机防水涂料时，要求涂料应具有较高的基层粘结强度且应设置刚性保护层，这是业界的共识，聚合物水泥防水涂料符合这一规定。在渗漏治理工程中，由于担心涂层抗水压力不足，容易在压力下出现鼓泡、剥落，该工程暂未将其列为大面积渗漏治理的可选措施。但当管道根部面积有限，且采用其他措施过渡处理困难时，涂布聚合物水泥防水涂料应该是一个合理的补充措施。

渗漏治理设计初衷在于根据渗漏部位快速查找和匹配治理措施，并避免出现常见的错误，使用过程中应灵活掌握、搭配各种技术措施。

渗漏治理前应结合现场调查的书面报告进行治理方案设计。治理方案宜包括下列内容：

（1）工程概况；

（2）渗漏原因分析及治理措施；

（3）所选材料及其技术指标；

（4）排水系统。

有降水或排水条件的工程，治理前宜先采取降水或排水措施。

当工程结构存在变形和未稳定的裂缝时，宜待变形和裂缝稳定后再进行治理。接缝渗漏的治理宜在开度较大时进行。

严禁采用有损结构安全的渗漏治理措施及材料。

当渗漏部位有结构安全隐患时，应按国家现行有关标准的规定进行结构修复后再进行渗漏治理。渗漏治理应在结构安全的前提下进行。

渗漏治理宜先止水或引水再采取其他治理措施。

5.5.1.1 注浆止水技术

1. 不同裂缝的注浆处理措施

1）不规则裂缝渗漏

不同裂缝有以下几种渗漏情况：①较大的线漏或滴漏；②有湿渍而无明水；③只有较小面积的轻微湿渍。根据裂缝特点选择不同的治理措施。

（1）对于较大的线漏与滴漏的裂缝宜采取钻孔注浆止水，并宜符合下列要求：

①对无补强要求的裂缝，宜钻斜孔并注入油溶性聚氨酯灌浆材料止水，注浆孔宜交叉布置在裂缝两侧，钻孔应斜穿裂缝，当需要预先封缝时，封缝材料采用快硬水泥（图5-54）。

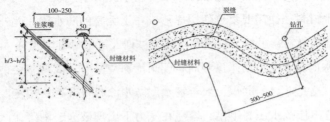

图5-54　钻孔注浆布孔示意图（mm）

②对有补强要求的裂缝，宜先钻斜孔并注入油溶性聚氨酯灌浆材料止水；待首次堵漏后无明显渗水现象，再宜二次钻斜孔，注入可在潮湿环境下固化的环氧树脂灌浆材料或水泥基灌浆材料（图5-55）。

③注浆嘴深入钻孔的深度不宜大于钻孔长度的1/2。

④结构性裂缝为需要补强的裂缝，非结构性裂缝无补强要求。

⑤注浆压力宜控制在0.8~5MPa。

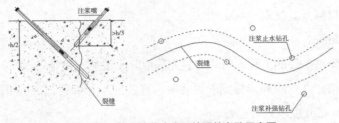

图5-55　钻孔注浆止水及补强的布孔示意图

（2）对于有湿渍而无明水的裂缝，宜贴嘴注浆，注入可在潮湿环境下固化的环氧树脂灌浆材料（图5-56），并宜符合下列要求：

①注浆嘴底座宜带有贯通的小孔；

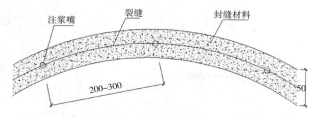

图5-56 贴嘴注浆布孔示意图（mm）

②注浆嘴宜布置在裂缝较宽的位置及其交叉部位；

③注浆压力宜控制在 0.2~0.8MPa；

④封缝材料采用快硬水泥。

（3）对于较小面积的轻微湿渍，宜在基面清理干净的基础上骑缝涂刷水泥基渗透结晶型防水涂料，用量为 1.5kg/m²。

2）施工缝的堵漏处理

施工缝的堵漏处理措施与不规则裂缝堵漏措施类似，也分为如下几种情况：

（1）对渗漏水的施工缝应钻斜孔注浆，即钻孔灌浆法，通过钻孔将浆液灌入混凝土裂缝、结构缝和接触缝。

（2）其他不渗漏水的裂缝或曾经渗水现已封闭的裂缝，为避免混凝土中性化等弱化现象发生，应考虑水泥基渗透结晶型防水涂料的使用。

（3）要补强但严重渗漏水的施工缝，宜先钻斜孔并注入油溶性聚氨酯灌浆材料止水；待首次堵漏后无明显渗水现象，再宜二次钻斜孔，注入亲水性环氧树脂灌浆材料。

3）诱导缝和变形缝渗漏治理措施：

（1）对于渗漏水量严重，且中埋式止水带的宽度已知的接缝，可采取钻斜孔穿过结构至中埋式止水带迎水面，注入油溶性聚氨酯灌浆材料止水，并宜在止水后于中埋式止水带两翼边缘部位注入可在潮湿环境下固化的环氧树脂灌浆材料。对漏水点清楚的位置，注浆范围宜为漏水部位左右两侧各 2m，否则宜沿整条接缝注浆止水（图 5-57）。

（2）对查明渗漏点且渗漏量较小的接缝，宜在漏点附近的两侧混凝土中垂直钻孔至中埋式止水带两翼边缘部位并注入油溶性聚氨酯灌浆材料止水，并宜在止水后，二次钻孔注入可在潮湿环境下固化的环氧树脂灌浆材料，注浆范围宜为漏水部位左右两侧各 2m（图 5-58）。

（3）对于结构底板中埋式止水带损坏而渗漏的接缝，可采用埋管（嘴）注浆止水（图 5-59），并宜按照下列规定执行：

①对查清渗漏位置的变形缝，宜在渗漏部位左右各 2~3m 的位置布置浆液阻断点；否则，浆液阻断点宜布置在接缝底板与侧墙转角处；

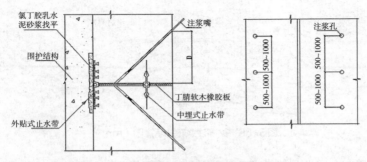

图5-57 变形缝钻孔注浆止水示意图（mm）（一）

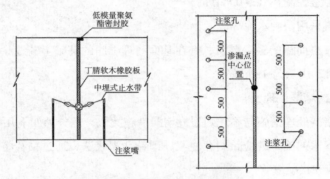

图5-58 变形缝钻孔注浆止水示意图（mm）（二）

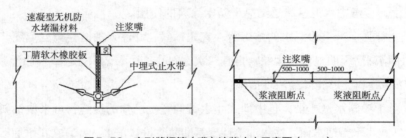

图5-59 变形缝埋管（嘴）注浆止水示意图（mm）

②在阻断点之间埋设注浆嘴，注浆嘴宜垂直于止水带中孔；

③宜采用速凝型无机防水堵漏材料埋设注浆嘴并封闭阻断点之间的整条凹槽；

④接缝注浆止水宜选用固结体能适应形变的化学灌浆材料，如丙烯酸盐浆液。如施工条件允许，也可按照本款第（1）、（2）项执行。

（4）处理注浆止水后形成的局部、微量的渗漏水，可在混凝土顶部及两侧设置接水槽，底部设置排水盲管，并与地下排水系统相连。接水槽和排水盲管的排水速率应大于最大渗漏速率。接水槽与排水盲管应保证足够的宽度，且与混凝土基面之间采用环氧密封材料或密封胶封闭，顶板与中板下侧所设接水槽上还需增设滴水线，滴水线的材质为密封胶。

（5）接缝的注浆压力宜控制在0.3~2MPa。

2.注浆材料及工艺

采用注浆堵漏对综合管廊进行渗漏治理是一种快速而有效的首选手段，是目前最常用的堵漏方法。将一定的材料配置成浆液，用压送设备将其灌入缝隙或空洞之中，利用其扩散、胶凝与固化能力，达到防渗目的，确保防水系统的性能可靠。

1）注浆材料

注浆材料应具备以下条件：①可注性好；②胶凝时间易于调节，最好是突变式固化；③固结体强度适度，抗渗性好，附着力强；④经济方便；⑤操作简单；⑥无毒。

常见的注浆材料及其实际应用如下：

（1）环氧树脂灌浆堵漏材料

改性环氧灌浆料是以改性环氧树脂为主要原料经特殊工艺改性并添加功能助剂的双组分固化灌浆材料，是一种理想的低粘度、高强度的堵水补强材料。其主要特点是：

①黏度低，可灌性好，可以渗透到宽度0.2mm以下的细微裂缝；

②极强的基面粘接与耐化学腐蚀性能；

③形成的硬质固结体强度可以超过混凝土本身，对结构裂缝起到堵水、补强、加固作用；

④既可作为裂缝灌浆修复，也可调配成环氧胶泥及环氧砂浆作结构体及基面补强使用。

⑤适用于裂缝及结构体的补强加固，以及无明水环境下的高性能堵漏维修。

（2）聚氨酯灌浆堵漏材料

聚氨酯化学灌浆地下室堵漏技术就是应用机械的高压动力，将水溶性聚氨酯化学灌浆料注入混凝土裂痕中，当浆液遇到混凝土裂痕中的水分则会迅速分散、乳化、收缩、固结，固结的弹性体填充混凝土一切裂痕，将水流完整地梗阻在混凝土构造之外，以达到地下室堵漏防水的效果。聚氨酯化学灌浆地下室堵漏技术是达到国际先进程度的高压无气灌注防水新技术，是我国目前水溶性灌浆资料所运用的新工艺。

水溶性聚氨酯化学灌浆料是由过量的多元异氰酸酯和多羟基化合物初步聚合成含有游离异氰酸基团的低聚的氨基甲酸预聚体，是一种低黏度、单组份合成高分子聚氨酯材料，其形态为浆体。当它被高压注入混凝土裂痕构造时遇水发生交联反应，释放大量二氧化碳气体，产生二次渗压，高压推力与二次渗压将弹性体压入并充溢一切缝隙，以达到止漏的目的。聚氨酯化学灌浆地下室堵漏技术操作简单、绿色环保、造价低廉、地下室堵漏效果佳。水溶性聚氨酯灌浆液是亲水性注浆堵漏材料，遇水后迅速乳化发生聚合反应，形成弹性凝胶体，堵塞裂缝，对涌水裂隙起到快速有效的封堵作用。适用范围：①水溶性聚氨酯灌浆材料亲水性好，包水量大，适用于潮湿裂缝的灌浆堵漏、动水地层的堵涌水、潮湿土质表面层的防护等；②固化后胶结体为弹性体软泡，可将水包住，但水分流失后将收缩到原体积，优点是弹性好抗变形，适用于长期有水的场合。

油溶性聚氨酯灌浆液是由单组份聚氨酯预聚体与添加剂组成的疏水性注浆堵漏材料，遇水后迅速发生扩链交联反应，形成膨胀发泡体，堵塞裂缝，对涌水裂隙起到快速有效的封堵作用。适用范围：①油溶性聚氨酯灌浆材料的固结体强度好，抗渗性好，多用于同时需要提高强度与防水堵漏的工程；②油溶性堵漏剂固化后胶结体为疏水性硬泡，反应后形成的胶结体不收缩，但弹性小，抗变形能力差，适用于变形小的场合。

（3）丙烯酸盐灌浆堵漏材料

丙烯酸盐灌浆料，英文名——Gelacry SR，问世于 20 世纪 80 年代，它是一种以丙烯酸盐为主的灌浆树脂，主要用于控制下水道水渗透、稳固和凝固疏松的土壤。其特点是由于它不含游离丙烯酰胺单体，LD50 大于或等于 5000，它的暴露毒性只有丙烯酰胺灌浆（AM）的 1/100、N– 甲基乙丙烯酰胺（NMA）的 1/50，所以美国和欧洲容许这类产品直接使用地下工程而不需要申请化学灌浆应用批准证书；它的低表面张力、低粘度通常小于 10CPS，使它拥有非常好的可灌性；它的凝胶时间短，且可以准确控制，使它拥有非常好的施工性能；它的固结体具有极高的抗渗性：渗透系数可达 10^{-10}m/s；非燃品，非暴物；不污染环境；聚丙烯酸盐树脂没有毒性，不含游离丙烯酰胺；固结物具有很好的耐化学性能，可以耐石油、矿物油、植物油和动物油。

（4）水泥 – 水玻璃灌浆堵漏材料

水玻璃是由碱金属氧化物和二氧化硅结合而成的可溶性碱金属硅酸盐材料，又称泡花碱。水玻璃可根据碱金属的种类分为钠水玻璃和钾水玻璃，其分子式分别为 $Na_2O \cdot nSiO_2$ 和 $K_2O \cdot nSiO_2$，式中的系数 n 称为水玻璃模数，是水玻璃中的氧化硅和碱金属氧化物的分子比（或摩尔比）。水玻璃模数是水玻璃的重要参数，一般为 1.5~3.5。水玻璃模数越大，固体水玻璃越难溶于水，n 为 1 时常温水即能溶解，n 加大时需热水才能溶解，n 大于 3 时需 4 个大气压以上的蒸汽才能溶解。水玻璃模数越大，氧化硅含量越多，水玻璃粘度越大，越易于分解硬化，粘结力越大。

水泥 – 水玻璃浆液是以水泥和水玻璃为主剂，两者按一定的比例，采用双液方式注入，必要时加入速凝剂和缓凝剂所形成的注浆材料。这种浆液克服了单液水泥浆的凝结时间长且难以控制、动水条件下结石率低等缺点，提高了水泥注浆的效果，扩大了水泥注浆的范围。适用于隧道大涌水、突泥封堵及岩溶流塑粒土的劈裂固结，在地下水流速较大的地层中采用这种混合型浆液可达到快速堵漏的目的，也可用于防渗和加固注浆，是隧道施工中的主要注浆浆材。

2）注浆施工工艺

注浆方式分为骑缝注浆、钻斜孔注浆、插管注浆、埋管注浆四种。其中，骑缝注浆步骤如图 5-60 所示。

（a）裂缝表面布置注浆嘴　　　　　（b）刮涂专用密封胶

（c）注浆嘴入口与止逆座构成　　　（d）裂缝封闭注浆嘴（止逆座）定位，压浆

（e）用针管式注入器压注浆液　　　（f）注浆结束，浆液固结后，打磨清理封缝胶

图5-60　骑缝注浆步骤图

5.5.1.2　快速封堵处理技术

管廊渗漏水处理通常采用综合性的处理方案，一般在注浆封堵前，应对漏水缝隙周围已渗漏水或可能渗漏水的部位先进行防水抗渗处理，并待其具有一定强度或具有一定防水能力后，再进行注浆。

无机防水封堵材料是以水泥为主要组分，掺入添加剂经一定工艺加工制成的用于防水、抗渗、堵漏的粉状无机材料。产品根据凝结时间和用途分为缓凝型和速凝型。缓凝型主要用于潮湿基层上的防水抗渗；速凝型主要用于渗漏或涌水基体上的防水堵漏。

防水处理采用缓凝性防水堵漏宝，按粉料：水 =1 ： 0.25~0.35 的比例，搅拌混合均匀后，采用抹子或刮板涂抹 2~3 遍，每遍用料约为 1.2kg/m²，成膜约 0.7~0.8mm。上一遍涂层硬化后（手压不留指纹），将其喷湿（但不能有积水），再进行下一遍施工。

漏水处理采用速凝型防水堵漏宝，具有快速硬化、强度高、与基面附着力好等特点，特别适用于各种快速修补、迅速安装等工程。先沿裂缝剔八字型槽，深 10~30mm，宽 15~50mm，并将槽清洗干净；在槽底沿裂缝放一小绳（直径按漏水量大小确定），绳长约 200~300mm。将粉料：水 =1 ： 0.25 的拌合料捏成条形，放置片刻，待用手捏有硬感时，填压于放绳的槽内，并迅速将边缘压实，随即将绳子抽出，再压实一次，使漏水顺绳孔流出。对较长的裂缝可分段逐次填塞，每段长约 100~150mm，每段间留 20mm 宽空隙。在 20mm 空隙处，用裹上拌合料的钉子待拌合料将要凝固时插入空隙中，并迅速用拌合料将钉子的四周空隙压实，同时转动钉子并立即拔出，使水顺钉孔流出。待堵漏料凝固后，再按漏水孔洞的防水堵漏办法处理钉孔。

堵水处理采用速凝型防水堵漏宝，先以漏水点为圆心剔槽（直径约 10mm），槽壁与基面必须垂直，不能剔成上大下小的楔形槽。用水将槽冲洗干净。将粉料：水 =1 ： 0.25 的拌合料捏成与槽直径相近的圆锥体，放置片刻，待用手捏有硬感时，用力塞进槽内，并用木棒挤压，轻砸使其向内部及四周压紧、挤实，即可瞬间止水。

5.5.1.3 嵌缝密封处理

综合管廊渗漏治理中对变形缝或管根及预埋件根部位置，可根据工程实际需求采用密封材料直接密封。如变形缝处有少量湿渍，或缓慢滴漏，则可直接在变形缝内面用高模量密封胶嵌填。

密封材料的种类繁多，除改性硅酮密封胶、聚硫密封胶、聚氨酯密封胶、硅酮密封胶、丙烯酸密封胶、丁基橡胶密封胶、乳液型密封胶等外，还有其他新型嵌填堵漏密封防水材料（表 5-18）。工程中应根据接缝的具体条件选择合适的密封材料。

部分其他新型嵌填堵漏密封防水材料表　　　表 5-18

材料名称	成分组成	优点	缺点	应用
环氧砂浆	环氧树脂、固化剂、增塑剂、稀释剂、填料和砂子	强度高、弹性模量低、极限拉伸大、粘结强度高	热膨胀系数达 25~30E⁻⁶/℃，温度剧烈变化时能使环氧砂浆与老混凝土脱开；材料易老化	不仅能用于干燥混凝土面，也能在潮湿、水下、低温环境下使用

续表

材料名称	成分组成	优点	缺点	应用
非硫化丁基橡胶	丁基橡胶、软化剂、增粘剂、树脂、防老化剂及填料	断裂伸长率800%（常温），即使在-30℃，也高达600%，高温60℃不流淌；使用粘结剂可与老混凝土牢固粘结，耐酸碱、耐候性较好，无毒；自身粘结性好，不用粘结剂就能与新浇混凝土粘结。其机理是羧基与水泥水化生成的氢氧化钙发生离子反应，形成化学结合，并伴随物理粘结		施工方便，在工厂可以制成所需的成品。为了降低成本，以再生丁基橡胶为主，研制成GB嵌缝止水材料，其性能与非硫化丁基橡胶基本相同
弹性聚氨酯	低分子量预聚体为主剂，芳香族二元胺为固化剂，增塑剂、催化剂、防老化剂及填料，双组份	断裂延伸率200%~1000%，耐低温-40℃，耐酸碱、抗疲劳，与混凝土有较高粘结强度，可冷嵌施工	外露使用不耐老化	
聚合物水泥砂浆	采用有机高分子材料与无机材料复合	明显提高砂浆的极限拉伸、抗拉强度、粘结强度，降低弹模，减少干缩率，提高混凝土密实性、抗渗性及抗冻性		丙乳砂浆的施工温度为5~30℃，抹面收光后，表面触干，立即喷雾养护或盖塑料薄膜湿养护7d，然后进行自然干燥养护21d，才可承载。养护结束，应涂刷一层丙乳净浆（刚柔相济）

5.5.1.4 设置刚性防水层

综合管廊渗漏点处理后可直接于背水面设置刚性防水层，刚性防水材料包括水性渗透结晶型防水涂料和聚合物水泥防水砂浆等材料。

（1）水性渗透结晶型防水涂料

水性渗透结晶型防水涂料属于刚性防水材料，它具有与混凝土结构的相容性。其以水为载体，随着水对混凝土结构孔隙进行渗透，可流渗到混凝土结构内部的孔缝中，催化硅酸钙与水泥水化反应过程中析出的氢氧化钙与硅酸钙发生交互反应，形成了不溶于水的枝蔓状纤维结晶物，在混凝土结构内部吸水膨胀，使结构中的毛细孔缝得到充盈密实，从而有效提高了混凝土结构的抗渗水能力，并提高混凝土结构的致密性。

水性渗透结晶在防水涂层中起到密实抗渗的作用，随着时间（一般为1~7d）的发展，结晶量递增，防水涂层和渗透结晶相结合，增强结构整体的抗渗能力。由于活性化学物质多年后还能被水激活，继续起到催化作用，因此混凝土结构即使局部受损渗漏（裂缝小于 0.3mm），在结晶作用下仍会自行修补愈合，并具有多次抗渗能力，从而在本质上防止了普通混凝土结构体积不稳定而再次带来的裂渗。

（2）聚合物水泥防水砂浆

优质的聚合物水泥防水砂浆可用于地下综合管廊、地下隧道等工程，聚合物水泥防水砂浆具有防腐蚀性好、粘结强度高、密实性好、透水率低、符合环保要求等特点，又有高密实性，湿喷粉尘少，低回弹，泵送性好，一次堆高厚，顶板一次喷射可达 3cm 厚，立面墙体可达 5cm。与普通水泥砂浆比，聚合物水泥防水砂浆耐久性强，早期强度高，喷射整体性好，还可在砂浆中掺入短纤维，使抗裂性更好。

涂刷或喷射聚合物砂浆施工流程如图 5-61 所示。

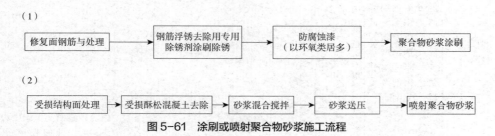

图 5-61　涂刷或喷射聚合物砂浆施工流程

5.5.2　综合管廊渗漏治理

综合管廊工程的渗漏治理，可根据其渗漏位置选择综合治理工艺和材料，现浇混凝土结构地下工程渗漏治理的技术措施及材料见表 5-19。

现浇混凝土结构地下工程渗漏治理的技术措施及材料一览表　表 5-19

技术措施		渗透部位、渗漏现象					材料
		裂缝或施工缝	变形缝	大面积渗漏	孔洞	管道根部	
注浆止水	钻孔注浆	●	●	○	×	●	聚氨酯灌浆材料、丙烯酸盐灌浆材料、水泥－水玻璃灌浆材料、环氧树脂灌浆材料、水泥基灌浆材料等
	埋管（嘴）注浆	×	○	×	○	○	
	贴嘴注浆	○	×	×	×	×	
快速封堵		○	×	●	●	●	速凝型无机防水堵漏材料等
安装止水带		×	●	×	×	×	内置式密封止水带、内装可卸式橡胶止水带
嵌填密封		×	○	×	×	○	遇水膨胀止水条（胶）、合成高分子密封材料
设置刚性防水层		●	×	●	●	○	水泥基渗透结晶型防水涂料、缓凝型无机防水堵漏材料、环氧树脂类防水涂料、聚合物水泥防水砂浆
设置柔性防水层		×	×	×	×	○	Ⅱ型或Ⅲ型聚合物水泥防水涂料

续表

技术措施	渗透部位				材料
	管片环、纵接缝及螺孔	隧道进出洞口段	隧道与连接通道相交部位	道床以下管片接头	
注浆止水	●	●	●	●	聚氨酯灌浆材料、环氧树脂灌浆材料等
壁后注浆	○	○	○	●	超细水泥灌浆材料、水泥–水玻璃灌浆材料、聚氨酯灌浆材料、丙烯酸盐灌浆材料等
快速封堵	○	×	×	×	速凝型聚合物砂浆或速凝型无机防水堵漏材料
嵌填密封	○	○	○	×	聚硫密封胶、聚氨酯密封胶等合成高分子密封材料

注：●——宜选，○——可选，×——不可选。

裂缝和施工缝发生渗漏说明存在贯穿结构的渗透通道，这对结构的荷载能力及耐久性都有负面影响，如前所述，钻孔注浆能将浆液注入结构内部，可达到止水及加固的双重目的，故选择灌浆材料时应重视其补强效果。

5.5.2.1 裂缝渗漏治理

1. 裂缝渗漏宜先止水，再在基层表面设置刚性防水层，并应符合下列规定：

1）水压或渗漏量大的裂缝宜采取钻孔注浆止水，并应符合下列规定：

（1）对无补强要求的裂缝，注浆孔宜交叉布置在裂缝两侧，钻孔应斜穿裂缝，垂直深度宜为混凝土结构厚度的1/3~1/2，钻孔与裂缝水平距离宜为100~250mm，孔间距宜为300~500mm，孔径不宜大于20mm，斜孔倾角宜为45°~60°。当需要预先封缝时，封缝的宽度宜为50mm（图5-62）。

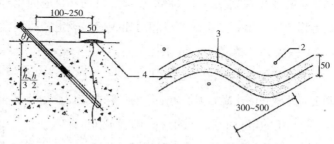

图5-62 钻孔注浆布孔（mm）
1—注浆嘴；2—钻孔；3—裂缝；4—封缝材料

（2）对有补强要求的裂缝，宜先钻斜孔并注入聚氨酯灌浆材料止水，钻孔垂直深度不宜小于结构厚度的1/3；再宜二次钻斜孔，注入可在潮湿环境下固化的环氧树脂灌浆材料或水泥基灌浆材料，钻孔垂直深度不宜小于结构厚度的1/2（图5-63）。

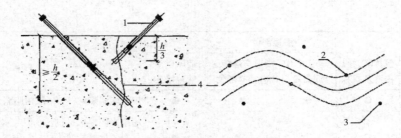

图 5-63　钻孔注浆止水及补强的布孔
1—注浆嘴；2—注浆止水钻孔；3—注浆补强钻孔；4—裂缝

（3）注浆嘴深入钻孔的深度不宜大于钻孔长度的 1/2；

（4）对于厚度不足 200mm 的混凝土结构，宜垂直裂缝钻孔，钻孔深度宜为结构厚度的 1/2。

2）对于潮湿而无明水的裂缝，宜采用贴嘴注浆，注入可在潮湿环境下固化的环氧树脂灌浆材料，并宜符合下列规定：

（1）注浆嘴底座宜带有贯通的小孔；

（2）注浆嘴宜布置在裂缝较宽的位置及其交叉部位，间距宜为 200~300mm，裂缝封闭宽度宜为 50mm（图 5-64）；

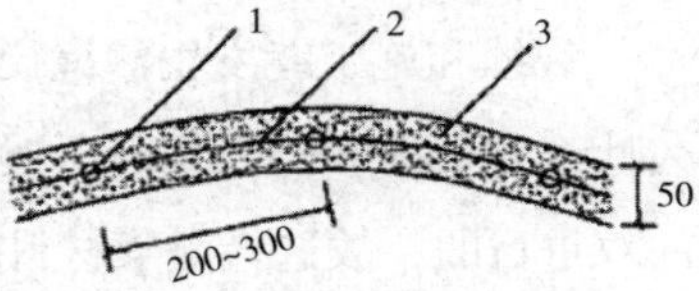

图 5-64　贴嘴注浆布孔（mm）
1—注浆嘴；2—裂缝；3—封缝材料

（3）设置刚性防水层时，宜沿裂缝走向在两侧各 200mm 范围内的基层表面先涂布水泥基渗透结晶型防水涂料，再宜单层抹压聚合物水泥防水砂浆。对于裂缝分布较密的基层，宜大面积抹压聚合物水泥防水砂浆。

2. 钻孔注浆的基本要求：

（1）斜向钻孔有利于横穿裂缝，使浆液沿裂缝面流动并反应固化，快速切断渗漏通道。由于建筑工程混凝土地下结构的厚度相对比较薄，规定钻孔垂直深度超过混凝土结构厚度的 1/2，一方面是为了防止注浆压力对结构可能的破坏，另一方面确保将浆液注入结构中。

（2）沿裂缝走向开槽并用速凝型无机防水堵漏材料直接封堵渗漏水是一项传统的堵漏工艺。近年来，随着水泥基渗透结晶型防水材料应用的普及，对这一工艺也产生了深刻的影响。借鉴国外的先进做法，止水后在凹槽中嵌填、涂刷或抹压含水泥基渗透结晶型防水材料的腻子、涂料或砂浆。图 5-65 为其中典型做法，实际工程中还可有些变通。

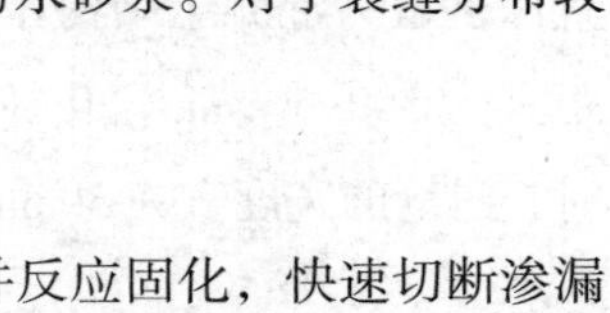

（3）推荐使用底部带贯通小孔的注浆嘴，主要是

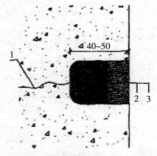

图 5-65　裂缝快速封堵止水（mm）
1—裂缝；2—速凝型无机防水堵漏材料；
3—聚合物水泥防水砂浆

便于粘贴注浆嘴的胶液能透过小孔，固化后形成锚固点，增加注浆嘴与基层的粘结强度。另外，条件具备时还可使用具有防止浆液回流功能的止逆式注浆嘴。

3. 裂缝止水及刚性防水层的施工应符合下列规定：

1）钻孔注浆时应严格控制注浆压力等参数，并宜沿裂缝走向自下而上依次进行。

2）使用速凝型无机防水堵漏材料快速封堵止水应符合下列规定：

（1）应在材料初凝前用力将拌合料紧压在待封堵区域直至材料完全硬化；

（2）宜按照从上到下的顺序进行施工；

（3）快速封堵止水时，宜沿凹槽走向分段嵌填速凝型无机防水堵漏材料止水并间隔留置引水孔，引水孔间距宜为 500~1000mm，最后再用速凝型无机防水堵漏材料封闭引水孔。

4. 潮湿而无明水裂缝的贴嘴注浆宜符合下列规定：

（1）粘贴注浆嘴和封缝前，宜先将裂缝两侧待封闭区域内的基层打磨平整并清理干净，再宜用配套的材料粘贴注浆嘴并封缝。

（2）粘贴注浆嘴时，宜先用定位针穿过注浆嘴、对准裂缝插入，将注浆嘴骑缝粘贴在基层表面，宜以拔出定位针时不粘附胶粘剂为合格。当不合格时，应清理缝口，重新贴嘴，直至合格。粘贴注浆嘴后可不拔出定位针。

（3）立面上应沿裂缝走向自下而上依次进行注浆。当观察到临近注浆嘴出浆时，可停止从该注浆嘴注浆，并应封闭该注浆嘴，然后从下一注浆嘴重新开始注浆。

（4）注浆全部结束且孔内灌浆材料固化，并经检查无湿渍、无明水后，应按工程要求拆除注浆嘴、封孔、清理基层。

5. 实际施工过程中还应符合下列规定：

（1）裂缝渗漏治理施工中涉及的钻孔注浆、快速封堵等工艺要点具有一定的通用性，在前文中已有明确的规定。

（2）注浆压力是注浆工程质量的关键技术参数之一。注浆压力过小，则浆液不足以置换裂缝中的水流；压力过大，则浆液将沿压力下降最快的方向扩散，一些细小裂缝则很难有浆液进入，甚至可能人为造成基层损坏；因此，注浆的压力不是越高越好，而是应根据工程实际情况及浆液的可灌注性，选择合适的注浆压力。

（3）贴嘴时将定位针穿过进浆管对准缝口插入的目的是使注浆嘴、进浆管骑缝，否则贴嘴容易贴偏，被胶粘材料堵死缝口，无法灌浆。为了利用定位针的导流作用，便于浆液的注入，有时也可不拔出定位针。

5.5.2.2 施工缝渗漏治理

1. 施工缝渗漏宜先止水，再设置刚性防水层，并宜符合下列规定：

（1）预埋注浆系统完好的施工缝，宜先使用预埋注浆系统注入超细水泥或水溶性灌浆材料止水。

（2）钻孔注浆止水或嵌填速凝型无机防水堵漏材料快速封堵止水措施宜符合本书第 5.5.2.1 节第 1 条规定。

（3）逆筑结构墙体施工缝的渗漏宜采取钻孔注浆止水并补强。注浆止水材料宜使用聚氨酯或水泥基灌浆材料，注浆孔的布置宜符合本书第 5.5.2.1 节第 1 条规定。在倾斜的施工缝面上布孔时，宜垂直基层钻孔并穿过施工缝。

（4）设置刚性防水层时，宜沿施工缝走向在两侧各 200mm 范围内的基层表面先涂布水泥基渗透结晶型防水涂料，再宜单层抹压聚合物水泥防水砂浆。

2. 施工缝渗漏的止水及刚性防水层的施工应符合下列规定：

1）利用预埋注浆系统注浆止水时，应符合下列规定：

（1）宜采取较低的注浆压力从一端向另一端、由低到高进行注浆；

（2）当浆液不再流入并且压力损失很小时，应维持该压力并保持 2min 以上，然后终止注浆；

（3）当需要重复注浆时，应在浆液固化前清洗注浆通道。

2）钻孔注浆止水、快速封堵止水及刚性防水层的施工应符合本书第 5.5.2.1 节第 3、4 条规定。

3. 施工缝渗漏的治理大部分与裂缝渗漏治理相似，但又有特殊情况：

（1）预注浆系统是现行国家标准《地下工程防水技术规范》GB 50108—2008 中新增的内容，在此列出以保持一致；

（2）逆筑结构有两条施工缝，其渗漏均可参照裂缝渗漏进行治理，但由于上部施工缝是一条斜缝，在钻孔时应注意要垂直基层钻进，这样才能使钻孔穿过施工缝。

5.5.2.3 变形缝渗漏治理

地下工程渗漏往往发生在细部构造部位，其中尤以变形缝渗漏最为常见。造成变形缝渗漏的原因主要是止水带固定不牢导致浇筑混凝土时偏离设计位置、止水带两侧混凝土振捣不密实及止水带破损等。变形缝渗漏治理的难点在于止水并避免复漏，在背水面安装止水带是解决这一难题的有效途径，但对于不明原因或受现场施工条件限制而无法止水的变形缝，可通过设置排水装置的方法避免渗漏水对结构内部造成更大的不利影响。

变形缝的止水方式很多，但既符合设置变形缝初衷（即满足结构热胀冷缩、不均匀沉降）又有效止水的办法尚有限。本文给出的方法均基于注浆止水，不应使用直接嵌填速凝无机防水堵漏材料的止水方法。

1.变形缝渗漏的治理宜先注浆止水，并宜安装止水带，必要时可设置排水装置。

2.变形缝渗漏的止水宜符合下列规定：

1）对于中埋式止水带宽度已知且渗漏量大的变形缝，宜采取钻斜孔穿过结构至止水带迎水面，并注入油溶性聚氨酯灌浆材料止水，钻孔间距宜为500~1000mm（图5-66）；对于查清漏水点位置的，注浆范围宜为漏水部位左右两侧各2m；对于未查清漏水点位置的，宜沿整条变形缝注浆止水。

2）对于顶板上查明渗漏点且渗漏量较小的变形缝，可在漏点附近的变形缝两侧混凝土中垂直钻孔至中埋式钢边橡胶止水带翼部并注入聚氨酯灌浆材料止水，钻孔间距宜为500mm（图5-67）。

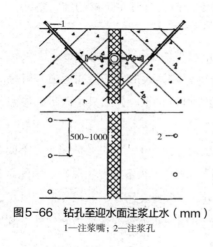

图5-66　钻孔至迎水面注浆止水（mm）
1—注浆嘴；2—注浆孔

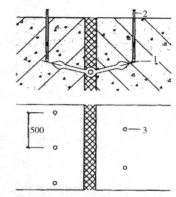

图5-67　钻孔至两翼钢边注浆止水（mm）
1—中埋式钢边橡胶止水带；2—注浆嘴；3—注浆孔

3）因结构底板中埋式止水带局部损坏而发生渗漏的变形缝，可采用埋管（嘴）注浆止水，并宜符合下列规定：

（1）对于查清渗漏位置的变形缝，宜先在渗漏部位左右各不大于3m的变形缝中布置浆液阻断点；对于未查清渗漏位置的变形缝，浆液阻断点宜布置在底板与侧墙相交处的变形缝中。

（2）埋设管（嘴）前宜清理浆液阻断点之间变形缝内的填充物，形成深度不小于50mm的凹槽。

（3）注浆管（嘴）宜使用硬质金属或塑料管，并宜配置阀门。

（4）注浆管（嘴）宜位于变形缝中部并垂直于止水带中心孔，并宜采用速凝型无机防水堵漏材料埋设注浆管（嘴）并封闭凹槽（图5-68）。

（5）注浆管（嘴）间距可为500~1000mm，并宜根据水压、渗漏水量及灌浆材料的凝结时间确定。

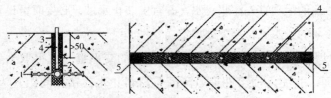

图 5-68　变形缝埋管（嘴）注浆止水（mm）

1—中埋式橡胶止水带；2—填缝材料；3—速凝型无机防水堵漏材料；4—注浆管（嘴）；5—浆液阻断点

（6）注浆材料宜使用聚氨酯灌浆材料，注浆压力不宜小于静水压力的 2.0 倍。

3. 钻孔至止水带迎水面并注入聚氨酯等灌浆材料，可迅速置换出变形缝中水，这是一种十分有效的止水方法，但前提是止水带宽度已知且具有足够的施工空间。这种止水方法具有一定的普适性。

4. 对于结构顶板上采用中埋式钢边橡胶止水带的变形缝，其渗漏点比较容易判断，渗漏原因通常是由于止水带与混凝土结合不紧密导致形成了渗漏通道，解决的办法是钻孔至止水带两翼的钢边并注入聚氨酯灌浆材料止水。如果只是微量的渗漏，也可直接注入可在潮湿环境下固化的环氧树脂灌浆材料。

5. 对于结构底板变形缝渗漏也可采取埋管注浆工艺止水，与钻孔注浆工艺不同之处在于，由于是在止水带的背水面注浆，且注浆压力较低，很容易发生漏浆，因此需要预先设置浆液阻断点，将浆液限制在渗漏部位附近。在实际工程中，浆液阻断点既可以是固化的浆液，也可能是一段木楔，所起的作用就是阻止浆液沿变形缝走向向外扩散。

6. 变形缝背水面安装止水带应符合下列规定：

（1）对于有内装可卸式橡胶止水带的变形缝，应先拆除止水带然后重新安装。

（2）安装内置式密封止水带前应先清理并修补变形缝两侧各 100mm 范围内的基层，并应做到基层坚固、密实、平整；必要时可向下打磨基层并修补形成深度不大于 10mm 的凹槽。

（3）内置式密封止水带应采用热焊搭接，搭接长度不应小于 50mm，中部应形成 Ω 形，Ω 弧长宜为变形缝宽度的 1.2~1.5 倍。

（4）当采用胶粘剂粘贴内置式密封止水带时，应先涂布底涂料，并宜在厂家规定的时间内用配套的胶粘剂粘贴止水带，止水带在变形缝两侧基层上的粘结宽度均不应小于 50mm（图 5-69）。

（5）当采用螺栓固定内置式密封止水带时，宜先在变形缝两侧基层中埋设膨胀螺栓或用化学植筋方法设置螺栓，螺栓间距不宜大于 300mm，转角附近的螺栓可适当加密，止水带在变形缝两侧基层上的粘结宽度各不应小于 100mm。基层及金属压板间应采用

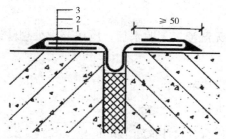

图 5-69　粘贴内置式密封止水带（mm）
1—胶粘剂层；2—内置式密封止水带；3—胶粘剂固
化形成的锚固点

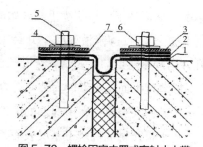

图 5-70　螺栓固定内置式密封止水带
1—丁基橡胶防水密封胶粘带；2—内置式密封止水带；
3—金属压板；4—垫片；5—预埋螺栓；6—螺母；7—丁基
橡胶防水密封胶粘带

2~3mm 厚的丁基橡胶防水密封胶粘带压密封实，螺栓根部应做好密封处理（图 5-70）。

（6）当工程埋深较大且静水压力较高时，宜采用螺栓固定内置式密封止水带，并宜采用纤维内增强型密封止水带；在易遭受外力破坏的环境中使用，应采取可适应形变的止水带保护措施。

7. 可用于变形缝背水面的止水带可分为内装可卸式橡胶止水带及内置式密封止水带，后者按施工工艺又分为内贴式和螺栓固定密封止水带，三者的施工工艺各不相同。

（1）内置式密封止水带只有与基层紧密相连才能起到阻水的作用，因此变形缝两侧的基层必须符合现行国家标准《地下工程防水技术规范》GB 50108—2008 的规定。当修补基层的缺陷时，大的裂缝或孔洞应采用灌缝胶、聚合物修补砂浆等专门的修补材料进行修补，细微的裂缝可在表面涂刷渗透型环氧树脂防水涂料并待其干燥后再行后续施工。

（2）Ω 形有利于适应接缝的位移形变。

（3）内贴式密封止水带是在参考国内外变形缝密封防水系统的基础上提出的。

（4）常见的保护措施主要有保护罩或一端固定、可平移的钢板等。

8. 注浆止水后遗留的局部、微量渗漏水或受现场施工条件限制无法彻底止水的变形缝，可沿变形缝走向在结构顶部及两侧设置排水槽。排水槽宜为不锈钢或塑料材质，并宜与排水系统相连，排水应畅通，排水流量应大于最大渗漏量。

采用排水系统时，宜加强对渗漏水水质、渗漏量及结构安全的监测。

9. 变形缝渗漏的注浆止水施工应符合下列规定：

1）钻孔注浆止水施工应符合本书第 5.5.2.1 节第 3、4 条规定。

2）浆液阻断点应埋设牢固且能承受注浆压力而不破坏。

3）埋管（嘴）注浆止水施工应符合下列规定：

（1）注浆管（嘴）应埋置牢固并应做好引水处理；

（2）注浆过程中，当观察到临近注浆嘴出浆时，可停止从该注浆嘴注浆，并应封闭该注浆嘴，然后从下一注浆嘴重新开始注浆；

（3）停止注浆且待浆液固化，并经检查无湿渍、无明水后，应按要求处理注浆嘴、封孔并清理基层。

10. 变形缝背水面止水带的安装应符合下列规定：

1）止水带的安装应在无渗漏水的条件下进行。

2）与止水带接触的混凝土基层表面条件应符合设计及施工要求。

3）内装可卸式橡胶止水带的安装应符合现行国家标准《地下工程防水技术规范》GB 50108—2008 的规定。

4）粘贴内置式密封止水带应符合下列规定：

（1）转角处应使用专用修补材料做成圆角或钝角；

（2）底涂料及专用胶粘剂应涂布均匀，用量应符合材料要求；

（3）粘贴止水带时，宜使用压辊在止水带与混凝土基层搭接部位来回多遍辊压排气；

（4）胶粘剂未完全固化前，止水带应避免受压或发生位移，并应采取保护措施。

5）采用螺栓固定内置式密封止水带应符合下列规定：

（1）转角处应使用专用修补材料做成钝角，并宜配备专用的金属压板配件；

（2）膨胀螺栓的长度和直径应符合设计要求，金属膨胀螺栓宜采取防锈处理工艺。安装时，应采取措施避免造成变形缝两侧基层的破坏。

6）进行止水带外设保护装置施工时应采取措施避免造成止水带破坏。

5.5.2.4　大面积渗漏治理

大面积渗漏往往是由于混凝土施工质量较差，结构内部裂缝及孔洞发育。这种类型的渗漏可按有无明水分别采取不同的工艺进行治理。对于有明水的渗漏，既可以采用注浆止水，也可采用速凝材料快速封堵。

1. 注浆止水可分为钻孔向结构中注浆和穿过结构向周围土体中注浆两种方式，前者宜选用黏度较低、可灌性好的材料，后者通过在结构迎水面重建防水层发挥作用，可选用水泥基、水泥–水玻璃或丙烯酸盐灌浆材料。

2. 抹压速凝型无机防水堵漏材料作为一种传统的治理方法，具有简便快捷的优点，缺点是渗漏水会一直存在于结构中，长期来看可能会加速钢筋锈蚀、加剧混凝土病害程度。本文将这两种治理工艺一并列出来，使用时应根据现场条件灵活运用。

3. 止水后通过涂布水泥基渗透结晶型防水涂料或渗透型环氧树脂类防水涂料可以填充基层表面的细微孔洞，起到加强防水效果的作用。

4. 大面积渗漏而无明水符合水泥基渗透结晶型防水涂料或渗透型环氧树脂类防水涂料对基层的要求，涂布这两种涂料可达到渗漏治理的目的。

5. 当大面积渗漏且有明水时，宜先采取钻孔注浆或快速封堵止水，再在基层表面设置刚性防水层，并应符合下列规定：

1）当采取钻孔注浆止水时，应符合下列规定：

（1）宜在基层表面均匀布孔，钻孔间距不宜大于500mm，钻孔深度不宜小于结构厚度的1/2，孔径不宜大于20mm，并宜采用聚氨酯或丙烯酸盐灌浆材料；

（2）当工程周围土体疏松且地下水位较高时，可钻孔穿透结构至迎水面并注浆，钻孔间距及注浆压力宜根据浆液及周围土体的性质确定，注浆材料宜采用水泥基、水泥－水玻璃或丙烯酸盐等灌浆材料。注浆时应采取有效措施防止浆液对周围建筑物及设施造成破坏。

2）当采取快速封堵止水时，宜大面积均匀抹压速凝型无机防水堵漏材料，厚度不宜小于5mm。对于抹压速凝型无机防水堵漏材料后出现的渗漏点，宜在渗漏点处进行钻孔注浆止水。

3）当设置刚性防水层时，宜先涂布水泥基渗透结晶型防水涂料或渗透型环氧树脂类防水涂料，再抹压聚合物水泥防水砂浆，必要时可在砂浆层中铺设耐碱纤维网格布。

6. 当大面积渗漏而无明水时，宜先多遍涂刷水泥基渗透结晶型防水涂料或渗透型环氧树脂类防水涂料，再抹压聚合物水泥防水砂浆。

7. 大面积渗漏治理施工应符合下列规定：

（1）当向地下工程结构的迎水面注浆止水时，钻孔及注浆设备应符合设计要求；

（2）当采取快速封堵止水时，应先清理基层，除去表面的酥松、起皮和杂质，然后分多遍抹压速凝型无机防水堵漏材料并形成连续的防水层；

（3）当涂刷水泥基渗透结晶型防水涂料或渗透型环氧树脂类防水涂料时，应按照从高处向低处、先细部后整体、先远处后近处的顺序进行施工；

（4）刚性防水层的施工应符合材料要求。

5.5.2.5 孔洞缝渗漏治理

孔洞的渗漏宜先采取注浆或快速封堵止水，再设置刚性防水层，并应符合下列规定：

1. 当水压大或孔洞直径大于等于50mm时，宜采用埋管（嘴）注浆止水。注浆管（嘴）宜使用硬质金属管或塑料管，并宜配置阀门，管径应符合引水卸压及注浆设备的要求。注浆材料宜使用速凝型水泥－水玻璃灌浆材料或聚氨酯灌浆材料。注浆压力应根据灌浆材料及工艺进行选择。

2. 当水压小或孔洞直径小于50mm时，可按本节第1条的规定采用埋管（嘴）注浆止水，也可采用快速封堵止水。当采用快速封堵止水时，宜先清除孔洞周围疏松的混凝土，并宜将孔洞周围剔凿成 V 形凹坑，凹坑最宽处的直径宜大于孔洞直径 50mm 以上，深度不宜小于 40mm，再在凹坑中嵌填速凝型无机防水堵漏材料止水。

3. 止水后宜在孔洞周围 200mm 范围内的基层表面涂布水泥基渗透结晶型防水涂料或渗透型环氧树脂类防水涂料，并宜抹压聚合物水泥防水砂浆。

4. 孔洞渗漏施工应符合下列规定：

1）埋管（嘴）注浆止水施工应符合下列规定：

（1）注浆管（嘴）应埋置牢固并做好引水泄压处理；

（2）待浆液固化并经检查无明水后，应按设计要求处理注浆嘴、封孔并清理基层。

2）当采用快速封堵止水及设置刚性防水层时，其施工应符合本书第 5.5.2.1 节第 3、4 条规定。

5.5.2.6 对拉螺栓渗漏治理

支模对拉螺栓渗漏的治理，应先剔凿螺栓根部的基层，形成深度不小于 40mm 的凹槽，再切割螺栓并嵌填速凝型无机防水堵漏材料止水，最后用聚合物水泥防水砂浆找平。

5.5.2.7 蜂窝麻面渗漏治理

蜂窝、麻面的渗漏往往与所处部位的混凝土配比或施工不当有很大关系。治理前先剔除表面酥松、起壳的部分，针对暴露出来的裂缝或孔洞可参照之前条文中的规定，采用注浆止水或嵌填速凝型无机防水堵漏材料直接堵漏，不同的是，堵漏后应根据破坏程度采取抹压聚合物水泥防水砂浆或铺设细石混凝土等补强治理工艺。值得一提的是，在浇筑补偿收缩混凝土前，应在新旧混凝土界面涂布水泥基渗透结晶型防水涂料，目的是增加界面粘结强度。

混凝土蜂窝、麻面的渗漏，宜先止水再设置刚性防水层，必要时宜重新浇筑补偿收缩混凝土进行修补，并应符合下列规定：

（1）止水前应先凿除混凝土中的酥松及杂质，再根据渗漏现象分别按本书第 5.5.2.1 节和第 5.5.2.5 节的规定采用钻孔注浆或嵌填速凝型无机防水堵漏材料止水。

（2）止水后，应在渗漏部位及其周边 200mm 范围内涂布水泥基渗透结晶型防水涂料，并宜抹压聚合物水泥防水砂浆找平。

当渗漏部位混凝土质量差时，应在止水后先清理渗漏部位及其周边外延 1.0m 范围内的基层，露出坚实的混凝土，再涂布水泥基渗透结晶型防水涂料，并浇筑补偿收缩混凝土。当清理深度大于钢筋保护层厚度时，宜在新浇混凝土中设置直径不小于 6mm 的钢筋网片。

5.5.2.8　管节接缝渗漏治理

1. 顶管法管节接缝渗漏的治理，宜沿接缝走向按本书第5.5.2.2第1条的规定，采用钻孔灌注聚氨酯灌浆材料或水泥基灌浆材料止水，并宜全断面嵌填高模量合成高分子密封材料。当施工条件允许时，宜按本书第5.5.2.3节第7条的规定安装内置式密封止水带。

2. 顶管法管节接缝渗漏的注浆止水工艺应符合本书第5.5.2.2节第2条规定。当全断面嵌填高模量密封材料时，应先涂布基层处理剂，并设置背衬材料，然后嵌填密封材料。内置式密封止水带的安装应符合本书第5.5.2.3节第10条的规定。

3. 管片环、纵缝渗漏的治理宜根据渗漏水状况及现场施工条件采取注浆止水或嵌填密封，必要时可进行壁后注浆，并应符合下列规定：

1）对于有渗漏明水的环、纵缝宜采取注浆止水。注浆止水前，宜先在渗漏部位周围无明水渗出的纵、环缝部位骑缝垂直钻孔至遇水膨胀止水条处或弹性密封垫处，并在孔内由聚氨酯灌浆材料或其他密封材料形成浆液阻断点。随后宜在浆液阻断点围成的区域内部，用速凝型聚合物砂浆等骑缝埋设注浆嘴并封堵接缝，并注入可在潮湿环境下固化，固结体有弹性的改性环氧树脂灌浆材料；注浆嘴间距不宜大于1000mm，注浆压力不宜大于0.6MPa，治理范围宜以渗漏接缝为中心，前后各1环。

2）对于有明水渗出但施工现场不具备预先设置浆液阻断点条件的接缝的渗漏，宜先用速凝型聚合物砂浆骑缝埋置注浆嘴，并宜封堵渗漏接缝两侧各3~5环内管片的环、纵缝。注浆嘴间距不宜小于1000mm，注浆材料宜采用可在潮湿环境下固化、固结体有一定弹性的环氧树脂灌浆材料，注浆压力不宜大于0.2MPa。

3）对于潮湿而无明水的接缝，宜进行嵌填密封处理，并应符合下列规定：

（1）对于影响混凝土管片密封防水性能的边、角破损部位，宜先进行修补，修补材料的强度不应小于管片混凝土的强度；

（2）拱顶及侧壁宜采取在嵌缝沟槽中依次涂刷基层处理剂、设置背衬材料、嵌填柔性密封材料的治理工艺（图5-71）；

（3）背衬材料性能应符合密封材料固化要求，直径应大于嵌缝沟槽宽度20%~50%，且不应与密封材料相粘结；

（4）嵌缝范围宜以渗漏接缝为中心，沿隧道推进方向前后各不宜小于2环。

4）当隧道下沉或偏移量超过设计允许值并发生

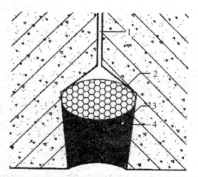

图5-71　拱顶管片环（纵）横嵌缝
1—环（纵）缝；2—背衬材料；3—柔性密封材料；4—基层处理剂

渗漏时，宜以渗漏部位为中心在其前后备 2 环的范围内进行壁后注浆。壁后注浆完成后，若仍有渗漏可按本条第 1）款或第 2）款的规定在接缝间注浆止水，对潮湿而无明水的接缝宜按第 3）款的规定进行嵌填密封处理。壁后注浆宜符合下列规定：

（1）注浆前应查明待注区域衬砌外回填的现状。

（2）注浆时应按设计要求布孔，并宜优先使用管片的预留注浆孔进行壁后注浆。注浆孔应设置在邻接块和标准块上；当隧道下沉量大时，尚应在底部拱底块上增设注浆孔。

（3）应根据隧道外部土体的性质选择注浆材料，黏土地层宜采用水泥－水玻璃双液灌浆材料，砂性地层宜采用聚氨酯灌浆材料或丙烯酸盐灌浆材料。

（4）宜根据浆液性质及回填现状选择合适的注浆压力及单孔注浆量。

（5）注浆过程中，应采取措施实时监测隧道形变量。

5）速凝型聚合物砂浆宜具有一定的柔韧性以及良好的潮湿基层粘结强度，各项性能应符合设计要求。

4. 管片环、纵接缝渗漏的注浆止水嵌填密封及壁后注浆的施工应符合下列规定：

1）钻孔注浆止水的施工应符合下列规定：

（1）当钻孔注浆设置浆液阻断点时，应使用带定位装置的钻孔设备，钻孔直径宜小，并宜钻双孔注浆形成宽度不宜小于 100mm 的阻断点；

（2）注浆嘴应垂直于接缝中心并埋设牢固，在用速凝型聚合物砂浆封闭接缝前，应清除接缝中已失效的嵌缝材料及杂物等；

（3）注浆宜按照从拱底到拱顶、从渗漏水接缝向两侧的顺序进行，当观察到邻近注浆嘴出浆时，可停止从该注浆嘴注浆，并应封闭该注浆嘴，然后从下一注浆嘴重新开始注浆；

（4）注浆结束后，应按要求拆除注浆嘴并封孔。

2）嵌填密封施工应符合下列规定：

（1）嵌缝作业应在无明水条件下进行；

（2）嵌缝作业前应清理待嵌缝沟槽，做到缝内两侧基层坚实、平整、干净，并应涂刷与密封材料相容的基层处理剂；

（3）背衬材料应铺设到位，预留深度符合设计要求，不得有遗漏；

（4）密封材料宜采用机械工具嵌填，并应做到连续、均匀、密实、饱满，与基层粘结牢固；

（5）速凝型聚合物砂浆应按要求进行养护。

3）壁后注浆施工应符合下列规定：

（1）注浆宜按确定孔位、通（开）孔、安装注浆嘴、配浆、注浆、拔管、封孔的顺序进行；

（2）注浆嘴应配备防喷装置；

（3）宜按照从上部邻接块向下部标准块的方向进行注浆；

（4）注浆过程中应按设计要求控制注浆压力和单孔注浆量；

（5）注浆结束后，应按设计要求做好注浆孔的封闭。

5.5.2.9 进出洞段渗漏治理

造成进出洞段连接处渗漏的原因主要有：进出洞时，洞口外侧土体部分流失，降低和破坏了加固体及原状土强度和结构；同步注浆和二次注浆不足或不密实；井接头及前一环与洞口地下连续墙及内衬呈刚性接触，其他管片与加固体及原状土呈柔性接触，导致该处管片发生不均匀沉降和渗漏水；洞口加固土体在强度发展过程中会与基坑围护结构之间产生间隙，长期存在于土体中的渗水将填充于加固土体与围护结构之间的间隙，并随着时间的推移，形成一定的水压；井接头顶部混凝土浇筑不密实；进洞环管片在脱离盾尾时，土体流失、坍方事故等的发生会造成盾构姿态突变，造成管片密封局部损坏；出洞段由于施工单位的基准环（支撑环）强度或状态不佳，造成出洞段盾构姿态不好等。

隧道进出洞口段渗漏的治理宜采取注浆止水及嵌填密封等技术措施，并宜符合下列规定：

（1）隧道与端头井后浇混凝土环梁接缝的渗漏宜按本书第5.5.2.2节第1条规定钻斜孔注入聚氨酯灌浆材料止水；

（2）隧道进出洞口段25环内管片接缝渗漏的治理及壁后注浆宜符合本书第5.5.2.8节第3条规定。

第 6 章
综合管廊附属设施工程

为确保管线安全，综合管廊附属设施工程包括监控与报警系统、消防系统、排水系统、通风系统、电气系统、支架系统、标识系统等。

（1）监控与报警系统

综合管廊内敷设有电力电缆、通信电缆、给水管线、燃气管线等，为了方便综合管廊的日常管理、增强综合管廊的安全性和防范能力，根据入廊管线实际布置情况、日常维护保养管理需要，综合管廊需配置监控与报警系统。综合管廊监控与报警系统宜分为环境与设备监控系统、安全防范系统、通信系统、预警与报警系统、地理通信系统和统一管理通信平台等。

安全防范系统（以下简称"安防系统"）包括入侵报警系统、视频监控系统、出入口控制系统及电子巡查系统四大部分。在管廊中设置光纤紧急电话系统，该系统实现管廊内工作人员与外界通话和控制中心对管廊内人员进行呼叫的功能。预警与报警系统由火灾自动报警系统、可燃气体探测报警系统等组成。

（2）消防系统

综合管廊内可能起火的管线主要为电力电缆，在采用阻燃电缆的情况下，相关保障措施到位，电缆接头起火可能性最大。因此，对敷设有电力电缆的管廊舱室应设置火灾自动报警系统，以便能及时发现并应对火灾的发生。本处所指电力电缆不包括为综合管廊配套设施供电的少量电力电缆。在管廊内设有独立的电力、电缆舱室及分变电所，并在其中设置火灾自动灭火系统。火灾自动灭火系统选用悬挂式超细干粉灭火系统，全淹没式布置，在电缆接头处设置有自动灭火装置。

（3）排水系统

综合管廊内排水系统，能够有效排除管道连接处的漏水、管道检修时的放水、管廊内冲洗水、管廊结构缝处渗漏水以及管廊开口处漏水，未考虑管道爆管或消防情况下的排水要求。该工程综合管廊内采用有组织的排水系统，在各节点处设置集水坑，包括管线引出口、投料口、通风口、分变电所、倒虹段等。集水坑内设液位开关，实现高液位开泵、低液位停泵、超高液位报警功能。

综合管廊按每 200m 设置建筑防火分区，沿管廊全长设置排水沟，横断面地坪以 1% 的坡度坡向排水沟，排水沟纵向坡度与综合管廊纵向坡度一致，但不小于 3‰。管廊内积水通过排水沟汇集到集水坑后通过排水泵就近接入道路雨水系统。

（4）通风系统

综合管廊的通风主要是保证综合管廊内部空气的质量，应以自然通风为主，机械通风为辅。但是燃气舱和含有污水管道的舱室，由于存在可燃气体泄漏的可能，需及时快速将泄漏气体排出，因此采用强制通风方式。综合管廊内发生火灾时，相应防火分区邻近的防火门应与风机、防火阀和风阀等实现联动控制。

（5）电气系统

根据综合管廊负荷运行的安全要求，应急照明、燃气舱事故风机、燃气舱紧急切断阀（预留）、火灾报警设备、逃生口液压电力井盖为二级负荷（消防负荷），且宜采用两回线路供电；一般照明、一般通风机、排水泵、检修插座箱、非逃生口液压电力井盖等为三级负荷（非消防负荷）。该工程控制中心采用两路 10kV 电源供电，运行方式为两常用。

综合管廊内自用电缆在综合管廊内采用电缆桥架敷设，出电缆桥架穿镀锌钢管敷设。消防用电缆均采用耐火或不燃电缆敷设线路并作防火保护，其余电缆均采用阻燃电缆。在燃气舱敷设的电缆不应有中间接头，并按现行国家标准《爆炸危险环境电力装置设计规范》GB 50058—2014 要求进行防爆隔离密封处理。

（6）支架系统

支架预埋系统应具备可靠的安装偏差容许纠正措施。支架应有足够的承载能力，应通过力学测试、耐火测试和抗冲击疲劳荷载测试。支架设置要避开管道接缝、管廊沉降缝，预埋槽预埋时顶面应与墙面齐平。

该工程管线支架系统采用预埋型成品支架系统，管线支吊架由锚固螺栓、C 型槽钢、重型槽钢、连接件、管卡、可调式槽钢锁扣及托臂系统通过螺栓机械咬合的连接方式组成，连接件可以随意调节管道支架的尺寸、高度。

（7）标识系统

综合管廊的人员主出入口一般情况下指控制中心与综合管廊直接连接的出入口，应当根据控制中心的空间布置，设置合适的介绍牌，对综合管廊的建设情况进行简要的介绍。综合管廊内部容纳的管线较多，管道一般按照颜色区分或每隔一定距离在管道上标识。电（光）缆一般每隔一定间距设置铭牌进行标识，同时针对不同的设备应有醒目的标识。

综合管廊标识系统应设置在便于观察的部位，挂（贴）牢固、内容完整。对标牌所涉及的钢板、螺母、螺丝等钢材提出防腐和防锈要求。防腐可在钢材表面喷涂环氧底漆；防锈则要求钢材的油漆均为二度防锈漆打底，调和漆二度罩面。

6.1 监控与报警系统

综合管廊内敷设有电力电缆、通信电缆、给水管道、燃气管道等，附属设备多，为了方便综合管廊的日常管理、增强综合管廊的安全性和防范能力，根据综合管廊结构形式、管廊内管线及附属设备布置实际情况、日常管理需要，配置综合管廊监控与报警系统。配置原则是可靠、先进、实用、经济。

综合管廊监控与报警系统包括：①预警与报警系统；②安防系统；③通信系统；④环境与附属设备监控系统；⑤监控与报警统一管理系统。

旗亭路综合管廊设计范围总长约2.749km，双舱（电力舱、综合舱）均设置监控与报警系统，每个舱分为15个监控与报警区间。白粮路综合管廊设计范围总长约0.669km，为单舱管廊（综合舱），设置监控与报警系统，分为5个监控与报警区间。玉阳大道综合管廊设计范围总长约4.007km，其中三个舱（电力舱、综合舱、燃气舱）设置监控与报警系统，每个舱分为18个监控与报警区间。

在百雀寺路与玉阳路交叉口设置综合管廊监控中心一处（图6-1）。

图6-1 监控中心

监控中心设置两套监控工作站、一套安防工作站、一套管理工作站、一套服务器柜（内装数据库服务器和视频服务器）、一套核心通信柜（内装工业以太网交换机）、一套组合显示屏、两台打印机、一套 UPS 柜。监控计算机通过工业以太网交换机与现场 ACU 控制器通信，彩色显示器上能生动形象地反映综合管廊建筑模拟图、管廊内各设备的状态和照明系统的实时数据并报警。监控计算机同时还向现场 ACU 控制器发出控制命令、启停现场附属设备。附属设备监控系统通过工业以太网交换机与火灾自动报警系统联网。

管理工作站负责历史数据的查询和显示，生成和打印各类运行管理报表，并担负与市政相关部门的报警和事故处理联网通信任务。

数据服务器除了附属设备监控系统历史数据的存储，还需在数据库内整合火灾自动报警系统的数据。

组合显示屏可直观地显示管廊内各种设备的运行情况，及时了解灾情和非法入侵的发生及其位置。显示内容有：综合管廊内各区段的位置和建筑模拟图，各区段排水泵状态、通风装置状态、照明设备状态、火灾报警设备状态、环境温/湿度含量，以及非法入侵等各种报警信号和视频图像等（图6-2）。

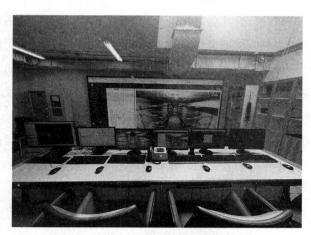

图6-2 监控中心监控室

监控中心监控计算机、服务器以星型结构 100Mbps 以太网（五类屏蔽线）连接至监控中心 1000/100Mbps 工业以太网交换机。

在管廊每个防火分区中的投料口处设置 1 套 ACU 箱，箱内安装一台千兆工业以太网交换机、一套可编程控制器、一套 UPS。

所有现场 ACU 箱通过千兆光纤环网连接至管廊监控中心核心通信柜。

1. 预警与报警系统

该工程预警与报警系统由火灾自动报警系统、可燃气体探测报警系统等组成。

1）火灾自动报警系统

在每个监控与报警区间的投料口设置一套火灾报警控制柜（内含火灾报警区域控制器 1 台、若干控制模块、若干信号模块、一套 24V 电源），负责本区间内消防设施的控制及信号反馈。火灾报警区域控制器的电源由区间电气专业消防负荷配电柜提供。

火灾自动报警系统配置：

（1）电力舱：每隔 50m 设置手动报警按钮、警铃；每根高压电力电缆上沿电缆敷设一根感温光缆；在舱内顶部每隔 10m 设置 1 套防潮型感烟探测器。每个防火门设置 1 套防火门监控模块。防火门的开启、关闭及故障状态信号通过防火门监控模块反馈至防火门监控器。

（2）综合舱：每隔 50m 设置 1 套手动报警按钮、警铃；每层电力电缆上 S 型敷设感温光缆；在舱内顶部每隔 10m 设置 1 套防潮型感烟探测器。每个防火门设置 1 套防火门监控模块。防火门的开启、关闭及故障状态信号通过防火门监控模块反馈至防火门监控器。

电力舱内采用感温光缆和智能型烟感作为火灾探测器，当任意一路感温光缆或智能烟感发生报警，开启相应防火分区内的警铃、应急疏散指示和该防火分区防火门外的声光报警器。当任意一路感温光缆及智能烟感同时发生报警，关闭相应及相邻防火分区及正在运行的排风机、百叶窗、防火风阀及切断配电控制柜中的非消防回路，经过 30s 后打开现场放气指示灯，启动超细干粉灭火器实施灭火。喷放动作信号及故障报警信号反馈至监控中心及气体灭火控制器。

管廊内火灾报警电缆在自用桥架内、沿专用外涂防火涂料金属封闭型线槽敷设。没有桥架段，均采用穿钢管沿管廊顶、管廊壁明敷并外涂防火保护材料。

2）可燃气体探测报警系统

在燃气舱内人员出入口、逃生口、吊装口、进风口、排风口等舱室内最高点气体易于聚集处设置可燃气体探测器；在燃气舱沿线顶部设置可燃气体探测器，间隔不大于 15m。在区间投料口处设置 1 套可燃气体报警控制器，通过总线接入区间内的可燃气体探测器。可燃气体报警控制器通过现场总线将数据上传至监控中心报警主机。

燃气舱内当甲烷浓度超过报警浓度设定值（爆炸下限的 20%）时，由可燃气体报警控制器联动启动燃气舱事故段区间及其相邻区间的风机。

可燃气体报警控制器的电源由区间消防负荷配电柜提供。

3）其他灾害报警系统

为防止压力流水管或管廊外部水倒灌，在综合管廊内沿线设置危险水位报警装置。危险水位报警装置安装在每个区间地势较低的集水坑旁，信号接入环境与附属设备监控系统。

2. 安防系统

安防系统包括入侵报警系统、视频监控系统、出入口控制系统及电子巡查系统四大部分。

在监控中心设置一套安防工作站和视频服务器。

在每个投料口进出口以及通风口处设置双光束红外线自动对射探测器报警装置，其无源触点报警信号送至现场 ACU 控制器，并通过监控系统以太网送至安防监控计算机，显示器画面上相应分区和位置的图像元素闪烁，并产生语音报警信号。

在管廊内投料口设备安装处设置 1 套网络摄像机，同时管廊内每个舱内设置黑白一体化低照度网络摄像机 2 套。摄像机由 ACU 箱负责供电，信号通过 ACU 箱内以太网交换机送至监控中心安防工作站。

管廊人员出入口设置出入口控制装置，出入口控制装置状态信号通过 ACU 箱内以太网交换机送至监控中心安防工作站。

视频监控系统与入侵报警系统、预警与报警系统、出入口控制系统、照明系统建立联动。当报警发生时，打开相应部位正常照明设备，报警现场画面切换到指定的图像显示设备，并全屏显示。

在管廊每个舱内设置离线电子巡查点，离线电子巡查系统后台设在管廊监控中心内。

3. 通信系统

在管廊中设置光纤紧急电话系统。该系统实现管廊内工作人员与外界通话和监控中心对管廊内人员进行呼叫的功能。

在监控中心设置光纤电话中心主站，在每个区段的投料口区设置光纤电话主机 1 台，主站与主机之间用光纤环路连接。同时，在每个区段的每个舱内设置光纤电话副机，两台副机之间的距离不大于 100m。

光纤电话可兼作消防电话使用。

4. 防雷接地

控制中心和综合管廊内监控设备接地与电气设备共用接地装置，接地电阻小于 1Ω。

综合管廊内现场控制柜、仪表设备外壳等正常不带电的金属部分，均应做保护接地。此外综合管廊监控系统应做工作接地，工作接地包括信号回路接地和屏蔽接地。

各类接地应分别由各自的接地支线引至接地汇流排或接地端子板，再由接地汇流排或接地端子板引出接地干线，与接地总干线和接地极相连。

控制中心内的电气和电子设备的金属外壳、机柜、机架等，应采用等电位连接。

火灾自动报警系统的接地应符合现行国家规范《火灾自动报警系统设计规范》GB 50116—2013 的规定。

5. 防爆与防护

燃气舱内设置的监控与报警系统设备安装与接线技术要求应符合现行国家标准《爆炸危险环境电力装置设计规范》GB 50058—2014 有关爆炸性气体环境 2 区的防爆规定。

燃气舱内主要监控与报警设备的防爆等级要求见表 6-1。

防爆等级要求表　　　　　　　　　　表 6-1

光纤电话	Ex ib IIC T6
投入式液位仪	Ex ia IIC T6
可燃气体探测器	Ex ia IIC T6
氧气、温湿度检测仪	Ex ib IIC T6
摄像机	Ex ib IIC T6

综合管廊内监控与报警系统设备防护等级不宜低于 IP65。

6.2 消防系统

结合已经运行的工程实际和理论分析，综合管廊内可能起火的管线主要为电力电缆，在采用阻燃电缆的情况下，相关保障措施到位，剩余起火可能性最大部位为电缆接头，应将主动灭火设施布置在电缆接头附近，其他常规部位可适当降低主动灭火系统设置标准，逐步构建适合综合管廊的消防体系。

城市综合管廊火灾具有危险性大、损失严重、控制火势和扑救火灾难度大等特点，因此：①燃气管线不宜与其他市政管线敷设于同一综合管廊舱内，应单独成舱。②综合管廊设防火分区，对于控制火灾的蔓延意义重大。综合管廊内防火分区最大间距应不大于 200m，分区应设置防火墙、甲级防火门、阻火包等进行防火分隔。③综合管廊内应设置报警系统，有效地探测初期火灾，尽早发现火情。综合管廊内应选用防潮型探测器。④综合管廊内应设置防排烟系统，通风口为自然与机械通风相结合，每个排风系统可兼作火灾时的排烟系统，排风机应选用双速高温排烟风机。⑤日常照明采用40W防潮荧光灯；应急照明灯按规定设置。⑥无须设置自动灭火系统的舱室应配置一定数量的移动式灭火器材。⑦消防控制室应设在道路的中间段，可与综合管廊监控中心同设于一室，室内配备要完善。⑧消防电缆用阻燃耐火电缆，其他电缆均用阻燃电缆。

所有舱室每隔200m采用耐火极限不低于3.0h的不燃性墙体进行防火分隔。防火分隔处的门应采用甲级防火门，管线穿越防火隔断部位应采用阻火包等防火封堵措施进行严密封堵。防火门尺寸应满足舱室内最大尺寸管道或阀件搬运要求。

根据现行国家标准《城市综合管廊工程技术规范》GB 50838—2015第7.1.9条，综合管廊中容纳电力电缆的舱室应设置自动灭火系统。选用悬挂式超细干粉灭火系统，全淹没式布置，在电缆接头处应设置自动灭火装置。

通常对于密闭环境内的电气火灾，可采用以下灭火措施：气体灭火，高、中倍数泡沫灭火，水喷雾灭火，高压细水雾灭火，超细干粉灭火。此外，由于环境保护方面的原因，不再考虑采用卤代烷灭火的方式。综合管廊内可燃物较少，电缆等均采用阻燃型或防火型，局部燃烧时危险性较小，故综合管廊内消防按轻危险级考虑。对各种灭火方式的分析如下：

1. 气体灭火

气体灭火包括二氧化碳、赛龙灭火等，是一种利用向空气中大量注入灭火气体，相对地减少空气中的氧气含量，同时降低燃烧物的温度，使火焰熄灭的灭火方式。二氧化碳是一种惰性气体，对绝大多数物质没有破坏作用，灭火后能很快散逸，不留痕迹，又没有毒害。二氧化碳还是一种不导电的物质，可用于扑救带电设备的火灾。

当二氧化碳用于扑救气体火灾时，需在灭火前切断气源。因为尽管二氧化碳灭气体火灾是有效的，但由于二氧化碳的冷却作用较小，火虽然能扑灭，但难于在短时间内使火场的环境温度（包括其中设置物的温度）降至燃气的燃点以下。如果气源不能关闭，则气体会继续逸出，当逸出量在空间里达到或高过燃烧下限浓度，则有发生爆炸的危险。

由于综合管廊是埋设于地下的封闭空间，且其保护范围为一狭长空间，定点实施气体喷射灭火效果有限，采用全覆盖灭火系统时，应注意人员保护。

2. 高、中倍数泡沫灭火

高、中倍数泡沫灭火系统是一种较新的灭火技术。泡沫具有封闭效应、蒸汽效应和冷却效应。其中封闭效应是指大量的高倍数、中倍数泡沫以密集状态封闭了火灾区域，防止新鲜空气流入，使火焰熄灭。蒸汽效应是指火焰的辐射热使其附近的高倍数、中倍数泡沫中水分蒸发，变成水蒸气，从而吸收了大量的热量，而且使蒸汽与空气混合体中的含氧量降低到7.5%左右，这个数值大大低于维持燃烧所需氧的含量。

冷却效应是指燃烧物附近的高倍数、中倍数泡沫破裂后的水溶液汇集滴落到该物体燥热的表面上，由于这种水溶液的表面张力相当低，使其对燃烧物体的冷却深度超过了同体积普通水的作用。

·由于高倍数、中倍数泡沫是导体，所以不能直接与带电部位接触，必须在断电后，才可喷发泡沫。

综合管廊是埋设于地下的封闭空间，其中分隔为较多的防火分区，根据对规范的系统分类及适用场合的分析，该消防系统可采用高倍数泡沫灭火系统，一次对单个防火分区进行消防灭火。但由于高倍数、中倍数泡沫是导体，不能直接与带电部位接触，必须在断电后，才可喷发泡沫，使用条件复杂，而综合管廊内电气系统相对整体且重要，切断电源可能造成较大损失。

3. 水喷雾灭火

水喷雾灭火系统是利用水雾喷头在一定水压下将水流分解成细小水雾滴进行灭火或防护冷却的一种固定式灭火系统。该系统是在自动喷水系统的基础上发展起来的，不仅安全可靠，经济实用，而且具有适用范围广，灭火效率高的优点。

水喷雾的灭火机理主要是具有表面冷却、窒息、乳化、稀释的作用。

（1）表面冷却

相同体积的水以水雾滴形态喷出时比直射流形态喷出时的表面积要大几百倍，当水雾滴喷射到燃烧表面时，因换热面积大而会吸收大量的热迅速汽化，使燃烧物质表面温度迅速降到物质热分解所需要的温度以下，使热分解中断，燃烧即中止。

（2）窒息

水雾滴受热后汽化形成原体积 1680 倍的水蒸气，可使燃烧物质周围空气中的氧含量降低，燃烧将会因缺氧而受抑或中断。

（3）乳化

乳化只适用于不溶于水的可燃液体。当水雾滴喷射到正在燃烧的液体表面时，由于水雾滴的冲击，在液体表层引发搅拌作用，从而造成液体表层的乳化，由于乳化层的不燃性使燃烧中断。

（4）稀释

对于水溶性液体火灾，可利用水雾稀释液体，使液体的燃烧速度降低而较易扑灭。

以上四种作用在水雾喷射到燃烧物质表面时通常是几种作用同时发生，并实现灭火的。

由于水喷雾所具备的上述灭火机理，使水喷雾具有适用范围广的优点，不仅在扑灭固体可燃物火灾中提高了水的灭火效率，同时由于独特的优点，在扑灭可燃液体火灾和电气火灾中得到广泛的应用。但当灭火面积较大时，灭火所需的水量也较大，因此，在单侧布置室外消火栓的市政道路下，综合管廊宜设为单舱，且电缆在沟内单侧布置；在双侧布置室外消火栓的市政道路下，综合管廊可设为双舱，且水泵接合器数量控制在 6 只以下。

4. 高压细水雾灭火

高压细水雾灭火机理为物理灭火，主要表现为表面冷却、窒息、乳化、稀释的作用。细水雾的雾滴直径小，比表面积非常小，遇热后迅速汽化、蒸发，当火焰温度下降到维持其燃烧的临界值以下时，火焰就熄灭了。当细水雾射入火焰区时，细水雾雾滴迅速汽化，体积迅速膨胀 1700~5800 倍，水汽化后形成的水蒸气将燃烧区域整体包围和覆盖，阻止新鲜空气进入燃烧区，大幅度地降低了燃烧区的氧气浓度，使燃烧明火因缺氧而中断。

高压细水雾灭火系统主要由水源、供水装置、区域选择阀、压力开关、开式喷头、火灾报警控制器、火灾探测器及管网组成。控制方式主要有自动控制、电气手动控制、应急手动控制三种。

5. 超细干粉灭火

1）灭火原理

超细干粉灭火剂是哈龙灭火剂及系列产品替代研究的最新技术，可广泛应用于各种场所扑救 A、B、C 类火灾及带电电气火灾。该灭火剂 90% 的颗粒粒径 ≤ 20μm，在火场反应速度快，灭火效率高。单位容积灭火效率是哈龙灭火剂的 2~3 倍，是普通干粉灭火剂的 6~10 倍，是七氟丙烷灭火剂的 10 倍，是细水雾的 40 倍。是目前国内已发明的灭火剂中灭火浓度最低，灭火效率最高，灭火速度最快的一种。由于灭火剂粒径小，流动性好，具有良好的抗复燃性、弥散性和电绝缘性，当灭火剂与火焰混合时超细干粉迅速捕获燃烧自由基，使自由基被消耗的速度大于产生的速度，燃烧自由基很快被耗尽，从而切断燃烧链实现火焰被迅速扑灭。

2）系统特点

（1）可使用于有人场所：超细干粉灭火剂灭火时不会因窒息氧气而造成人员事故，且喷洒时可瞬间降低火场温度，喷口处不会产生高温，喷出的灭火剂对皮肤无损伤，属于洁净、环保的新型产品。

（2）独立系统：超细干粉自动灭火系统自带电源、自成系统。在无任何电气配合的情况下仍可实现无外源自发启动、手动启动、区域组网联动启动。

（3）结构简单：细干粉自动灭火系统由灭火装置、温控启动模块、手启延时模块组成，安装使用方便，可单具使用，也可多具联动应用，组成无管网灭火系统，扑救较大保护空间或较大保护面积的火灾。不需要管网、喷头、阀门等繁琐的配套设备。

（4）方便施工：超细干粉自动灭火装置结构简单，安装位置可调整，对施工没有特殊要求，方便施工；不需要与土建工程一同进行，特别适合应用于改扩建及狭长空间。

（5）安全可靠：常态无压储存，不泄漏不爆炸，自动感应启动，灭火性能可靠，系统组件全为自主研发生产，系统稳定性高。

（6）维护简单：免维护期可达10年。

（7）灭火效率高：超细干粉灭火时间为不大于5s，可在探测到火灾信号后迅速灭火，将火灾损失降到最低。

（8）可全淹没应用灭火，也可局部淹没应用灭火：全淹没应用效率高，局部淹没应用保护范围大。

根据综合管廊内火灾原因的分析，电力电缆是较容易产生火灾的物件，因此舱室内需设置超细干粉灭火系统作保护。

超细干粉设计用量应按下式计算

$$M \geq M_1 + \sum M_2$$

$$M_1 = V_1 \times C \times K_1 \times K_2$$

$$M_2 = M_1 \times \delta_1$$

式中　　M——超细干粉灭火剂实际用量（kg）；

　　　　M_1——超细干粉灭火剂设计用量（kg）；

　　　　M_2——超细干粉灭火剂喷射剩余量（kg）；

　　　　V_1——防护区容积（m³）；

　　　　C——灭火设计浓度（kg/m³），取值$C=0.12$；

　　　　δ_1——灭火装置喷射剩余率取5%；

　　　　K_1——配置场所危险等级补偿系数，取值$K_1=1.5$；

　　　　K_2——防护区不密封度补偿系数，取值$K_2=1.1$。

综合管廊按200m长度设一个防火分区。

根据计算的设计灭火剂用量，并考虑管廊狭长，为保证效果，推荐采用悬挂式超细干粉自动灭火装置。

按单个防火分区超细干粉灭火装置布置间距，每台超细干粉的充装量为8kg。

6. 干粉灭火器辅助灭火设施

综合管廊所有舱室沿线，人员出入口、防火门处、吊装口、通风口、逃生口、设备布置间、分变电所设置手提式磷酸铵盐干粉灭火器，灭火器的配置和数量按现行国家标准《建筑灭火器配置设计规范》GB 50140—2005要求计算确定。燃气舱为甲类，舱室按严重危险等级，按 C 类火灾计算确定灭火器数量，最大保护距离为 15m；电力舱和综合舱为丙类，舱室按中危险等级，按 E 类火灾计算确定灭火器数量，最大保护距离为 20m。每处设置 2 具，型号为 MF/ABC4，充装 4kg 灭火剂。

6.3 排水系统

综合管廊内的排水系统主要满足排出综合管廊的结构渗漏水、管道检修放空水的要求，未考虑管道爆管或消防情况下的排水要求。为了将水流尽快汇集至集水坑，综合管廊内采用有组织的排水系统。一般在综合管廊的单侧或双侧设置排水明沟，综合考虑道路的纵坡设计和综合管廊埋深，排水明沟的纵向坡度不小于 0.2%。

综合管廊内主要容纳有电力、通信、给水等市政管线，排水设计范围为综合管廊内排水系统，该排水系统能够有效排除管道连接处的漏水、管道检修时的放水、管廊内冲洗水、管廊结构缝处渗漏水以及管廊开口处漏水。

综合管廊按每 200m 设置建筑防火分区，沿管廊全长设置排水沟，横断面地坪以 1% 的坡度坡向排水沟，排水沟纵向坡度与综合管廊纵向坡度一致，但不小于 0.2%。

综合管廊在各节点处设置集水坑，包括管线引出口、投料口、通风口、端部井、转角、交叉口、分变电所、倒虹段等，原则上在每个集水坑内设 2 台排水泵，1 用 1 备，单泵排水量为 30m³/h，扬程 20m，功率 4kW。集水坑内设液位开关，高液位开泵，低液位停泵，超高液位报警。

管廊内积水通过排水沟汇集到集水坑后通过排水泵就近接入道路雨水系统。

集水井应设于综合管廊断面坡度最低处，每 200~300m 设置一个（亦可包含沉砂池，沉淀池及油水分离设备）。集水井容积宜考虑计算每台抽水泵 10 min 的抽水量，体积应保证有 0.3m³ 以上的沉砂池与 1.5m³ 的集水量。每一集水井应配备 2 台（1 用 1 备）抽水泵，设置于集水井上方。为便于抽水泵的维修，应设计检修口；为便于综合管廊的管理，抽水泵应纳入监控与报警系统统一管理。

6.4 通风系统

每个区间中部设置投料口 / 人员出入口。每个防火分区设置独立的通风系统。

综合管廊通风系统设计原则主要包括：①综合管廊采用机械送风、机械排风的通风方式；②根据综合管廊沿线附近地面景观规划的要求以及现状，尽可能布置较少的地面通风口；③地面风亭的布置应与周边景观环境相协调，同时应满足作为工作人员出入口和火灾时紧急安全出口的需要；④综合管廊内发生火灾时，相应防火分区邻近的防火门应与风机、防火阀和风阀等实现联动控制；⑤设计选用低噪声低能耗的风机，减小综合管廊内通风设备对地面周围环境的噪声影响，同时满足环保与节能的要求；⑥综合管廊通风设备的通风量要求应符合下列规定：正常通风换气次数不应小于 2 次 /h，事故通风换气次数不应小于 6 次 /h；⑦综合管廊的通风口处出风风速不宜大于 5m/s。

（1）设计参数

室外气象参数：夏季通风室外计算干球温度 32.9℃；冬季通风室外计算干球温度 4.6℃；年平均气温 17.0℃。

管廊内空气参数：综合管廊内工作环境温度 ≤ 40℃。

（2）通风系统控制及运行模式

为保证管廊平时正常运营及火灾后排风，需对管廊内空气温度及通风系统进行监控，采用现场手动及监控中心两级监控。

平时工况下：百叶进风、排风排烟防火阀及电动调节阀常开，通风时开启风机，排除废气满足卫生要求。

巡视检修时：工作人员需提前 0.5h 开启进入区段的送排风机，进行通风换气以确保进入管廊的工作人员的健康。

火灾工况下：综合管廊发生火灾时依靠切断供氧供应自熄，此时不需要通风排烟，待火灾熄灭后再进行正常通风排烟雾余热。当管廊发生火灾时，火灾自动报警系统立即联动关闭所有在运行的风机、电动防火阀、电动调节阀、电动百叶。当确认火焰熄灭后，开启电动调节阀并远距离复位排烟防火阀，同时开启通风区间的防火门，开启管廊的排风机排除管廊内高温烟气，以便工作人员进入管廊抢修。

（3）环保与节能措施

排风机采用低噪声高效率型以实现节能和降噪。

6.5 电气系统

该工程电气系统包括：综合管廊及监控中心的配电。以电力 10kV 进线电缆头为界，综合管廊自用负荷一侧的供配电系统设计为本次设计范围，不包括敷设在管廊中专业单位管线的供配电设计。综合管廊廊内以 200m 长作为一个配电区间。

根据综合管廊负荷运行的安全要求，应急照明、燃气舱事故风机、燃气舱紧急切断阀（预留）、火灾报警设备、逃生口液压电力井盖为二级负荷（消防负荷）；一般照明、一般通风机、排水泵、检修插座箱、非逃生口液压电力井盖等为三级负荷（非消防负荷）。

1. 变配电系统

该工程监控中心采用两路 10kV 电源供电，运行方式为两常用。

根据综合管廊各相邻配电区间负荷类型、容量、数量、受电位置基本相同，且具有沿线分布、比较均匀的特点，以靠近负荷中心兼顾相应电压等级的供电半径要求为原则，设置高低压变配电所。在监控中心设置一座 10kV 配电所，根据综合管廊的特点，并结合 0.4kV 电压等级最大允许的电压降，以确保电能质量的要求，设置各管廊变配电所。每个分变电所供电半径原则上不超过 1km，对于特殊远离变电所的区段，适当增大配电电缆的截面，使得末端电压不低于标称电压的 95%。

在监控中心 10kV 配电所内设 10kV 开关柜一组。10kV 电力系统采用双电源进线、单母线分段带联络的主结线，两路 10kV 电源两常用。

监控中心至沿线分变电所的配电采用双回路树干式接线的结构为沿线每个分变电所的 2 台变压器分别供电，2 路电源分别取自控制中心 10kV 开关柜不同母线。每台变压器低压侧设两台配电柜，一台为消防负荷配电柜，一台为非消防负荷配电柜。

监控中心设 2 台 80kVA 所用变压器，为控制中心内的低压设备配电；设消防负荷配电柜一台，由 2 台所用变压器各引一路 0.4kV 电源供电，为监控中心消防负荷供电。另外再设交流屏一台，由 2 台所用变压器各引一路 0.4kV 电源供电，交流屏设末端自切，为监控中心其他二级负荷供电。

为不影响地面道路的景观，沿道路分布的变电所采用全地下式布置，并设排水设施。变压器根据地下易积水、占地空间有限等特点，选择埋地式组合变压器，可浸没在水中连续运行数小时。

2. 操作、控制电源及继电保护

在监控中心 10kV 配电间内设置 DC110V 直流屏作为 10kV 开关柜操作和控制电源，直流屏容量 30AH。配电间另设置静态模拟屏用于日常模拟操作和显示。

继电保护装置采用测控保护一体化微机数字继电器，保护装置就地分布于 10kV 开关柜，对每个回路提供继电保护、电量参数测量、状态信号采集和数据变送，并通过现场总线接口与自动化系统连接。

各分变电所 0.4kV 侧进线、主要馈电回路开关和各电气分区、控制中心的低压配电柜的进线开关状态、系统电量等信号上传自动化系统，供监控系统遥测、遥信。

在每个分变电所 0.4kV 侧采用电力电容器集中自动补偿，使 10kV 总进线侧功率因数控制在 0.90 以上。

在 10kV 电源引入处设专用电力公司计量屏，高供高计。

各分变电所 0.4kV 进线、重要的出线、各电气区间配电柜的总进线回路均设置智能仪表，采集电量数据，作运营内部考核的内部计量。

3.综合管廊电气分区

管廊每个配电区间内设一台非消防负荷柜 FP，配电柜为单电源进线，由分变电所任一变压器低压侧非消防负荷配电柜双回路树干式供电，负责区间内非消防负荷的配电。

管廊每个配电区间内设一台消防负荷柜 XP，配电柜为两路电源进线，两路电源由分变电所内两台变压器低压侧消防负荷配电柜树干式提供。两路电源进柜后自切负责区间内消防负荷的配电。

4.电气设备选择原则

（1）设备选择原则：安全可靠、技术先进、节能环保、价格合理。

（2）10kV 开关柜：空气绝缘金属封闭可移开式成套开关设备。

（3）埋地式组合变压器：11 系列低损耗油浸式埋地变压器，无载调压。

（4）低压配电柜和控制箱：安全型固定柜盘，柜（箱）体优质钢板，静电喷塑，IP65，透明观察面板。

（5）插座箱：高强度箱体，防水防潮防撞击，配工业防水插座。插座箱平时不送电，当需要临时用电，同时环境符合安全条件时可短时合闸供电。

（6）照明灯具：高效、节能型、显色指数满足工况要求的绿色照明光源，以 T8 荧光灯或 LED 光源为主，考虑管廊环境潮湿，灯具防护等级不低于 IP54。

5.照明标准及动力控制

1）监控中心和地下综合管廊的照明，不同功能区照度标准符合如下规定：

（1）综合管廊内人行道上的一般照明的平均照度不小于15lx，最低照度不小于5lx；

（2）监控室一般照明照度不小于300lx；

（3）管廊内疏散应急照明照度不小于5lx。

2）设备控制：

（1）一般风机：管廊内一般通风机的配电和控制回路设于各区间的非消防负荷配电柜内，现场设电源隔离检修插座。风机设柜上 / 远方控制，远方即可通过设于该区间各出入口的按钮盒控制，便于人员进出时开停风机，确保空气畅通；还可以通过自动化系统控制，以自动调节管廊内的空气质量和温湿度。当火灾时，排风机由火灾联动系统采用干接点的形式强制停机。

（2）燃气舱事故风机：燃气舱事故风机的配电和控制回路设于各区间的消防负荷

配电柜内，现场设电源隔离检修插座。风机设柜上／远方控制，远方即可通过设于该区间各出入口的按钮盒控制，便于人员进出时开停风机；当燃气舱浓度大于其爆炸下限值的 20%，应由可燃气体报警控制器联动启动事故风机。

（3）照明：管廊内的照明配电和控制回路设于各区间的配电柜内，设柜上／远方控制，远方即可通过设于该区间各出入口的按钮盒控制，便于人员进出时开关灯；也可通过自动化系统控制，以便于远方监视。不论何种控制方式，照明状态信号均反馈自动化系统，当火灾发生时，可由火灾联动系统强制启动应急照明。

（4）排水泵：管廊内的排水泵旁设置一台就地控制箱，采用电机保护器保护，设现场手动／液位自动控制。在液位自动时，通过电机保护器实现高液位开泵、低液位停泵、超高液位报警。排水泵的状态、液位状态通过电机保护器的 RS485 通信口上传自动化系统。

6. 防雷与接地

监控中心高出地面的建筑按第三类防雷建筑设计。地下部分可不设置直击雷防护措施，但应在配电系统中设置防雷电感应过电压的保护装置。低压系统采用 TN-S 制，除作为自然接地体的建筑主钢筋外，在综合管廊内壁再设置法拉第笼式内部接地系统，将各个建筑段的建筑主钢筋相互连接。另外，将综合管廊内所有电缆支架相互连接成网，形成分布式大接地系统，接地电阻小于 1Ω。廊内电气设备外壳、支架、桥架、穿线钢管均妥善接地。

燃气舱除等电位连接另需设置防静电接地、排气管的防直击雷接地等安全接地措施。

7. 电缆敷设与防火

综合管廊内自用电缆在综合管廊内采用电缆桥架敷设，出电缆桥架穿镀锌钢管敷设。消防用电缆均采用耐火或不燃电缆敷设线路并作防火保护，其余电缆均采用阻燃电缆。在燃气舱敷设的电缆不应有中间接头，并按现行国家标准《爆炸危险环境电力装置设计规范》GB 50058—2014 规定的 2 区要求进行防爆隔离密封处理。

6.6 支架系统

根据现行国家标准《建筑机电工程抗震设计规范》GB 50981—2014 第 1.0.4 条强制性条文规定："抗震设防烈度为 6 度及 6 度以上地区的建筑机电工程必须进行抗震设计。"以及根据现行国家标准《建筑抗震设计规范》GB 50011—2016 第 3.7.1 条强制性条文规定："非结构构件，包括建筑非结构构件和建筑附属机电设备，自身及其与结构主体的连接，应进行抗震设计。"

该工程所在地区抗震设防烈度为 7 度，设计基本地震加速度为 0.10g。支架抗震设防为重点设防类，应按地震烈度 8 度进行抗震设计，抗震支架提供厂商须根据现行国家标准《建筑机电工程抗震设计规范》GB 50981—2014 和现行行业标准《建筑机电设备抗震支吊架通用技术条件》CJ/T 476—2015 进行严格的抗震设计，需根据荷载进行计算，提交抗震支吊架具体规格型号、详细施工方案和详细荷载计算书。

该项目管线支架系统采用预埋型成品支架系统，管线支吊架由锚固螺栓、C 型槽钢、重型槽钢、连接件、管卡、可调式槽钢锁扣及托臂系统通过螺栓机械咬合的连接方式组成，连接件可以随意调节管道支架的尺寸、高度。支吊架现场应做到不焊接。支吊架系统的框架由一个或多个 C 型槽钢组成；装配式管线支吊架是工厂预制零部件在工地现场进行组装而成的支吊架产品，采用标准连接件与标准槽钢。

支架预埋系统应具备可靠的安装偏差容许纠正措施。支架应有足够的承载能力，应通过力学测试、耐火测试和抗冲击疲劳荷载测试。支架系统可根据所选定厂商的产品特点对各参数进行适应性调整。支架设置要避开管道接缝、管廊沉降缝，预埋槽预埋时顶面应与墙面齐平。

电力、通信电缆支架及自用桥架采用成品托臂式支架，管线支架由锚固螺栓、C 型槽钢、重型槽钢、连接件、管卡、可调式槽钢锁扣及托臂系统通过螺栓机械咬合的连接方式组成，连接件可以随意调节管道支架的尺寸、高度。支架托臂长度：电力、通信电缆均为 800mm，管廊自用为 800mm，与管廊墙体采用预埋槽道 T 头螺栓连接方式；用于支撑电力电缆的托臂以及公用缆线桥架的托臂、立柱每 1.0m 设置一道，布置时需避让结构变形缝。用于 10kV 电力、通信电缆支架及自用桥梁的托臂根部高度不大于 110mm。用于 110kV、220kV 电力电缆的托臂根部高度不大于 150mm；载荷要求为支架端部集中载荷 ≥ 180kg，均布载荷 ≥ 300kg，承受桥架额定荷载时最大挠度值与其长度之比不应大于 1%。

C 型槽钢为冷压成型槽钢，C 型槽钢、连接部件及管束材质为 Q235 及以上，且满足现行国家标准《碳素结构钢》GB/T 700—2006 规定，槽钢壁厚不小于 2.0mm，配件厚度不小于 4.0mm。

支架系统的末端须采用专用端盖封盖，以避免工作人员在走动时不小心撞伤。

连接构件需提供国家级力学性能检测报告，确保连接构件在受力作用下安全。

支架系统表面进行热浸镀锌处理，热浸镀锌符合现行国家标准《金属覆盖层 钢铁制件热浸镀锌层技术要求及试验方法》GB/T 13912—2020 的规定。支架系统应提供相应标准的化学成分和承载性能检测报告。

槽式预埋件应采用碳钢材质，所用材料各项性能指标不低于 Q235 号碳钢，表面应进行分件热浸镀锌处理，镀层厚度不宜小于55μm，热轧成型。T型螺栓钢材材质应为：4.6级以上（包括4.6级）碳钢，表面应进行热浸镀锌处理，镀层厚度不宜小于45μm。

槽式预埋件的槽身与腿部应采用冷连接（无焊接）设计，确保预埋槽腿部无焊接残留应力，并且避免酸洗时酸液残留在焊接缝内导致的镀锌层问题。

预埋槽道的单点受拉承载力不低于15kN，齿牙受剪承载力不低于10.5kN。

预埋槽道的钢槽壁，预埋槽道槽口规格不应小于38mm×23mm。预埋槽道内侧应有连续的、通长的三角形齿牙构造，齿牙高度不应低于1mm，在满足竖向调节的同时能保障沿槽道方向的受力性能及与附属构件连接时的承载性能。预埋槽道应采用自动焊接工艺，保证钢槽与锚筋连接安全性和稳定性。预埋槽道的设计使用年限应与主体结构一致，且符合现行国家标准《城市综合管廊工程技术规范》GB 50838—2015中综合管廊工程的结构设计使用年限应为100年的要求。

为确保预埋槽道系统的承载性能，厂家应提供国家级检测机构出具的混凝土受拉、受剪承载能力和齿槽抗滑移检测报告。为确保预埋槽道系统的耐火性能，厂家应提供国家级检测机构出具的耐火试验报告，耐火时限不小于90min。为保证槽式预埋件抗腐蚀能力，需提供槽式预埋件盐雾实验2400h测试报告。

为避免漏浆，槽式预埋件槽内要填充密封条（不能使用海绵等不密软质封材料），两端要有端盖封口。填充物应为环保低密度聚乙烯材料，且配有易拉条设计，方便拆除。

支架供应商应根据管线设计单位提供的综合管线设计图，对采用综合支架系统的区域进行综合支架系统的深化设计，厂家对综合支架受力情况及材质选型进行详细计算，并提供力学计算书。

6.7 标识系统

综合管廊的人员主出入口一般情况下指监控中心与综合管廊直接连接的出入口，应当根据监控中心的空间布置，布置合适的介绍牌，对综合管廊的建设情况进行简要的介绍。综合管廊内部容纳的管线较多，管道一般按照颜色区分或每隔一定距离在管道上标识。电（光）缆一般每隔一定间距设置铭牌进行标识。同时针对不同的设备应有醒目的标识。

综合管廊标识系统应设置在便于观察的部位，挂（贴）牢固、内容完整。采用喷漆或粘贴方式进行标识时，管道表面应清理干净、干燥。采用自喷漆时，喷涂应防止污染，周围应保护到位。喷涂或粘贴要牢固、清晰，喷涂无流坠，粘贴无翘边。

标识系统版面设计应符合表6-2的规定。

标识系统版面设计要求   表 6-2

标识类型	介绍	要求
管廊介绍与管理牌	标明片区综合管廊规划，管廊建设时间、规模、容纳管线基本情况等内容，明确管廊管理情况、单位、负责人、组织架构等内容	管廊介绍与管理牌采用标牌雕刻专用白色塑料板制作，尺寸根据文字内容排版调整，白底蓝字，字间距根据字数调整，标题字高 40mm，正文文字高 25mm，黑体，宽度 0.75，文字居中布置，距离标识牌四周 10mm 位置用 10mm 蓝色色带作为标识牌边框。底膜工程级为Ⅱ级，文字采用雕刻
入廊管线标识	标注各类入廊管线属性，包括名称、规模、产权单位、紧急联系电话等内容	入廊管线标识牌采用 3mm 厚铝板制作，尺寸为 300mm×150mm。蓝底白字，字间距根据字数调整，文字高 40mm，黑体，宽度 0.75，文字居中布置。当文字内容不大于 6 字时，字体布置为一行，当文字内容大于 6 字时，文字布置为两行。距离标识牌四周 10mm 位置用 2mm 白色色带作为标识牌边框，字膜为反光膜，底膜工程级为Ⅱ级，字膜工程级为Ⅲ级
设备标识	标注管廊内各类设备的名称、基本数据、使用方法、紧急联系电话等内容	设备标识牌采用 3mm 厚铝板制作，尺寸为 300mm×150mm。绿底白字，字间距根据字数调整，文字高 40mm，黑体，宽度 0.75，文字居中布置。当文字内容不大于 6 字时，字体布置为一行，当文字内容大于 6 字时，文字布置为两行。距离标识牌四周 10mm 位置用 2mm 白色色带作为标识牌边框，字膜为反光膜，底膜工程级为Ⅱ级，字膜工程级为Ⅲ级
管廊功能区与关键节点标识	标注管廊中各类功能区及关键节点编号与名称	管廊功能区及关键节点标识牌采用 3mm 厚铝板制作，尺寸为 300mm×150mm。白底蓝字，字间距根据字数调整，文字高 40mm，黑体，宽度 0.75，文字居中布置。当文字内容不大于 6 字时，字体布置为一行，当文字内容大于 6 字时，文字布置为两行。距离标识牌四周 10mm 位置用 2mm 蓝色色带作为标识牌边框，字膜为反光膜，底膜工程级为Ⅱ级，字膜工程级为Ⅲ级
警示标识	起警示作用，以及提示各类安全隐患的作用	警示标识牌采用 3mm 厚铝板制作，尺寸为 300mm×200mm。红底白字，字间距根据字数调整，文字高 50mm，黑体，宽度 0.75，文字居中布置，图案标识和文字相匹配。距离标识牌四周 10mm 位置用 2mm 白色色带作为标识牌边框。字膜为反光膜，底膜工程级为Ⅱ级，字膜工程级为Ⅲ级
方位指示标识	标注管廊方向方位、运营里程、参照点等内容	方位指示标识牌采用 3mm 厚铝板制作，除里程桩号外，其余标识牌尺寸为 300mm×150mm。白底蓝字，字间距根据字数调整，文字高 40mm，黑体，宽度 0.75，文字居中布置。当文字内容不大于 6 字时，文字布置为一行，当文字内容大于 6 字时，文字布置为两行。距离标识牌四周 10mm 位置用 2mm 蓝色色带作为标识牌边框。字膜为反光膜，底膜工程级为Ⅴ级，字膜工程级为Ⅲ级。里程桩号标识牌尺寸为 150mm×100mm。白底蓝字，字间距根据字数调整，文字高 40mm，黑体，宽度 0.75 文字居中布置。文字布置为一行。距离标识牌四周 5mm 位置用 1mm 蓝色色带作为标识牌边框。字膜为反光膜，底膜工程级为Ⅱ级，字膜工程级为Ⅲ级。重要节点位置标识牌尺寸为 600mm×600mm。白底蓝字，字间距根据字数调整，文字高 40mm，黑体，宽度 0.75，文字居中布置。文字布置为一行。距离标识牌四周 10mm 位置用 10mm 蓝色色带作为标识牌边框。图案区域应反映区域位置、主要路网、综合管廊管网、位置星标、指北针等，字膜为反光膜，底膜工程级为Ⅱ级，字膜工程级为Ⅲ级

未明确的底板、字体颜色和字体情况（如管线标识牌、设备标识牌等）按国际标准色卡和通用字体予以明确，确保同一类标识牌颜色和字体的唯一性

标识系统统一要求如下：

（1）色卡参照 ral 工业标准色标色卡：

绿色：ral 6024。

黄色：ral 1016。

红色：ral 3001。

白色：ral 9010。

（2）为便于综合管廊内管道的识别和维护管理，规范综合管廊内专业管道颜色标示，建议综合管廊内各管道颜色按如下颜色统一：

给水管道：绿色 ral 6024。

消防管道：红色 ral 3001。

字体：黑体。

（3）根据标识牌的使用位置及标识对象确定安装方式。

标识牌位于管廊顶部时采用悬挂安装。

业主对标识牌有特殊要求时按照业主要求安装。

对标牌所涉及的钢板、螺母、螺丝等钢材提出防腐和防锈要求。防腐可在钢材表面喷涂环氧底漆。防锈可在钢材的油漆均为二度防锈漆打底，调和漆二度罩面。

（4）标识布置位置应符合下列规定：

管廊介绍与管理牌主要布设于主要出入口内、控制中心内。

入廊管线标识主要布设于各类入廊管线上。

设备标识主要布设于各类设备周边。

管廊功能区与关键节点标识主要布设于各类功能区及关键节点处醒目位置。

警示标识主要布设于管廊内各危险隐患周边醒目位置。

各类标识牌布设时均应保证其指示功能，并保证过往人员有良好的视线条件。

方位指示标识主要布设于管廊内各关键节点。其中运营里程桩号沿途布设，间距为 25m。

灭火器材标识主要布设于需要设计灭火器材的位置。

第 7 章
管线入廊与施工质量验收

7.1 管线入廊

综合管廊是指建于城市地下，用于容纳两类及以上城市工程管线的构筑物及附属设施。综合管廊作为城市地下市政管线的综合载体，将多种城市工程管线融于一体，具有节约城市土地资源、提高城市防灾能力、延长管线使用寿命、方便维修养护等优点。

综合管廊的建设使市政管线损坏的问题和城市道路反复开挖的问题得到进一步解决，同时节约地下空间，保障城市地下管线的安全可靠运行，提升城市整体环境，为规划发展需要预留宝贵的地下空间。

根据现行国家标准《城市综合管廊工程技术规范》GB 50838—2015 规定，给水、雨水、污水、再生水、燃气、热力、电力、通信等城市工程管线理论上均可纳入综合管廊。

综合管廊中收容的各种管线是综合管廊的核心和关键。入廊管线依据技术难度可分为三类：

（1）第一类是给水等有压管道以及电力、通信等无坡度要求的入廊常规管线。这类管线的入廊要求相对简单，相关的设计标准、入廊技术也比较成熟。一般情况下，电力电缆单独设置在电力舱内，并不应与通信线缆同侧布置，以便消除电磁干扰；给水管线与通信管线可共同设置在综合舱内。

（2）第二类是燃气、热力管道等有特殊技术（防火防爆、室内环境温度等）要求的城市工程管线。燃气管道应在独立舱室内敷设，每 200m 设置一道防火分隔墙；热力管道采用蒸汽介质时应在独立舱室内敷设，热力管道如与给水管道同侧布置，宜布置在其上方，不应与通信线缆同侧布置。

（3）第三类是重力流排水（雨水、污水）管线，这类管线入廊比较复杂，技术要求高。一般情况下，雨水、污水管线视项目的具体情况进行配置。若雨水、污水入廊，则宜各自单独成舱。考虑重力流雨水、污水管道对综合管廊竖向布置的影响，综合管廊内的雨水、污水主干线不宜过长，该工程玉阳大道综合管廊收容部分路段雨水、污水。

近年来，随着技术的不断进步，某些地区综合管廊建设中，甚至收容了垃圾真空运输管道，以及区域性的空调管线（供热、供冷管线）。这极大地丰富了综合管廊入廊管线的种类。各种入廊管线之间可能会产生排斥性或潜在性的风险，所以为了确保各入廊管线的安全运行，相互有干扰的管线通常应分开设置在不同的综合管廊舱室中。电力线缆、通信电（光）缆在敷设时管线可弯曲，设置的自由度和弹性较大，受综合管廊空间变化限制较小。电力线缆会产生磁场效应，将对通信电（光）缆的通信产生干扰，磁场效同电力线缆输送的电压成正比。因此，通信电（光）缆与电力线缆在综合管廊中敷设时要保持一定的安全距离，高压、特高压电力线缆必须分舱设置。该工程中，通信电（光）缆与给水管道合舱设置。

综合管廊管线收纳原则如下：①电力与通信管线基本上可兼容于同一管廊空间内（同一舱），但需注意电磁感应干扰的问题，管线需对其容量进行评估及规划近、远期的研究。②燃气管线如规划考虑收容于地下综合管廊内，应以独立于一舱为设计原则。③自来水管线与污水管线（压力管）亦可收容于综合管廊同一舱内，上方为自来水管，下方为污水管线。④综合管廊通常不收容雨水管线（因通常采用重力流的排水方式），除非雨水管线的纵坡与综合管廊的纵坡一样，或雨水渠道与综合管廊共同构造才考虑。一般可将污水管线（压力管线）与集尘管（垃圾管）共同收容于一舱内。⑤关于警讯与军事通信，因涉及机密问题是否收容于综合管廊内，需与相关单位磋商后以决定单独或共舱收容。⑥原则上油管不允许收容于综合管廊内，其他输气管线若非属民生管线亦不收容，但若经主管单位允许，则可单独舱收容（参照燃气管线收容原则设计）。⑦支线综合管廊是引导干线综合管廊内的管线至沿线服务用户的供给管道，因此支线综合管廊一般以共舱收容为原则，包括管线类及缆类。⑧电缆沟是一种小型支线综合管廊，主要仅收容电力、通信、有线电视及宽带网络系统缆线等，直接服务于沿线用户。

该工程中，旗亭路综合管廊断面中收容电力、通信及给水管线；白粮路综合管廊断面中收容电力、通信及给水管线；玉阳大道综合管廊内收容如下管线（不含自用管线）：电力电缆（110kV、10kV）、通信管线、给水管线、燃气管道、部分路段污水管、部分路段雨水流槽。

（1）电力电缆

以往城市建设，大型变电站多位于城市边缘，输电线采用架空敷设，施工方便，但存在以下问题：①架空线范围设为高压走廊，给地块开发建设带来影响；②架空线离地面较高，维护不便；③架空线会由于周边飘物（如风筝）、长耸物体接近（高树、吊车）等引发事故；④架空线影响城市景观。

随着城市化进展，许多原本位于城市郊区的变电站被划入了城区或开发区范围，原本的架空线及高压走廊给地块的开发建设带来了影响，因此越来越多的架空线改为入地敷设，采用的方式有地下直埋敷设、保护管（保护块）敷设及电缆构筑物敷设（电缆沟、电缆隧道等）等方式。其中可通行的电缆隧道方式因便于人员巡视，已越来越多地被采用。

在规范方面，现行国家标准《电力工程电缆设计规范》GB 50217—2007、现行行业标准《城市电力电缆线路设计技术规定》DL/T 5221—2016等规范对电力电缆在隧道中的敷设方式以及能否与其他管线同廊敷设提出了要求，现行行业标准《电力电缆隧道设计规程》DL/T 5484—2013对电力电缆隧道的设计、施工、附属系统设置等提出了要求。

因此，电力电缆进入管廊既有现实迫切的要求，又具有相应规范的依据，是可以而且应该纳入综合管廊的。松江南站大型居住社区玉阳大道综合管廊将收容电力电缆。松江南站大型居住社区旗亭路、白粮路综合管廊将收容电力电缆（图7-1）。

图7-1 电力管线

（2）通信线缆

电信电缆传统的架设方式是采用架空线，至用户后穿线引入。随着"三网合一""光网城市"的建设，电信电缆也逐渐向高容量、多业务承载的光纤化转变。规划松江南站大型居住社区西片区电信线路将实现全光网。

电信光纤为柔性管线，较为脆弱，一般为多芯合并为一个光缆，目前敷设大多采用排管穿线敷设，并沿线设置标志桩以免破坏。

现行国家标准《通信管道与通道工程设计规范》GB 50373—2019 中并未提出通信管道管廊敷设的相关内容。根据分析，电信管道孔径不大、电流微弱，对周边设施影响较小，只要避免高温或电流强磁场影响，电信管道应能与其他管线一同敷设。

若电信管线能够在管廊内敷设，则可避免电信管线被意外破坏，提高运行安全，因此电信管线是可以而且能够纳入综合管廊的。松江南站大型居住社区玉阳大道综合管廊将收容通信管线。松江南站大型居住社区旗亭路、白粮路综合管廊将收容通信管线。

管廊包含通信管线引出的过路管、路侧工井等配套设施。

（3）给水、再生水管道

供水管道（包括给水、再生水管道）传统的敷设方式为直埋，市政给水管道的材质主要有球墨铸铁管、PE 管或钢管等（图 7-2）。

随着城市开发建设，道路开挖前若没有探明地下管线情况，经常出现供水管道被挖断的现象，以及管道基础敷设不良、地质沉降或管道腐蚀造成管道破坏爆管等现象。如果供水管道入廊敷设，可以避免管道意外挖断、地质沉降或管道腐蚀造成爆管，提高运行的安全性。

因此，当具备建设综合管廊的条件时一般都会将给水管道敷设在内。松江南站大型居住社区玉阳大道综合管廊将收容给水管线。松江南站大型居住社区旗亭路、白粮路综合管廊将收容给水管线。

给水管线权属单位要求管廊内预留给水支墩，以备未来管线敷设使用。

此外，管廊还包含给水管线引出的过路管、路侧工井等配套设施。

图7-2 给水管线

（4）排水（雨水、污水）管道（渠）

原《城市综合管廊工程技术规范》GB 50838—2012（已于 2015 年 6 月 1 日被 GB 50838—2015 代替并废止）规定："地势平坦建设场地的重力流管道不宜纳入综合管廊。"现行国家标准《城市综合管廊工程技术规范》GB 50838—2015（以下简称《规范》）则明确规定："给水、雨水、污水、再生水、燃气、热力、电力、通信、广播电视等，这些市政管线应因地制宜纳入综合管廊。"通过对国内外已建的综合管廊比较分析，纳入综合管廊内的工程管线数量、种类差异性较大。在早期国内建设的综合管廊，除深圳、重庆、厦门个别工程之外，雨水、污水管道一般不纳入综合管廊。究其原因主要在于雨水、污水多数情况下为重力流排放，管道的纵向坡度一般不小于 0.2%，随着长度的延伸，埋置的深度越来越深，显著增加了工程的投资。根据《国务院办公厅关于推进城市地下综合管廊建设的指导意见》（国办发〔2015〕61 号）："城市规划区范围内的各类管线原则上应敷设于地下空间。已建设地下综合管廊的区域，该区域内的所有管线必须入廊。"很明显，从政策层面要求包括雨水、污水管道应纳入综合管廊内敷设。在这种情况下，应当结合排水管网建设和改造项目，从排水系统规划入手，合理规划排水片区和排水干管路由，在不大幅度增加综合管廊埋设深度和不需要增设中间提升泵站的前提下，尽可能适应排水管道在综合管廊内部敷设的要求。

《规范》明确规定："城市给水、雨水、污水、供电通信、燃气、供热、再生水等专项规划基本由专业部门编制而成，综合管廊工程规划原则上以上述专项规划为依据确定综合管廊的布置及入廊管线种类。"尤其是雨水、污水管道，不但管道的口径大，而且是重力流排放，对综合管廊系统布局和断面规划影响很大，特别是在道路的交叉口，如果没有在规划方面作好早期的统筹考虑和竖向综合协调，在施工时遇到问题将无法弥补。根据我国目前排水管网建设情况，国家要求结合城镇排水规划，加快城镇排水管网的改造，实施雨污分流。因而，《规范》同样要求："进入综合管廊的排水管道应采用分流制。"综合管廊的设计年限按照 100 年考虑，雨水在综合管廊内部采用渠道方式输送，有条件进行结构本体的维修及加固，所以不强制要求必须采用管道形式输送。《规范》允许："雨水纳入综合管廊可利用结构本体或采用管道方式。"但对于污水管道，由于污水中可能产生的有害气体具有一定的腐蚀性，因此污水进入综合管廊，无论压力流还是重力流，均应采用管道方式，不应利用综合管廊结构本体采用渠道形式输送。《规范》要求："污水纳入综合管廊应采用管道排水方式"。

综合管廊工程设计包含总体设计、结构设计、附属设施设计等。纳入综合管廊的管线应进行专项管线设计，并应符合综合管廊总体设计。建设综合管廊，主要目的是集约化管线敷设，确保各种管线在综合管廊内部按照总体设计的要求有序敷设。雨水、污水大部分情况下是重力流排放，雨水、污水管道纳入综合管廊时，首先应当满足这些管道的工艺布置和系统要求。因而，《规范》则明确规定："雨水管渠、污水管道设计应符合现行国家标准《室外排水设计规范》GB 50014—2006 的有关规定。""雨水管渠、污水管道应按规划最高日最高时设计流量确定其断面尺寸，并应按近期流量校核流速。"《规范》要求："排水管渠进入综合管廊前，应设置检修闸门或闸槽。"主要是考虑当对综合管廊内部排水管道进行检修时，能够隔断进入廊内的雨水、污水。当这些闸门或闸槽关断时，应在排水总体系统布置时，考虑应急状态条件下雨水、污水排放路径。综合管廊内雨水、污水管道可选用钢管、球墨铸铁管、塑料管等。管道支撑的形式、间距、固定方式应按照现行国家标准《给水排水工程管道结构设计规范》GB 50332—2002 的有关规定设置。对于塑料管道，应注意温度应力对管道变形的影响，同时要考虑和埋地塑料管道的受力差异。为了避免雨水、污水管道中有害气体对综合管廊内部环境质量的污染，《规范》要求："雨水、污水管道系统应严格密闭，管道应进行功能性试验。""雨水、污水管道的通气装置应直接引至综合管廊外部安全空间，并应与周边环境相协调。"进入综合管廊的雨水、污水管道同样有管道接入和管道清通的要求，在综合管廊设计中，要根据排水系统设计要求，做到"雨水、污水管道的检查及清通设施应满足管道安装、检修、运行和维护的要求。"为了保证综合管廊的安全运营，《规范》要求："重力流管道并应考虑外部排水系统水位变化、冲击负荷等情况对综合管廊内管道运行安全的影响。""利用综合管廊结构本体排除雨水时，雨水舱结构空间应完全独立和严密，并应采取防止雨水倒灌或渗漏至其他舱室的措施。"从消防安全角度考虑，要求雨水、污水管道的材质为阻燃或难燃材料。

为了保证综合管廊的安全运营，综合管廊设有一套完善的监控与报警系统，对综合管廊内部环境参数进行监测与报警。监测报警设定值要求符合现行国家标准《密闭空间作业职业危害防护规范》GBZ/T 205—2007 的有关规定。对容纳雨水管道的舱室，应当监测环境的温度、湿度、水位、氧气等环境指标，在条件允许的情况下，宜监测硫化氢、甲烷等环境指标。对容纳污水管道的舱室，则应当监测温度、湿度、水位、氧气、硫化氢、甲烷等环境指标。综合管廊内的排水系统主要是满足排出综合管廊的少量结构渗漏水以及管道检修放空水，不考虑管道爆管或消防情况下的排水要求。为了满足自动化管理的要求，《规范》要求："综合管廊内应设置自动排水系统。""综合管廊的低点应设置集水坑及自动水位排水泵。"综合管廊的底板宜设置排水明沟，并应通过排水明沟将综合管廊内积水汇入集水坑，排水明沟的坡度不应小于 0.2%""综合管廊的排水应就近接入城市排水系统，并应设置逆止阀。"在地势平坦的建设场地，为了减小综合管廊内结构找坡的工程量，综合管廊的排水区间控制在 200 m 范围内。

为了避免燃气泄漏蔓延到综合管廊的其他舱室，《规范》要求："天然气管道舱应设置独立集水坑。"因而应从结构上做到和其他舱室完全隔离。当综合管廊内容纳有热力管道时，尚要考虑热力管道的高温水对排水系统的影响，因而《规范》要求："综合管廊排出的废水温度不应高于40℃。"

目前综合管廊本身的运营维护标准尚不健全，但给水排水管网的安全运营标准体系比较完善。对敷设在综合管廊内的给水、排水管渠，《规范》要求："给水管道的维护管理应符合现行行业标准《城镇供水管网运行、维护及安全技术规程》CJJ 207—2013的有关规定。综合管廊内排水管渠的维护管理应符合现行行业标准《城镇排水管道维护安全技术规程》CJJ 6—2009和《城镇排水管渠与泵站维护技术规程》CJJ 68—2016的有关规定。"此外，为了保证雨水排放的畅通，现行行业标准《城镇排水管渠与泵站维护技术规程》CJJ 68—2016要求："利用综合管廊结构本体的雨水渠，每年非雨季清理疏通不应少于2次。"

城市市政排水管线主要有雨水管线、污水管线以及合流管线。由于排水携带杂质、固体颗粒，为避免淤积，便于清通，排水管道的敷设需有一定的坡度，并间隔一定距离设置检查井。

在一般情况下，雨水管线收集雨水后往往结合城市河道就近排放，多为重力流；污水管线收集污水后集中纳入污水处理厂进行处理，当管线距离较长、管道埋设较深时，需设置中间提升泵站，将液位抬高后或压力流输送，或继续重力流输送。因此，排水管线压力较低。

排水管道一旦敷设后一般不必维护，只需每年定期或不定期根据管道淤积情况进行清通作业。由于清通作业可以从外部进行，一般无需进入管道操作或破路进行维修，因此排水管线没有在管廊内设置的迫切需求。

如果管廊建设区域有合适的地形坡度可以利用，且规划有排水箱涵，从集约管位资源考虑，可以将排水箱涵与管廊合建。排水管线若纳入综合管廊，则综合管廊设计时应首先进行排水设计确定系统坡度，并由此确定综合管廊的设计坡度。

松江南站大型居住社区玉阳大道雨水管线规划均为管道形式，且由于周边水系较多，玉阳大道跨越规划官绍一号河、现状洞泾港及现状陈家浜。考虑结合海绵城市的理念，以官绍一号河—陈家浜为研究对象，在玉阳大道综合管廊内同时容纳雨水、污水、初期雨水，形成玉阳大道综合管廊示范段。通过对雨污水规划的研究，调整综合管廊标准段标高，实现了对玉阳大道南北各500m范围对区域的整体覆盖。管廊内设置初期雨水舱与雨水流槽，满足初期雨水的收集需求。设置DN400污水管，收集沿线污水纳入污水处理厂。

松江南站大型居住社区旗亭路及白粮路雨水管线规划均为管道形式，且由于周边水系较多，因此建议雨水直接排入就近河道。污水管线规划埋深较大，而大居地势较为平坦，污水入廊会导致末端埋深较大，增加工程成本，故不纳入旗亭路及白粮路综合管廊（图7-3）。

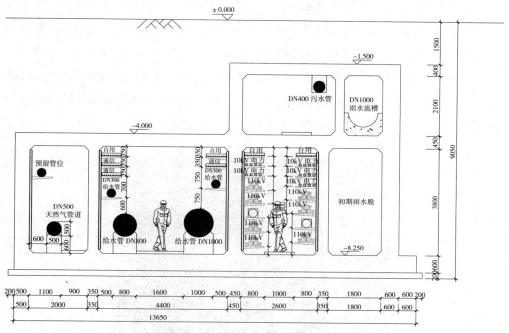

图7-3 玉阳大道示范段断面图（mm）

（5）燃气管道

燃气管道采用何种方式进入综合管廊，主要是考虑燃气管道发生泄漏等事故时所带来的影响。燃气管道进入综合管廊，可考虑采用完善的技术措施，以解决燃气管道的安全问题，但会相应地增加工程成本，并对运行管理和日常维护提出新的更高的要求。因此，燃气管道进入综合管廊，在技术上具有一定的可行性。但燃气同空气混合比例达到一定程度时遇到高温或火花极易爆炸，而电力管线在输电的过程中，会产生热，也易产生火花，如果让这两类管线共处一室，很容易发生爆炸事故，因此，燃气管线应与电力电缆应分开设置，以免燃气管线万一泄漏，引起灾害。燃气管线应考虑独处一室。

城镇燃气管道分为高压（A、B）、次高压（A、B）、中压（A、B）以及低压燃气管道。一般高压、次高压燃气管为输气管道，中压、低压燃气管道为配气管道。城市道路下敷设的大多为中压燃气管道。因此，能够敷设入综合管廊的主要为中压燃气管线。

燃气管线通常采用埋地敷设，但随着城市建设发展，经常发生施工时挖断燃气管道的事故，燃气管道挖断轻则燃气泄漏需要疏散周边居民，重则产生爆炸，若处理不及时，火苗还可能顺燃气管延燃，造成更大的破坏。如果燃气管道能够在综合管廊内敷设，则可以避免此类因野蛮施工而造成的燃气管被挖断的事故发生。

因此，燃气管线入廊能够提高管线的安全性，在城市建设中具有一定的需求。

通过对燃气管线的入廊需求及入廊要求分析，可以通过加强监测和安全预防措施，保证燃气管线能够在综合管廊内敷设。但入廊后对综合管廊的主体设计、节点设计以及监控、报警等附属设施的设计要求较高，国内相关入廊技术以及规范尚在进一步完善当中，因此目前燃气入廊将增加工程成本。

玉阳大道规划燃气管线管径为 DN500，管径较大，增设燃气舱可保证燃气系统的安全运行，同时为了响应 2016 年 6 月 17 日住房和城乡建设部推进地下综合管廊建设全国电视电话会议精神，玉阳大道综合管廊收容燃气管线（图 7-4）。

图 7-4　燃气管线

旗亭路及白粮路规划燃气管线管径为 DN200，管径较小，单独设置一个舱室将大大增加工程成本，故不纳入旗亭路及白粮路综合管廊。

燃气管线权属单位要求管廊内预留燃气支架，以备未来管线敷设使用。

此外，管廊还包含燃气管线引出的过路管、路侧工井等配套设施。

今后，燃气管线入廊应对泄漏源和火灾源分析，提升本质安全要求，注重过程质量和运维安全，参照国际经验，适当降低通风、可燃气体探测及消防标准，在保证安全的前提下，应允许燃气管道与给水、再生水等管道同舱敷设，以提高综合管廊利用率。

（6）地下空间

今后，综合管廊兼顾人防应到位，不能越位，更不能错位。综合管廊落实综合防护的基本原则是：在极端工况下，保障内部管线及维护人员安全，分类、分级确定防护级别，加强口部密封性设计，一般不考虑人员疏散与避难，应该因地制宜，综合防护。

7.2　施工质量验收

给水、排水、电力、通信、燃气、热力等市政公用管线，是城市赖以正常运行的生命线，是维持城市正常运转的关键。随着我国经济建设的高速发展，城市规模不断扩大，全国各地均加强基础设施建设，掀起了新一轮的建设热潮。传统的给水、电力等市政管线一般采用直埋或架空的方式，敷设在道路的浅层空间内。但是，由于市政基础设施建设缺乏统一的规划、管理，各市政公用管线经常"各自为政"，维修扩容，不但城市道路经常被重复开挖，公共资源巨大浪费，造成"马路拉链"现象，而且导致了管线安全事故频发，严重影响了市民的正常生活。通信、电力等系统往往沿道路两侧竖立起电线杆、高压塔，在城市上空形成"城市蜘蛛网"，严重影响了城市的总体形象。传统中的各种市政公用管线敷设方式，已严重制约现代城市的高质量发展。

综合管廊是一种将给水、排水、电力、通信、燃气、热力等市政公用管线集中敷设的地下隧道设施。各类市政公用管线统一布置在综合管廊内，实现了管线的"立体式布置"，替代了传统的"平面错开式布置"，管线布置紧凑合理，减少了地下管线对道路以及两侧的占用面积，节约了城市用地。它实现了各类管线统一建设、统一维护与管理，综合管廊能够有效改善城市发展过程中因各类管线的维修、扩容造成的"马路拉链"和"城市蜘蛛网"现象，是集约利用道路地下空间、提升管线安全运行水平的重要保障。自 2015 年来，国家先后出台了多个文件，指导推进综合管廊建设，截至 2017 年年底，全国已建和在建的综合管廊工程总里程已达到约 5000km，综合管廊已成为城市基础设施的重要组成部分，为城市安全运行发挥着重要作用。

综合管廊的构成包括管廊本体、功能性节点（管线分支口、吊装口、通风口、人员出入口等）、附属设施（消防、通风、供电、照明、监控与报警、排水、标识等系统）以及防灾安全设施。按照功能不同，综合管廊可划分为干线型、支线型、缆线型综合管廊，其中干线型综合管廊主要用于敷设输送性管线，一般不直接服务地块，支线型综合管廊主要用于敷设配给性管线，以服务街区为主，缆线型管廊主要容纳电力、通信管线，是干线和支线综合管廊的重要补充。

因综合管廊建设属于新兴事物，目前各地区综合管廊工程建设普遍缺乏施工竣工验收及移交经验。为加快管线入廊实施条件，保障民生工作，统一松江区域内综合管廊的建设标准，政府监管部门、建设单位、监理单位、施工单位等不断总结城市综合管廊工程施工及质量验收，做到技术先进、经济合理、安全适用。根据现行国家标准《城市地下综合管廊工程技术规范》GB 50838—2015 和上海市工程技术规范《综合管廊工程技术规范》DGJ 08—2017—2014 等有关要求，结合该工程的实际情况，松江区建管委组织相关单位，编写了《松江南站大型居住社区综合管廊工程验收导则》（以下简称"《导则》"）。

《导则》为全国第一个地方性软土地质综合管廊施工质量验收标准，针对城市综合管廊"四多"（土建施工工法多、附属工程专业多、入廊管线权属单位多、周边地块开发影响多）的建设特征，归纳和提炼了松江南站大型居住社区综合管廊一期工程在分部分项划分、检验批质量验收要点、设备（材料）选型、施工质量分段完工验收、综合管廊环境调查、综合管廊监测等方面的成功做法。

分部分项及检验批划分，是建设项目收集整理施工资料和质量过程验收的关键要素。目前，行业内尚无统一的规定。上海建筑工程资料管理软件内，也未像建筑、水务、公路、隧道等专业，有专门的表式可直接套用。因此，在松江南站大型居住社区综合管廊一期项目建设过程中，首先要解决分部分项划分问题。

一个建设工程项目被划分为单位工程、分部工程、分项工程和检验批，进行施工质量验收，现已被工程界广泛采纳和接受。该项目管理方法，体现了全过程质量控制的理念。

单位工程应具有独立的施工条件，以及能形成独立的使用功能。单位工程质量验收也称质量竣工验收，是建设工程项目使用前的最后一次验收，也是最重要的一次验收。

分部工程是单位工程的组成部分，一个单位工程往往由多个分部工程组成。当分部工程量较大且较复杂时，为便于验收，可将其中相同部分的工程或能形成独立专业体系的工程划分成若干个子分部工程。分部工程的验收是以所含各分项工程验收为基础进行的，要求组成分部工程的各分项工程已验收合格且相应的质量控制资料齐全、完整。此外，由于各分项工程的性质不尽相同，因此对分部工程不能简单地组合而加以验收，尚须进行以下两类检查项目：①涉及安全、节能、环境保护和主要使用功能的地基与基础、主体结构和设备安装等分部工程应进行有关的见证检验或抽样检验；②以观察、触摸或简单量测的方式进行观感质量验收，并结合验收人的主观判断，检查结果并不给出"合格"或"不合格"的结论，而是综合给出"好""一般""差"的质量评价结果。对于"差"的检查点应进行返修处理。

分项工程的验收是以检验批为基础进行的。在一般情况下，检验批和分项工程两者具有相同或相近的性质，只是批量的大小不同而已。分项工程质量合格的条件是构成分项工程的各检验批验收资料齐全完整，且各检验批均已验收合格。

检验批是施工过程中条件相同并有一定数量的材料、构配件或安装项目，由于其质量水平基本一致，因此可以作为检验的基本单元，并按批验收。检验批是工程验收的最小单位，是分项工程、分部工程、单位工程质量验收的基础。检验批验收包括资料检查、主控项目和一般项目检验。质量控制资料反映了检验批从原材料到最终验收的各施工工序的操作依据、检查情况以及保证质量所必需的管理制度等。对其完整性的检查，实际是对过程控制的确认，是检验批合格的前提。检验批的合格与否主要取决于对主控项目和一般项目的检验结果。主控项目是对检验批的基本质量起决定性影响的检验项目，须从严要求，因此要求主控项目必须全部符合有关专业验收规范的规定，这意味着主控项目不允许有不符合要求的检验结果。对于一般项目，虽然允许存在一定数量的不合格点，但当某些不合格点的指标与合格要求偏差较大或存在严重缺陷时，仍将影响使用功能或观感质量，应对这些部位进行维修处理。为了使检验批的质量满足安全和功能的基本要求，保证建筑工程质量，各专业验收规范应对各检验批的主控项目、一般项目的合格质量给予明确的规定。当检验批验收时，应进行现场检查并填写现场验收检查原始记录。该原始记录应由专业监理工程师和施工单位专业质量检查员、专业工长共同签署，并在单位工程竣工验收前存档备查，保证该记录的可追溯性。现场验收检查原始记录的格式可由施工、监理等单位确定，包括检查项目、检查位置、检查结果等内容。检验批质量验收记录应根据现场验收检查原始记录，由专业监理工程师和施工单位专业质量检查员、专业工长在检验批质量验收记录上签字，完成检验批的验收。

工序是建筑工程施工的基本组成部分，一个检验批可能由一道或多道工序组成。根据目前的验收要求，监理单位对工程质量控制落实到检验批，对工序的质量一般由施工单位通过自检予以控制，但为保证工程质量，对监理单位有要求的重要工序，应经监理工程师检查认可后，才能进行下道工序施工。为保障工程整体质量，应控制每道工序的质量。施工单位完成每道工序后，除了自检、专职质量检查员检查外，还应进行工序交接检查，上道工序应满足下道工序的施工条件和要求；同样相关专业工序之间也应进行交接检验，使各工序之间和各相关专业工程之间形成有机的整体。综合管廊分部工程、分项工程划分见表7-1。

建设项目一般在主体工程按设计文件建成后，按整个项目进行验收。但实践中，为使管廊建设项目尽快通入管线，管廊建设项目在建设过程中，大多采取分段完工验收的方式，即：建成一段、验收一段、通入管线一段。验收是保证管廊工程分段开通安全的关键环节，必须严格执行有关验收程序和验收标准，保证验收质量。针对管廊建设项目分段验收所面临的时间要求紧、验收手续多、问题整改难等问题，必须认真研究，制定对策、措施。在确保安全的前提下，经批准后方可分期、分段，并按批准的阶段组织验收，工程全部完工后，再进行整个项目的验收。上一阶段工程完工后，立即组织分段验收通入管线，为下一阶段工程施工创造条件。管廊建设工程采用分段

综合管廊分部工程、分项工程划分表　　　表 7-1

序号	分部工程	子分部工程	分项工程	检验批
1	地基与基础工程	土石方	沟槽（基坑）支护结构（各类围护）、有支护沟槽（基坑）开挖、沟槽（基坑）回填	1 按不同单体构筑物分别设置分项工程；2 单体构筑物分项工程视需要增设检验批；3 其他分项工程可按变形缝位置、施工作业面、标高等分为若干个检验批
		地基基础	地基处理、混凝土垫层、桩基础	
2	主体结构工程	现浇混凝土结构	底板（钢筋、模板、混凝土）、墙体及内部结构（钢筋、模板、混凝土）、顶板（钢筋、模板、混凝土）、各类单体构筑物	
		装配式混凝土结构	预制构件现场制作（模板、混凝土）、预制构件安装、各类单体构筑物	
		砌体结构	砌体（砖、石预制砌体）、变形缝、表面层（防腐层、防水层、保温层等的基面处理、涂衬）、各类单体构筑物	
		防水工程	水泥砂浆防水层、卷材防水层、细部构造防水	
3	附属构筑物工程	细部结构	检查井、接地体（线）的链接、护栏与扶手、支墩	
		工艺辅助构筑物	混凝土结构（钢筋、模板、混凝土）、砌体结构、钢结构（现场制作、安装、防腐层）、工艺辅助构筑物	
4	顶管工作井	沉井制作	模板、钢筋、混凝土、现浇结构	
		沉井下沉	下沉	
		沉井封底	混凝土	
		地板	混凝土、钢筋	
		井内工作	钢筋、混凝土、现浇结构	
		洞口加固	高压旋喷桩加固	
		基坑回填	基坑回填	
5	暖通		给水、排水、消风	
6	电气		照明、动力	
7	消防		自动喷淋、干粉、自动报警、排烟	
8	自控		地理通信系统、各系统接入控制中心、各系统接入控制中心、入侵报警系统、弱电配电系统、视频监控系统、无线通信系统、无线巡检系统、消防报警系统、有限电话系统、智能巡检系统	
9	装饰装修		建筑地面、门窗	

验收的方式，既可以最大限度发挥工程建设的效益，又可以为整个工程完工后组织验收等工作创造有利条件。

建设综合管廊是为满足管线单位的使用和运行维护要求，同步配套消防系统、供电系统、照明系统、监控与报警系统、通风系统、排水系统、标识系统等市政公用设施，保障城市运行的重要基础设施。综合管廊属于线性工程，分段验收是指根据综合管廊断面形式、防火分区、施工工艺等因素，将一定长度范围内的综合管廊划分为一个子单位工程，进行质量验收。管线入廊可以在管廊主体结构建成，具备基本入廊条件时即考虑。从成品保护角度考虑，在管廊内部分设备、设施、二次结构（如液压井盖、防火隔墙等）未安装前开始管线入廊工作，可以避免此部分设备、设施、二次结构遭到破坏。从提前管线入廊完成时间的角度考虑，可以通过对管廊进行分段验收，在已通过验收的管廊段先进行管线入廊施工，最终实现加快市政配套管线完成的目标。

综合管廊工程实行分段验收，为管廊建设过程中的工作界面划分和成品保护工作提供了新思路。综合管廊根据干、支线，防火分区，交叉节点，舱室断面，里程长度等因素进行验收工作的分段划分，将已完成分段验收部分的工作面由管廊主体施工单位移交至入廊管线施工单位，明确各方责任，有效避免出现管廊主体建设和管线入廊交叉施工时，双方责权利不明确的问题。

根据《国务院办公厅关于开展工程建设项目审批制度改革试点的通知》（国办发〔2018〕33号）和上海市人民政府《上海市工程建设项目审批制度改革试点实施方案》（沪府规〔2018〕14号）的内容要求，综合管廊综合验收由建设单位统一申请，政府牵头部门统一受理，统一组织相关专业验收管理部门实施现场验收，并出具竣工备案证书。建设单位在工程建设项目具备所有法定验收条件后，应按照相关法律、法规规定组织竣工验收。具体验收条件还包括：各专业全套竣工图已编制完成；法律、法规及规章规定的评价及检测工作已完成；"多测合一"，各类测量测绘数据已完成，并与竣工图进行比对无误。综合验收环节为：申请受理→现场查看→出具验收意见→出具备案证书。

根据上海市人民政府《上海市建筑工程综合竣工验收管理办法》要求，针对建设规模较大、技术难度复杂或者存在其他建设单位对是否符合全部验收标准无法把握的项目，建设单位可以根据项目实际情况，在具备一项或者部分专业竣工验收条件后，通过审批管理系统向相关专业验收管理部门申请现场查看。现场查看作为统一申请验收之前政府提供的提前服务，办理时限为12个工作日，其中市政类线性工程，办理时限为8个工作日。申请受理流程如图7-5所示。

对于现场查看通过的，相关专业验收管理部门应当在审批管理系统录入初步通过的意见。相关专业验收管理部门在建设单位统一申请综合验收后，不再进行现场验收，直接出具验收通过意见。现场验收流程如图7-6所示。

随着近些年国内各地综合管廊建设工程的不断启动，对于综合管廊质量验收相关问题的探讨也逐渐增多。综合管廊进行分段质量验收，既可以缩短从管廊开始建设到入廊管线投入使用的周期，又能根据管廊工程特点，针对不同形式的主体结构（明挖

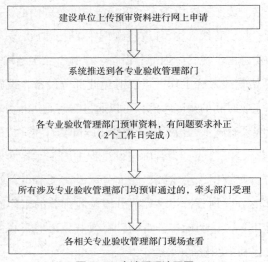

图7-5 申请受理流程图

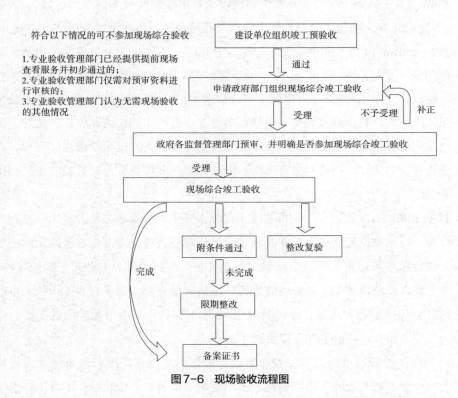

图7-6 现场验收流程图

现浇、预制装配、沉井顶管）提出相应的验收标准。同时，质量验收工作的提前开始，也使得施工单位能够提早开始工程回款，缓解施工单位资金压力，为企业注入活力。综合管廊分段质量验收突出了相关行政主管部门的服务主动性，通过合理划分验收种类、优化工程质量验收程序，加快了管廊项目顺利交付，对建设工程具有重要意义。

参考文献

[1] 中华人民共和国住房和城乡建设部. 城市综合管廊工程技术规范: GB 50838—2015[S]. 北京: 中国计划出版社, 2015.

[2] 王建, 王恒栋, 黄剑. 城市综合管廊工程建设与发展 [J]. 工程建设标准化, 2018, 4: 57–63.

[3] 谭忠盛, 陈雪莹, 王秀英, 黄明利. 城市地下综合管廊建设管理模式及关键技术 [J]. 隧道建设, 2016, 36（10）: 1177–1189.

[4] 钱七虎, 陈晓强. 国内外地下综合管线廊道发展的现状、问题及对策 [J]. 地下空间与工程学报, 2016, 3（2）: 191–194.

[5] 王贝贝, 戴素娟. 浅谈我国城市地下综合管廊建设的必要性以及发展前景 [J]. 安徽建筑, 2015, 6: 43–44.

[6] 孙建海, 樊云. EPC 总承包模式在城市综合管廊上的运用实践 [J]. 项目管理评论, 2020, 29: 76–79.

[7] 杨琨. 浅谈城市综合管廊的设计 [J]. 城市道桥与防洪, 2013, 5（5）: 236–239.

[8] 邓惠晗. 浅谈综合管廊在市政工程中的设计应用 [J]. 城市道桥与防洪, 2013, 7（7）: 362–365.

[9] 李松阳, 熊婕妤, 吴江. 地下综合管廊对海绵城市的影响 [J]. 城市住宅, 2019, 22（19）: 108–111.

[10] 苏洪涛, 程涛, 汪齐等. 综合管廊对排水管网设计的影响 [J]. 市政技术, 2016, 34（4）: 134–136.

[11] 曾庆红. 地下综合管廊、海绵城市相结合的污水零排放新型城市体系研究 [J]. 建设科技, 2017, 22（19）: 108–111.

[12] 陈芃. 海绵城市综合管廊给排水建设问题分析 [J]. 智能城市, 2019, 6: 65–66.

[13] 向帆, 蒋文岗, 杨晓光等. 综合管廊内雨污水管道的管线设计要点 [J]. 中国给水排水, 2018, 34（4）: 41–46.

[14] 刘羽. 城市道路综合管廊排水管线入廊相关技术研究 [J]. 山西建筑, 2017, 43（19）: 123–125.

[15] 许云骅. 排水管道纳入综合管廊的思考 [J]. 中国市政工程, 2016, 10: 85–86.

[16] 王德震.综合管廊规划建设探讨[J].市政技术,2019,37(4):205-207.

[17] 邱壮,王家良,龚克娜等.海绵城市理念下雨水入廊设计思考[J].四川建筑,2019,39(1):121-122.

[18] 仇含笑.排水管线纳入综合管廊设计要点分析[J].特种结构,2017,34(5):27-30.

[19] 曾庆红.关于城市规划建设指标与地下综合管廊、海绵城市建设衔接的探讨[J].建设科技,2017,4(20):73-74.

[20] 孙建海,樊云,鲁哲平等.城市地下综合管廊全预制拼装技术的应用与实践[J].建筑施工,2019,41(8):1529-1532.

[21] 孙建海,樊云,鲁哲平.预制装配综合管廊关键技术研究与分析[J].市政设施管理,2020,134:35-38.

[22] 孙建海,樊云,陈挺等.沉井在上海某综合管廊中的应用实例与分析[J].城市道桥与防洪,2020,21(2):5-7.

[23] 张勇,张立.城市地下综合管廊防水设计要点综述[J].中国建筑防水,2017,24(2):14-19.

[24] 张勇.明挖法综合管廊防水技术探讨[J].中国建筑防水,2018,8(4):26-30.

[25] 张浩,李小溪.明挖现浇综合管廊防水设计与施工技术探讨[J].中国建筑防水,2018,21(11):16-21.

[26] 王云亮,谷守国.地下综合管廊防水工程设计方案及问题探讨[J].中国建筑防水,2019,1:50-53.

[27] 潘梁,王军,李明.海口市地下综合管廊防水技术探讨[J].中国建筑防水,2018,10(5):24-26.

[28] 韦冰,黄用安.太原市晋源东区综合管廊工程防水施工技术[J].中国建筑防水,2017,13(7):13-16.

[29] 何小英.西部地区地下综合管廊防水施工技术探讨[J].中国建筑防水,2017,9(5):33-37.

[30] 总参工程兵科研三所.地下工程防水技术规范[S].北京:中国计划出版社,2008.

[31] 中国建筑科学研究院.地下工程渗漏治理技术规程[S].北京:中国建筑工业出版社,2010.

[32] 孙建海.高压细水雾自动灭火系统在综合管廊中的设计研究[J].净水技术,2020,39(2):161-166.

[33] 王恒栋.《城市综合管廊工程技术规范》中给水排水条文解读[J].给水排水,2016,42(1):127-129.

[34] 董立.市政综合管廊关键技术研究[J].科技创新导报,2012,75(7):17-18.

[35] 上海市政工程设计研究总院(集团)有限公司.松江南站大型居住社区综合管廊工程验收导则[S].上海:同济大学出版社,2019.

[36] 王一峰,孙建海.城市综合管廊项目施工质量验收管理[J].项目管理评论,2020(05),32:76-77.